Hans-Jürgen Quadbeck-Seeger,
Axel Fischer (Hrsg.)

Die Babywindel und 34 andere Chemiegeschichten

WILEY-VCH

Erlebnis Wissenschaft bei WILEY-VCH

P. Ball
Chemie der Zukunft – Magie oder Design?
1996, ISBN 3-527-29387-6

J. Emsley
Parfum, Portwein, PVC ...
Chemie im Alltag I
1997, ISBN 3-527-29423-6

J. Emsley
Sonne, Sex und Schokolade
Chemie im Alltag II
1999, ISBN 3-527-29774-X

J. Emsley, P. Fell
Wenn Essen krank macht
2000, ISBN 3-527-30261-1

H. Genz
Gedankenexperimente
1999, 3-527-28882-1

H. Hellman
Zoff im Elfenbeinturm
Große Wissenschaftsdispute
2000, ISBN 3-527-29984-X

R. Hoffmann
Sein und Schein
Reflexionen über die Chemie
1997, ISBN 3-527-29418-X

B. H. Kaye
Mit der Wissenschaft auf Verbrecherjagd
1997, ISBN 3-527-29472-4

F. Krafft
Vorstoß ins Unerkannte
Lexikon großer Naturwissenschaftler
1999, ISBN 3-527-29656-5

O. Krätz
Das Rätselkabinett des Doktor Krätz
1996, ISBN 3-527-29391-4

G. Kreysa
Fusionsfieber
1998, ISBN 3-527-29627-1

J. Koolman, H. Moeller, K.-H. Röhm (Hrsg.)
Kaffee, Käse, Karies ...
Biochemie im Alltag
1998, ISBN 3-527-29530-5

T. E. Podschun
Sie nannten sie Dolly
Von Klonen, Genen und unserer Verantwortung
1999, ISBN 3-527-29866-5

H.-J. Quadbeck-Seeger, A. Fischer (Hrsg.)
Die Babywindel
und 34 andere Chemiegeschichten
2000, ISBN 3-527-30262-X

E. Unger
Auweia Chemie
1998, ISBN 3-527-29538-0

B. Werth
Das Milliarden-Dollar-Molekül
1996, ISBN 3-527-29373-6

K. Wöhrmann, J. Tomiuk, A. Sentker
Früchte der Zukunft?
Grüne Gentechnik
1999, ISBN 3-527-29624-7

Hans-Jürgen Quadbeck-Seeger,
Axel Fischer (Hrsg.)

Die Babywindel und 34 andere Chemiegeschichten

WILEY-VCH

Weinheim · New York · Chichester · Brisbane · Singapore · Toronto

Prof. Dr. H.-J. Quadbeck-Seeger
BASF AG
67056 Ludwigshafen

Axel Fischer
Oetztaler Straße 5 b
81373 München

Das vorliegende Werk wurde sorgfältig erarbeitet. Dennoch übernehmen Herausgeber, Autoren und Verlag für die Richtigkeit von Angaben, Hinweisen und Ratschlägen sowie für eventuelle Druckfehler keine Haftung.

Die Deutsche Bibliothek – CIP-Einheitsaufnahme
Ein Titeldatensatz für diese Publikation ist bei
Der Deutschen Bibliothek erhältlich
ISBN 3-527-30262-X

Gedruckt auf säurefreiem und chlorfrei gebleichtem Papier.

Umschlaggestaltung: Grafik-Design Schulz, D-67136 Fußgönnheim
Satz: Text- und Software-Service Manuela Treindl, D-93059 Regensburg
Druck und Bindung: Franz Spiegel Buch GmbH, D-89081 Ulm
Printed in the Federal Republic of Germany

Vorwort

Die Euphorie des Jahrtausendwechsels hat zu Prognosen verleitet und war ebenso Anlass zu Rückblicken. Dabei wird uns bewusst, wie rasant insbesondere Naturwissenschaft und Technik im 20. Jahrhundert vorangeschritten sind. Das gilt vor allem für die letzten Jahrzehnte. In vielen Wissensbereichen ist in den letzten 50 Jahren mehr geschehen als in den 950 Jahren davor. Gilt das auch für die Chemie?

Wer sich in der populärwissenschaftlichen Literatur umsieht, wird viele Monografien, Nachschlagewerke und Überblicke über technische Entwicklungen in moderner Zeit finden. Dabei fällt allerdings auf, dass die Chemie relativ stiefmütterlich behandelt wird. Zugegeben, Raumfahrt, Computer und Verkehrstechnik sind spektakulärer und auch einfacher zu vermitteln als Moleküle und molekulare Systeme. Und dennoch, ohne die oft entscheidenden Durchbrüche in der Chemie gäbe es die Materialien, die Hilfsstoffe, die Wirkstoffe und die Einsichten in das molekulare Geschehen nicht, die Voraussetzungen für viele Segnungen der Technik waren und sind. Das gilt selbst für den Umweltschutz. Zwar stellen einige Produkte und Verfahren der Chemie besondere Herausforderungen an den Schutz der Umwelt. Andererseits haben gerade Chemiker große Anstrengungen unternommen, um auf ihrem Gebiet Alternativen zu entwickeln, aber auch Probleme für andere Branchen und für die Gesellschaft insgesamt zu lösen.

Umfragen zeigen dennoch ein ambivalentes Bild der Chemie. Sie wird als nützlich und notwendig angesehen, zugleich wird ihr aber wegen der schwierig durchschaubaren Zusammenhänge wenig Vertrauen entgegengebracht. So werden die Bedeutung und Relevanz der Chemie für unsere konkreten Lebensbedingungen in der Bevölkerung wenig beachtet – wir genießen den Fortschritt, ohne viel darüber nachzudenken. Man findet sogar die Meinung, die Chemie sei eine reife Wissenschaft und ein traditioneller Industriezweig, in dem sich nur wenig ändert. Genau das Gegenteil ist der Fall. Produkte, Methoden, Konzepte und Modellvorstellungen ändern sich ständig, nicht selten sogar in Form von Paradigmenwechseln. Das Wissen explodiert, und selbst ambitionierte Forscher können nur Ausschnitte ihres Faches überblicken – in fast allen anderen Bereichen der Wissenschaften bleiben auch sie Laien.

Wie aber vermittelt man diesen Wandel, seine Dynamik und Vielfältigkeit? Sicher nicht durch lexikalische oder chronologische Darstellung, die eher abschrecken, wenn man nicht gerade etwas Spezielles sucht. Und nicht jeder gute Forscher ist automatisch auch ein guter Kommunikator – zwischen der Fachsprache der Originalpublikationen, mit der manchmal auch banale Zusammenhänge so eingekleidet werden, dass sie nicht mehr auf Anhieb nachvollziehbar sind, und dem, was der Bürger auf der Straße versteht, liegen oft Welten. Hier hat sich das Berufsbild des Wissenschaftsjournalisten etabliert, nicht zuletzt dank der Initiative der Robert-Bosch-Stiftung, die zehn Jahre lang junge Journalisten mit naturwissenschaftlichem Interesse und Naturwissenschaftler mit journalistischen Ambitionen förderte. Wissenschaftsjournalisten versuchen jeden Tag aufs Neue, zwischen zwei Welten zu vermitteln: Da ist die Welt des Hochschullehrers, des spezialisierten Wissenschaftlers, der verstrickt in seinen fachlich korrekten Formulierungen gar nicht merkt, welch große Teilmengen seines Wortschatzes und seines Vorwissens sich nicht mit denen des von ihm anvisierten Publikums überschneiden. Zu gerne verliert sich mancher Forscher auch in der Fülle möglicher einschränkender Randbedingungen und – außer für ihn – eher weniger interessanter Details. Und da ist auf der anderen Seite der Zeitungsleser oder Fernsehzuschauer: Er zappt durch die Programme und hastet von Überschrift zu Überschrift. Seine Aufmerksamkeit gilt es zu gewinnen – mit knappen, klaren und oft auch überzeichneten Formulierungen. Ihn interessieren vor allem Lösungen und Visionen und wozu etwas gut sein soll. Ein guter Wissenschaftsjournalist versteht den „Code" des Forschers, und er versteht es nicht nur, ihn mutig zu übersetzen in eine verständliche Sprache, sondern auch für sein Publikum zu ordnen und Schwerpunkte zu setzen.

Speziell auf dem Gebiet der Chemie bemühen sich die Gesellschaft Deutscher Chemiker (GDCh) und der Fonds der Chemischen Industrie seit Jahren, den wissenschaftsjournalistischen Nachwuchs zu fördern. In den Unternehmen werden junge Naturwissenschaftler ermuntert, allgemein verständliche Artikel zu schreiben. Welche Bedeutung dem Problem der Verständlichkeit von Wissenschaft beigemessen wird, zeigt auch das Programm PUSH (Public Understanding of Science and Humanities), zu dem sich der Stifterverband der Deutschen Wissenschaft und alle großen Wissenschaftsvereinigungen zusammengetan haben. Der wissenschaftlich-technische Fortschritt muss verständlich gemacht werden, wenn Vertrauen erhalten und gefördert werden soll.

Für dieses Buch haben einen Katalog von Produkten und Methoden zusammengestellt, die es vor 50 Jahren noch nicht gab. Jeder wird überrascht sein, wenn er sich einmal klar macht, was es vor 50 Jahren alles nicht gab! Mit dieser relativ langen Liste und ein wenig Taschengeld sprachen wir junge Wissenschaftsjournalisten und Forscher an. Wer sich beteiligen wollte, konnte sich ein Thema aussuchen. Für die Darstellungsform, den Schreibstil oder die Betrachtungsperspektive gab es keine Vorgaben. Diese

Individualität sollte bewusst erhalten bleiben, um ein abwechslungsreiches und unterhaltsames Buch für unsere Leser zu gestalten. Allen Autoren möchten wir an dieser Stelle herzlich für ihre Bereitschaft und ihre Mühe danken. Dank gebührt auch Frau Dr. Gudrun Walter, die im Verlag Wiley-VCH das Werden dieses Buches mit großem Engagement betreute.

Früher hieß es: Chemie ist, wo es stinkt und kracht. Das ist längst vorbei. Wer sie genauer betrachtet, wird bald merken: Chemie ist, wo es knistert und nach Zukunft riecht – „Chemie" sollte kein Synonym sein für den Schadstoff des Monats, sondern für „Köpfchen", für Lösungen. Mit allen Autoren wünschen wir uns, dass dieses Buch einen kleinen Beitrag zu einer solchen Einstellung liefert.

Im Juni 2000

Hans-Jürgen Quadbeck-Seeger
Axel Fischer

Autorenliste

Dr. S. Albus
Holthausenstraße 38
44627 Herne

G. J. Deussing
Uhlandstraße 13
41464 Neuss

Dr. H. Ernst
BASF AG
Hauptlaboratorium
ZHF/A-B9
67056 Ludwigshafen

S. Feil
Allensteiner Straße 30
30880 Laatzen

Dr. R. Fink
BASF AG
Kunststofflabor B1
67056 Ludwigshafen

A. Fischer
Oetztaler Straße 5B
81373 München

Dr. D. Fischer-Henningsen
Wiley-VCH
Postfach 101161
69451 Weinheim

Prof. Dr. H. Frey
Institut für Makromolekulare Chemie
Universität Freiburg
Stefan-Meier-Straße 21/31
79104 Freiburg

B. Furchheim
Rottfeldstraße 4-B, Strump
40670 Meerbusch

Dr. W. Geschwill
BASF AG
ZOA/PT-C 100
67056 Ludwigshafen

Dr. M. Gotsche
BASF AG
Kunststofflabor B1
67056 Ludwigshafen

Dr. A. Gruß
Jahnstraße 53
64285 Darmstadt

Dr. F. Hammar
Hinter der Kirche 49
55129 Mainz

Dr. K. Jopp
In der Stübeheide 82F
22337 Hamburg

Dr. M. Ilg
Bruker Medical
R.-Plank-Straße 23
76275 Ettlingen

Dr. J. Kaczun
BASF AG
Kunststofflabor J 542
67056 Ludwigshafen

Dr. S. Koltzenburg
BASF AG
Kunststofflabor B1
67056 Ludwigshafen

Dr. K. Mädefessel-Herrmann
Georg-Herbert-Straße 9a
68519 Viernheim

Dr. D. Meine
Geibelstraße 43
30173 Hannover

Prof. Dr. H.-J. Quadbeck-Seeger
BASF AG
67056 Ludwigshafen

Dr. J. Schilling
Oppersheide 5
30916 Isernhagen-Kirchhorst

M. Schneider
Weinbergstraße 4
76530 Baden-Baden

Dr. P. Schneider
BASF AG
ZAX/CF
67056 Ludwigshafen

H.-J. Schweikart
Richard-Wagner-Straße 39
68519 Bayreuth

Dr. J. Wetterau
Am Egelsberg 43
47802 Krefeld

Dr. H. Witteler
BASF AG
Kunststofflabor B1
67056 Ludwigshafen

Inhalt

Teil 2: Polymere – Chemikalien, die (fast) alles können 47

Teil 1:
Chemie und Biologie – eine Kombination fürs Leben

Klein, aber oho!

Jo Schilling

Klein, geruch- und farblos ist das Stickstoffmonoxid-Molekül. Es ist eines der kleinsten Moleküle, das in der Natur vorkommt und hat eine noch sehr junge Geschichte. Unter normalen Bedingungen ein Gas, weist es eine Besonderheit auf: Stickstoffmonoxid NO ist ein Radikal, besitzt also ein ungepaartes Elektron, das beständig auf der Suche nach einem Partner ist: Dieses einzelne Elektron macht es zu einer sehr reaktiven Substanz. Die vielfältigen Funktionen von NO wurden erst in den letzten zwei Jahrzehnten aufgeklärt. Ohne das Molekül in unserem Körper könnten wir nicht Lernen und Lieben, keine Krankheiten abwehren, und das Blut würde uns in den Adern gerinnen. Steigt seine Konzentrationen jedoch an, wirkt es als Zellgift. Viele Krankheiten lassen sich inzwischen auf eine Überproduktion von NO zurückführen.

Krebsforscher interessieren sich seit Anfang der achtziger Jahre für den Stoffwechsel von Nitrat und Nitrit, denn aus beiden können im Körper krebserregende Nitrosamine gebildet werden. Wissenschaftler dachten zunächst, dass die zwei Verbindungen ausschließlich mit der Nahrung aufgenommen werden. Eine einfache Stoffbilanz brachte jedoch diese Ansicht durcheinander: Der Urin von Testpersonen enthielt wesentlich mehr Nitrat, als sie aufgenommen hatten. Damit war das Essen offensichtlich nicht die einzige Quelle für Nitrat. Als Alternative kamen nun nach der Meinung der Forscher nur noch Darmbakterien in Frage. Da die Mikroorganismen in der Lage sind, diese Stickstoffverbindungen herzustellen, mussten sie für die Mehrproduktion verantwortlich sein. Aber auch darin irrten sich die Wissenschaftler. Denn auch keimfrei gezüchtete Ratten, die keine Darmflora besitzen, schieden mehr Nitrat mit dem Urin aus, als sie mit dem Futter aufgenommen hatten. Die Suche nach Zellen, die im Körper eines Säugetiers Stickstoff zu Nitrat und Nitrit oxidieren können, begann.

Die Suche im Immunsystem

Ein starker Anstieg des Nitratgehaltes im Urin ist ein sicheres Indiz für Entzündungen im Körper. Also machten sich amerikanische Forscher zunächst im Immunsystem auf die Suche nach der Nitratquelle. Sie fanden heraus, dass Fresszellen im Blut, auch Makrophagen genannt, die Stickstoffverbindung produzieren, wenn sie mit bestimmten Substanzen aus Bakterien in Kontakt kommen. Die Krankheitserreger produzieren ein Gift, an dem die Immunzellen erkennen, um welche Art Feind es sich handelt. Zwei Jahre später, 1987, entdeckten Wissenschaftler, dass die Makrophagen nicht Nitrat, sondern Stickstoffmonoxid herstellen. Der Stickstoff, mit dem die Fresszellen das Radikal bauen, stammt aus der Aminosäure Arginin. Das Enzym NO-Synthase wandelt das Arginin in Citrullin um und setzt dabei das Radikal frei. Das kleine Teilchen ist aber so instabil, dass es in der wässrigen Lösung in den Zellen nur wenige Sekunden überleben kann. Es wird sogleich zu Nitrat und Nitrit oxidiert. Ihm bleiben also nur wenige Sekunden im Kampf gegen die Eindringlinge im Körper. Um die Angreifer unschädlich machen zu können, muss es in der kurzen Zeit in die Bakterien hineingelangen und sich an lebenswichtige Enzyme heften. Dabei hilft ihm seine geringe Größe. Es muss nicht, wie größere Moleküle, erst eine Andockstelle an dem Bakterium finden, um dann mühsam eingeschleust zu werden. NO ist so winzig, dass es einfach durch die Poren der fremden Zelle flutscht. Dort reagiert es mit metallhaltigen Enzymen, blockiert sie und setzt so die fremde Zelle außer Gefecht.

Dieser Mechanismus wird von Menschen schon seit über tausend Jahren benutzt, um Lebensmittel zu konservieren. Beim Pökeln beispielsweise wird das Fleisch mit einem Gemisch aus Kochsalz, Natriumnitrit und -nitrat behandelt. Das Nitrit setzt NO frei und übernimmt so die Funktion des Enzyms im lebenden Organismus. Das Konservierungsmittel tötet Bakterien, wie das allgegenwärtige *Clostridium botulinum*, das schwere Lebensmittelvergiftungen hervorruft. Auch das charakteristische Kennzeichen für Konservierungsstoffe im Fleisch, die frische rote Farbe, löst das NO aus. Es koppelt sich an Myoglobin, das sauerstoffbindende Protein der Muskelfasern und verhindert dadurch den Zerfall des roten Farbstoffes.

Vom EDRF zum NO

Bis zum Ende der achtziger Jahre geisterte eine Substanz durch die Blutgefäße, die Wissenschaftler nur als Endothelium-derived Relaxing Factor, kurz EDRF, bezeichneten. Er erweitert die Blutgefäße, indem er die Muskeln, die die Adern umschließen, entspannt. Über Jahre gelang es nicht, diese geheimnisvolle Substanz zu isolieren. Lediglich wo sie gebildet wurde, konnten die Wissenschaftler feststellen. Dazu entfernten sie die innerste Zellschicht der Blutgefäße. Sie beobachteten, dass viele der Stoffe, die sie bis dahin für blutgefäßerweiternd hielten, dadurch ihre Wirkung verloren. Der logische Schluss war, das diese Moleküle keinen direkten Einfluss auf die Muskulatur der Adern nehmen, sondern nur die sogenannten Endothelzellen auf der Innenseite der Blutbahnen dazu anregen, den EDRF freizusetzen. Keine der bis dahin bekannten gefäßerweiternden Substanzen verhielt sich wie die neuen entspannenden Moleküle.

Der Wirkmechanismus ließ sich nur mit dem des Medikamentes Nitroglycerin vergleichen. Mit dieser explosiven Substanz stellte Alfred Nobel das Dynamit her. Doch schon bald setzten Ärzte es als Mittel gegen Herzinfarkte ein. Alfred Nobel selbst hat vor über hundert Jahren sein Herzleiden mit seinem Sprengstoff behandelt.

Erst 1977 entdeckten der amerikanische Forscher Ferid Murad und seine Mitarbeiter, dass Nitroglyzerin selbst gar nicht biologisch aktiv ist. Von den Zellen in der Blutbahn wird es erst zu dem eigentlichen Wirkstoff abgebaut: zu Stickstoffmonoxid. Das frisch gebildete NO regt dann ein Enzym an, das wiederum einen Botenstoff herstellt. Der chemische Bote – cyclisches Guanosinmonophosphat oder cGMP – gibt den Muskeln der Adern dann das Signal zu erschlaffen.

Dieses Ergebnis brachte Ferid Murad den Nobel-Preis ein und legte den Grundstein für die weitere Erforschung des geheimnisvollen EDRF. Inzwischen ist klar, dass körpereigenes NO den Blutdruck steuert und mit EDRF identisch ist. Auch die Quelle für das kleine, aber wirkungsvolle Teilchen ist die gleiche wie im Immunsystem – das Enzym NO-Synthase bildet das Radikal aus der Aminosäure Arginin.

Aber nicht nur den Blutdruck steuert das Molekül. Es verhindert außerdem, dass die Blutplättchen sich in den Adern zusammenballen und an den Gefäßwänden hängen bleiben. Damit schützt es den Körper vor Blutgerinnseln, die die Gefäße verstopfen. In den Adern um das Herz ist dieser Schutz besonders wichtig: Wenn die Gefäße mit einer dicken Schicht aus „Blutmüll" ausgekleidet sind, kann das NO nicht mehr die Muskeln der Aderwände erreichen. Die verkrampfen sich wie eine Wade nach einem Marathonlauf, und das Herz erleidet einen Infarkt.

Schneller denken mit NO

Den gleichen Botenstoff, der die Muskeln entspannen lässt, das cGMP, haben Forscher auch im Gehirn gefunden. Sie entdeckten, dass seine Bildung durch Signalmoleküle angeregt wird, die an den Übergängen der Nervenzellen wirken. Das Weitergeben von Nervenimpulsen erfolgt im Gehirn mittels Botenstoffen; sowohl elektrisch, als auch chemisch. Die Stelle, an der die Information weitergegeben wird, ist eine kleine Spalte zwischen zwei Nervenzellen. Sie wird Synapse genannt. Damit die Information, etwa ein Geschmack, oder ein Geräusch, an ihrem Ziel ankommt, muss sie irgendwie über diese Spalte zwischen den Zellen gelangen. Dies ist die Aufgabe von Botenstoffen, sogenannten Neurotransmittern. Sie werden auf der Seite der Synapse freigesetzt von der das Signal ausgeht und diffundieren auf die andere Seite. Dort angekommen, lösen sie auf der Oberfläche der zweiten Nervenzelle einen Reiz aus. Damit ist die Information weitergegeben worden wie ein Stab beim Staffellauf und kann ihren Weg durch den Körper fortsetzen.

Die Funktion des cyclischen Guanosinmonophosphat im Gehirn war damals unklar, aber vor allem konnte sich keiner den Mechanismus erklären, über den die Neurotransmitter die Bildung des cGMP anregen. Keines der bekannten Enzyme, die cGMP bilden, wurde durch irgendeinen der bekannten Neurotransmitter stimuliert. Als japanische Wissenschaftler entdeckten, dass auch das Gehirn die Aminosäure Arginin verbraucht, wenn der Botenstoff gebildet wird, wurde das Problem noch unverständlicher. Denn eine Aminosäure regt diese Enzyme erst recht nicht an.

Erst 1989 konnten Forscher das Geheimnis lüften: Die Nervenzellen im Gehirn bilden Stickstoffmonoxid. Dazu werden sie durch verschiedene Neurotransmitter angeregt. Das NO ist es dann, das in benachbarten Zellen das cGMP-Enzym aktiviert. Und auch im Gehirn wird das Arginin wieder nur für die NO-Synthese verbraucht.

Die Funktion des Radikals im Gehirn ist noch nicht vollständig geklärt. Es scheint jedoch Signale zu übertragen. Wissenschaftler glauben, dass es ein sogenannter retrograder Botenstoff ist. Er schwimmt in den Nervenspalten – entgegen der Richtung des ursprünglichen Signals – in das Nervenende zurück, aus dem der eigentliche Neurotransmitter kommt. Dort erhöht NO dann die Konzentration des cGMP. Diesmal nimmt der Bote jedoch keinen Einfluss auf die Muskeln, sondern steuert, wie viel Neurotransmitter der Nerv in die Synapse ausgeschüttet. Je nach Gehirnregion kann daraufhin die Signalzelle mehr oder weniger Botenstoff freisetzen: Die Zelle lernt. So sind die ersten Versuche, beispielsweise Schreibmaschine schreiben zu lernen, sehr mühsam und eher kläglich. Irgendwann sind die Abläufe jedes Fingers so selbstverständlich, dass sie scheinbar von alleine wissen was sie zu tun haben. Die Bahn vom Gedanken an einen Buchstaben zu dem entsprechenden Finger ist freigeschaltet.

NO im Nervensystem

Ohne die Hilfe des Stickstoffmonoxids würden wir verhungern. Wir brauchen es, damit unser Mittagessen oder der Schluck Wasser sogar im Kopfstand in den Magen gelangt. Die Speiseröhre weitet sich immer direkt unter der Nahrung und zieht sich über ihr zusammen. Auch das Dehnen des Magens, wenn der vierte Gang eines Festessens verspeist wird, steuert das kleine Molekül. Hat die Nahrung den Magen passiert, übernimmt der Darm die weitere Arbeit. Er transportiert sie mit Wellenbewegungen zum Ausgang. Bei all diesen Mechanismen müssen Muskeln gezielt entspannt werden; eine der leichtesten Übungen für NO.

Das vielseitige kleine Teilchen ist der Botenstoff eines eigenständigen Nervensystems. Allerdings arbeitet er nicht wie ein normaler Neurotransmitter auf der Synapsenoberfläche, sondern diffundiert vom Nerv in die Muskelzelle hinein. Dort aktiviert er das Enzym, das cGMP produziert. Das reagiert hier auch wieder wie gewohnt: Die Muskeln entspannen sich.

Auch beim Sex spielt das Entspannen von Muskelzellen eine wichtige Rolle. So sind die Schwellkörper des Penis von einem Netz aus NO-Synthase-haltigen Nervenfasern durchzogen. Sie stabilisieren den Gefäßdruck in den Schwellkörpern, indem sie für Entspannung in den Wänden sorgen. Versagen die Nerven ihren Dienst, verkrampfen sich die Blutbahnen. Die Folge: Es kann nicht genug Blut in die Adern strömen, um den Penis aufzurichten. Abhilfe schafft eine Dosis NO von außen. Mit dem Medikament Viagra wird eine Substanz zu den Schwellkörpern transportiert, die NO freisetzt. So übernimmt die kleine blaue Pille die Aufgabe der Nervenzellen und hilft dem besten Freund des Mannes.

Gefahren durch NO

Wie die meisten Substanzen ist auch NO in zu hoher Dosis gefährlich oder sogar tödlich. Ein Molekül, das dem Immunsystem hilft, Bakterien abzutöten, ist zunächst ein sehr wirksames Zellgift, auch wenn es Muskeln entspannen, Adern sauber halten und beim Lernen helfen kann. Ein Radikal, das Tumorzellen und Parasiten schädigt, wirkt – am falschen Ort in zu hohen Konzentrationen freigesetzt – auch giftig auf gesunde Zellen. Bestimmte Formen von Gelenkrheumatismus und der Zuckerkrankheit sowie chronische Nierenentzündung, entstehen vermutlich durch zu viel NO im Gewebe. In den entzündeten Gebieten sammeln sich Fresszellen in großer Zahl und produzieren fleißig das Radikal, um potentielle Feinde abzuwehren. In ihrem Übereifer zerstören sie aber, statt der Feinde, körpereigene Zellen und erzeugen so die chronische Krankheit. Aber nicht nur Makrophagen können fehlgeleitet werden. Von seiner grausamsten Seite zeigt sich das kleine Molekül, wenn die Immunabwehr versagt. Dann tummeln sich Bakterien in großen Mengen in der Blutbahn und geben ihre Stoffwechselprodukte ans Blut ab. Diese Gifte veranlassen die Zellen der Gefäßwände in großen Mengen NO zu bilden. Die Adern entspannen sich daraufhin so stark, dass der Blutdruck zusammenbricht. Gegen diesen sogenannten septischen Schock sind Ärzte in der Hälfte der Fälle machtlos und müssen kapitulieren – vor einem der kleinsten Teilchen, das die Natur kennt!

Ersehnt, bejubelt und verdammt – die Anti-Baby-Pille

Bettina Furchheim

Sie ist mehr als nur eine Pille. Die Anti-Baby-Pille ist in den sechziger und siebziger Jahren Stein des Anstoßes. Von den einen wird sie als erster Schritt zur freien Sexualität stürmisch gefordert und gefeiert. Von den anderen gerade aus diesem Grund als Sünde verdammt. Aber die Pille wird zu einem Symbol, das neben anderen für eine Epoche gesellschaftlichen Wandels besonders in der westlichen Welt steht. Mittlerweile ist die Pille aus dem Alltag von weltweit 60 bis 80 Millionen Frauen, etwa zwei Prozent der Weltbevölkerung, nicht mehr wegzudenken – in Deutschland sind es etwa sieben Millionen.

Die Festlegung von sexuellem Erleben mit dem Ziel der Fortpflanzung in der Ehe hatte solange gesellschaftlichen Einfluss wie Sexualität und Fruchtbarkeit untrennbar aneinander gebunden waren. Mit der Verbreitung von Kontrazeptiva im 20. Jahrhundert konnte Sexualität jedoch zunehmend auch außerhalb fester Lebensgemeinschaften, ohne Konzeptionsängste gelebt werden.

Die Kirche lehnt die Verhütung ab. Schon 1930 äußerte sich der Papst mit der Enzyklika „Casti Connubii" zur Frage der Geburtenregelung. Die Anwendung der unsicheren „natürlichen Verhütungsmethoden" wird vom Papst gebilligt, alle anderen Verhütungsmethoden werden abgelehnt. Fast vier Jahrzehnte später, 1968, verurteilt die Enzyklika „Humanae Vitae" die aktive Geburtenregelung mit Hilfe von hormonellen, mechanischen und chemischen Kontrazeptiva weiterhin als Sünde. 1995 bestätigt der Papst die Lehre seiner Vorgänger. Trotz der Immunschwäche Aids bleibt selbst die Verwendung von Kondomen verboten. Die deutschen Bischöfe hingegen erklären 1968, dass die Verwendung von Kontrazeptiva eine Gewissensentscheidung des Einzelnen sei.

Der Zusammenhang zwischen Beischlaf und Schwangerschaft ist schon sehr lange bekannt. Die ersten Hinweise auf Verhütungsmittel kommen aus der Steinzeit. Auf Felsmalereien sind Männer abgebildet, die sich einen Penisbeutel – vermutlich aus Leder – zur prähistorischen Verhütung anlegten. Andere Belege finden sich in medizinischen Papyri Ägyptens. Sie sind etwa 4000 Jahre alt und beschreiben beispielsweise Räucherungen wie auch Tampons und Scheidenzäpfchen aus Pflanzenfasern, zerriebenen Früchten und Honig – geeignet dafür seien Fichtenrinde, Granat- und Gallapfel, Ingwer, Feigen, Wein und Rosenöl. Die Tampons wurden kurz vor dem Beischlaf eingeführt. Durch die Säuren der Pflanzen und Früchte wird der Säuregrad der Vagina gestört und die Überlebensfähigkeit der Samenzellen herabgesetzt.

Zu den ältesten Methoden gehören auch die zeitweilige oder totale Enthaltsamkeit, der Koitus interruptus, langes Stillen oder das Trinken von Verhütungstees aus Kräutern an bestimmten Tagen des Monatszyklus. Mit der Einnahme von ätherischen Ölen, beispielsweise des Sadebaumöls wurde versucht, eine ausgebliebene Regelblutung wieder herbeizuführen. Häufig mit der Folge, dass damit eine Abtreibung bewirkt wurde.

Lange hatte man von der Anatomie der Frau und der Entwicklung des Kindes im Mutterleib nur vage Vorstellungen. Das Ausbleiben der monatlichen Regel wurde lediglich als „Stockung des Blutes" wahrgenommen, keineswegs aber als sicheres Zeichen der beginnenden Schwangerschaft. Deshalb war der Übergang zwischen Mitteln, die nur die ausgebliebene Periode in Gang setzen, und solchen, die verhüten oder einen Abort herbeiführen sollen, bis Anfang des 19. Jahrhunderts fließend.

Die Vorstellungen über die Entstehung des Lebens wurden oft dem Göttlichen, Mythischen oder Magischen zugerechnet. Davon zeugen Fruchtbarkeitssymbole und Schöpfungsmythen. So unterschiedlich sie auch sind, sie ähneln sich jedoch in der Betonung und Reduktion des weiblichen Körpers auf die Merkmale, die in enger Verbindung zu Empfängnis, Geburt und Mutterschaft stehen.

Eine weitere Möglichkeit der Verhütung war, den Samenzellen des Mannes eine Barriere in den Weg zu stellen. Bis ins 19. Jahrhundert waren Fischblasen und Därme von Kälbern, Schafen und Ziegen geschätzte Liebeshüllen, oder Kondome, für die meisten unerschwinglich. Der Durchbruch kam mit der aufkommenden Kautschukindustrie. Charles Goodyear stellte nicht nur Autoreifen, sondern auch das erste Gummi-Kondom her. Der Massenproduktion stand nichts mehr im Wege. Heute werden in Deutschland pro Jahr über 180 000 Präservative verbraucht.

Das Diaphragma kam Ende des 19. Jahrhunderts, die Spirale erst im 20. Jahrhundert ins Spiel. Der Weg der Spirale war gekennzeichnet von schweren Infektionen bis hin zu Todesfällen. Erst die modernen Spiralen gelten als sicherer Schutz. Alle diese Verhütungsmethoden haben etwas gemein: Sie müssen entweder vom Arzt eingesetzt werden, oder sie verhindern den spontanen Sex. Der Wunsch nach einem Mittel zum Einnehmen ist so alt wie die Verhütung selbst.

In Gesellschaftsschichten, in denen Menschen ihren Lebensunterhalt durch körperliche Arbeit verdienen, in denen die Kinder mithelfen müssen, ist Kinderreichtum ein Segen. Bei wachsendem Wohlstand hingegen gefährden Kinder eher den Lebensstandard, der Abstand zwischen den Geburten wird per Empfängnisverhütung geregelt. In den meisten westeuropäischen Ländern begann die Geburtenrate um 1870 zu sinken und erreichte vor dem ersten Weltkrieg ihren Tiefstand. In allen Schichten setzt sich allmählich die Zwei-Kind-Familie durch.

Sexualität wird im 20. Jahrhundert in Deutschland zum politischen Thema. Die Weimarer Republik verspricht Frauen politische Gleichstellung. Beruflich eröffnen sich ihnen neue Felder. Mit mehr Unabhängigkeit ist auch der Wunsch nach Schutz vor ungewollter Schwangerschaft verbunden. Die Familie wird zum Gegenstand rationeller Planung, die Kleinfamilie zum Leitbild, der Geburtenrückgang sorgt für Zündstoff. Die rechtlichen Rahmenbedingungen hinken diesen Entwicklungen hinterher. Abtreibung ist verboten, Verhütungsmittel schwer zugänglich. Eine Sexualreformbewegung entsteht. Es schlägt die Geburtsstunde der Pille. Sie existiert noch nicht – und doch ist sie schon da. In den Gedanken, in den Diskussionen wird auf sie zugedacht, in den Laboratorien der Hormonforscher auf sie zugearbeitet.

Der Großvater der Pille, Ludwig Haberlandt (1885–1932), kam über die Hormonforschung auf die Spur der hormonalen Empfängnisverhütung, nicht über die Gynäkologie. Die Idee dieser Art der Verhütung ist ein Ergebnis der Hormonforschung, die in den zwanziger Jahren ihre ersten Erfolge feiern konnte.

- 1901 beweist Josef Halban (1870–1937), dass die Menstruation von Hormonen abhängt, die in den Eierstöcken produziert werden. Halban gilt als Begründer der gynäkologischen Hormonforschung.
- 1907 lüften zwei Wiener Gynäkologen, Ludwig Adler (1876–1958) und Fritz Hitschmann (1870–1926) das Geheimnis um den weiblichen Zyklus. Sie erkennen, dass sich die Gebärmutterschleimhaut zyklisch verändert und dass diese Veränderungen nicht Anzeichen einer Entzündung sind, wie bisher angenommen wurde. Aufgrund dieser Beobachtung teilen sie den weiblichen Zyklus in vier Phasen ein.
- 1927 entdecken die Gynäkologen Selmar Aschheim (1878–1965) und Bernhard Zondek (1891–1966), dass die Hormone der Eierstöcke von Hormonen der Hypophyse gesteuert werden. Von diesen Erkenntnissen ausgehend entwickeln sie den ersten weltweit eingesetzten hormonalen Schwangerschaftstest.

- 1933 gelingt der Arbeitsgruppe um Ludwig Fraenkel (1870–1951) die Isolierung des Progesterons.
- 1937/1938 werden die ersten künstlichen Sexualhormone der Welt von Walter Hohlweg (1902–1992) und Hans Herloff Inhoffen (1906–1992), Chemikern der Schering AG, Berlin, entwickelt. Aus Östron wird Ethinylöstradiol synthetisiert, noch heute Bestandteil der Pille. Das erste künstliche Gestagen ist ein Derivat des „männlichen" Hormons Testosteron.
- In den zwanziger und dreißiger Jahren sind Adolf Butenandt (1903–1995) und seine Mitarbeiter entscheidend an der Isolierung und Konstitutionsermittlung der weiblichen und männlichen Sexualhormone beteiligt. Butenandt erhält 1939 für seine Hormonforschung den Nobelpreis

In England und Frankreich wurde schon 1898 die These aufgestellt, das Corpus luteum unterdrücke weitere Ovulationen, wenn ein Ei befruchtet ist. Es sorge dafür, dass eine schwangere Frau nicht noch einmal schwanger werden könne. Diese These des Embryologen John Beard (1858–1924) aus Edinburgh und des Histologen Auguste Prénant (1861–1927) aus Nancy war der entscheidende theoretische Ausgangspunkt für Haberlandts Geistesblitz des Jahres 1919: Wenn man einer Frau Schwangerschaftshormone aus dem Gelbkörper zuführen könnte, folgerte er, würden bei ihr die Ovulationen unterdrückt. Damit hatte er das Prinzip der Pille entdeckt.

Haberlandt arbeitete auf ein Mittel hin, das sich spritzen oder oral einnehmen ließ. Bevor in den dreißiger Jahren Verfahren zur künstlichen Herstellung von Hormonen entwickelt wurden, standen für die Therapie mit Sexualhormonen nur Organpräparate zur Verfügung, also Extrakte aus den Eierstöcken weiblicher Tiere. Doch nur ein Teil der Ovarialpräparate zeigte bei oraler Verabreichung auch eine Wirkung. Dazu gehörten die enteiweißten Optone, mit denen Haberlandt experimentierte. Nach heutigem Kenntnisstand war der Hormongehalt dieser Mittel zu niedrig, um beim Menschen merklich wirksam zu werden. Doch die Ovarialpräparate zeigten im Tierexperiment Wirkungen, und so gab es für ihn keinen Anlass, an den Realisierungschancen der zu entwickelnden Pille zu zweifeln. Haberlandt bewies damit experimentell, dass es funktionieren könnte. 1927 waren seine Testserien an Kaninchen und Mäusen abgeschlossen. 1930 kündigt er ein hormonales Verhütungsmittel an. Doch aufgrund des Fehlens synthetischer Hormone kann diese erste Pille noch nicht produziert werden. Sein früher Tod 1932 beendet die Vorbereitungen abrupt.

Nach dem zweiten Weltkrieg griffen mehrere Wissenschaftler in den USA das Thema der hormonellen Verhütung wieder auf. Für das Rohstoffproblem fand der amerikanische Chemiker Russell E. Marker im mexikanischen Dschungel die Lösung: Er entdeckte die Substanz Diosgenin, die er aus einer Yamswurzel extrahierte. Damit wurde die Forschung unabhängig von der bisher teuren Hormongewinnung aus tierischem Material wie Schweineeierstöcken. Die Bestandteile von Diosgenin konnten auf chemischem Wege in Sexualhormone umgewandelt werden. Und die Yamswurzel gab es zu Genüge im Dschungel.

Marker gründete in Mexiko die Chemiefirma Syntex, die sich auf die Synthetisierung von Steroiden spezialisiert. Zu dieser chemischen Verbindungsklasse, basierend auf einem Grundskelett von Kohlen- und Wasserstoffatomen, zählen auch die Sexualhormone. 1951 entdeckt Carl Djerassi (* 1923) die Substanz Norethindron, die die Eigenschaften weiblicher Sexualhormone nachahmt. Damit gelang Djerassi und seinen Kollegen der Durchbruch bei der Suche nach einem oral wirksamen Gestagen.

Ein weiterer Meilenstein auf dem Weg zur Pille war die Begegnung von Margaret Sanger (1883–1966), der Zentralfigur der amerikanischen Geburtenkontrollbewegung, mit dem Biochemiker Gregory Pincus (1903–1967). Sanger hatte zeitlebens die Vision von einem Verhütungsmittel für Frauen, das leicht und sicher anzuwenden ist. Es sollte den Frauen zu mehr persönlicher Freiheit verhelfen und die Probleme der „Dritten Welt" lösen.

Sanger bot Pincus im März 1951 die Finanzierung eines Forschungsprojektes an, dessen Ziel die Entwicklung eines hormonalen Kontrazeptivums sein sollte. Auf der Basis von Norethindron testen Pincus und seine Kollegen Celson Garcis und John Rock immer neue Hormonkombinationen – mit Erfolg. Anfang 1956 begannen klinische Prüfungen an Frauen in San Juan, der Hauptstadt von Puerto Rico. Das Resultat war beeindruckend: In neun Monaten wurden nur 17 Frauen schwanger und dies, weil sie die Einnahmen des Hormonpräparates vergessen oder das Medikament abgesetzt hatten Die auf Puerto Rico getestete Östrogen/Gestagen-Substanz erhielt den Handelsnamen „Enovid" und wurde 1957 zunächst als Medikament zur Behebung von Menstruationsbeschwerden, 1960 dann als erstes hormonales Kontrazeptivum in den USA zugelassen. Pincus und Djerassi gelten beide als Väter der Pille, Sanger könnte man als ihre Mutter bezeichnen.

Viele Wissenschaftler, auch in Europa, teilten die allgemeine Begeisterung nur begrenzt. Grund dafür waren vor allem die starken Nebenwirkungen, die Enovid verursachte. Schon die Frauen der klinischen Testreihe hatten über Kopfschmerzen, Übelkeit und Schwindelgefühle geklagt.

Zu Beginn der sechziger Jahre entwickelt die Berliner Schering AG, basierend auf dem gleichen Konzept, ein eigenes Verhütungsmittel auf Hormonbasis. Die Schering-Pille „Anovlar" (frei übersetzt: kein Eisprung) ist, verglichen mit ihrer amerikanischen Schwester „Enovid", in der Hormondosierung schon um mehr als die Hälfte reduziert, beinhaltet aber etwa noch das Sechsfache an Wirkstoffen heutiger Pillen.

Zunächst zögert das Pharmaunternehmen damit, die Pille – trotz erfolgreicher Tests – im sexfeindlichen Nachkriegsdeutschland einzuführen. Doch ähnlich wie in den USA setzen sich viele Anhänger der Geburtenkontrolle für die Pille ein. Deshalb wird „Anovlar" zunächst im fernen Australien am 1. März 1961 auf den Markt gebracht. Nachdem die australischen Frauen die „Pille" begeistert aufgenommen haben, scheint die Einführung von „Anovlar" auch in Deutschland gesellschaftlich vertretbar. Ab dem 1. Juni 1961 ist die erste europäische Pille auch in der Bundesrepublik erhältlich. Doch wird sie zunächst primär als „Mittel zur Behebung von Menstruationsstörungen" bezeichnet und soll – laut Herstellerempfehlung – wenn als Verhütungsmittel, vor allen an verheiratete Frauen verschrieben werden.

Anfang der sechziger Jahre beginnt ein Kollektiv von 14 Wissenschaftlern des VEB Jenapharm mit der Entwicklung eines hormonalen Kontrazeptivums für die DDR. Ihnen sind die Forschungsergebnisse aus dem Westen und die notwendigen Grundstoffe zur Produktion bekannt. Jedoch sind die für die Herstellung der Pille notwendigen Hormonstoffe schwer zu beschaffen: Der wichtigste Grundstoff für die Herstellung der Pille, das synthetische Progesteron aus der tropischen Yamswurzel, ist teuer und nur auf dem Weltmarkt zu erhalten. Aus diesem Grund greift das „Kollektiv Ovosiston" auf die Gewinnung von Hormonen aus Schweinegalle zurück, die in der gesamten DDR eingesammelt wird. Bis auf die klinischen Versuche, die in verschiedenen Frauenkliniken der DDR durchgeführt werden, werden alle Stufen der Pillenentwicklung beim VEB Jenapharm entwickelt.

„Ovosiston" wird vor allem in andere sozialistische Länder exportiert. Lediglich die Sowjetunion zeigt wenig Interesse an der Einführung eines hormonalen Kontrazeptivums. Dort ist bis heute der Schwangerschaftsabbruch die gängigsten Form der Geburtenkontrolle. Doch ähnlich wie in der Bundesrepublik wird die Pille auch in der DDR zunächst vor allem an verheiratete Frauen mit Kindern verschrieben. Erst seit 1972 – im Kontext einer neuen Abtreibungsgesetzgebung – ist die Pille für alle Frauen kostenlos und problemlos zugänglich.

Die Anti-Baby-Pille galt im prüden Nachkriegsdeutschland als Inbegriff des Sittenverfalls und der Verwilderung der Moral. Die Forderung der Jugend- und Studentenbewegung „Freiheit für die Pille!" bedeutet in den sechziger und auch noch zu Beginn der siebziger Jahre eine ungeheure Provokation. Die Pille ist Stein des Anstoßes, weil sie einen sexualmoralischen Grundpfeiler der fünfziger und sechziger Jahre ins Wanken bringt: das Tabu der vorehelichen Sexualität.

In den siebziger Jahren verändert sich das öffentliche Image der Pille. War sie noch in den sechziger und frühen siebziger Jahren als Symbol einer neuen sexuellen Freiheit gefeiert und idealisiert worden, wird sie nun von der Neuen Frauenbewegung bald problematisiert und später radikal abgelehnt. Viele Frauen fühlen sich mit ihrem Körper dem Mann der Medizin und der Gesellschaft ausgeliefert und reduziert auf ihre reproduktive Funktion.

Es gibt kaum ein Arzneimittel, das so gründlich erforscht wurde wie die Pille. Viele Präparate in unterschiedlichen Wirkstoffzusammensetzungen befinden sich auf dem Markt. Generell wird zwischen hochdosierten und niedrig dosierten (hormonarmen) Pillen unterschieden. Wie aber wirkt die Pille? Sie verhindert die Konzeption auf verschiedenen Wegen:

- Die in der Pille enthaltene Östrogen/Progesteron-Kombination täuscht der Hirnanhangdrüse eine Schwangerschaft vor. Damit wird der Eisprung verhindert.
- Der Cervixschleim, sprich die schleimige Flüssigkeit im Gebärmutterhals, wird verändert, so dass keine Samenzellen in die Gebärmutter eindringen können.
- Unter dem Hormoneinfluss der Pille baut sich die Gebärmutterschleimhaut nur teilweise auf und ist so nicht vollständig auf eine Einnistung des Eis vorbereitet.

Verhütet eine Frau mit der Pille, kommt es alle vier Wochen zu einer sogenannten Abbruchblutung.

Mit der Verbreitung der Pille seit den sechziger Jahren wurden, wie schon erwähnt, nach und nach auch die Nebenwirkungen bekannt, wie Übelkeit, Kopfschmerzen, Zwischenblutungen oder Gewichtszunahme. Bei Frauen, die ein erhöhtes Thromboserisiko haben, kann die Pille dieses Risiko noch erhöhen. Gefährdet sind Raucherinnen, Frauen mit Übergewicht oder Frauen, die bereits eine Thromboseerkrankung hatten oder erblich vorbelastet sind. Durch niedrigere Hormonmengen in den modernen Pillen konnten diese Risiken weiter reduziert werden.

Die Pille hat aber auch positive Nebenwirkungen: Die Schmerzen der Regelblutung lassen nach, Akne und Eileiterzysten gehen zurück. Auch ein vermindertes Risiko von Eierstock- und Gebärmutterkrebs konnte nachgewiesen werden.

Heute ist die Pille längst kein Reizthema mehr für Ethikdebatten. Inzwischen streiten Ethiker über die sogenannte Abtreibungspille „RU 486“. Der „Pille für den Mann“, als Idee bestimmt genauso alt wie die Anti-Baby-Pille, fehlt dagegen bis heute die Marktreife.

Vom Gen zu Genomics

Friederike Hammar

Damals, in den goldenen fünfziger Jahren, als Francis Crick und James Watson quasi zwischen einer Golfpartie und einem Cricketmatch so ganz nebenbei die Struktur der DNA – der Grundsubstanz der Gene – aufklärten, war die Molekularbiologie noch eine gemütliche Wissenschaft. Das sollte sich aber bald ändern. Nachdem einmal bekannt war, dass die DNA-Doppelstränge aus zwei umeinander gedrehten Ketten aus abwechselnd einem Zucker- und einem Phosphatmolekül bestehen, wobei mit jedem Zuckermolekül noch jeweils eine der vier organischen Basen Adenin (A), Guanin (G), Thymin (T) und Cytosin (C) verknüpft ist, dauerte es nicht mehr lange, bis Wissenschaftler den genetischen Code entschlüsselten. Marshall Nirenberg und Gobind Khorana fanden heraus, dass immer drei „Nucleotidbuchstaben" hintereinander ein „Wort" ergeben, das eine bestimmte Aminosäure bedeutet. Entsprechend der Abfolge dieser „Wörter" können mehr als 1000 Aminosäuren zu langen Ketten aneinander gehängt werden, die sich zu großen dreidimensionalen Gebilden anordnen. Diese Riesenmoleküle heißen Proteine. Sie bilden einerseits das Gerüst der Zellen, andererseits sind sie die Werkzeuge, die alle lebensnotwendigen Funktionen ausführen.

Aber zurück zu den Genen: Man kannte nun ihre Sprache und nahm daher an, dass man prinzipiell alle Vorgänge in einer Zelle verstehen könnte, wenn es gelänge, die genaue Reihenfolge der Nucleotid-Bausteine zu entschlüsseln. Es war eine aufregende Vorstellung für die Wissenschaftler jener Tage: Je mehr Informationen sie über die

Genausstattung aller Lebewesen – vom einfachsten einzelligen Mikroorganismus bis hin zum hochorganisierten Vielzeller – gewinnen könnten, um so aufschlussreicher würde es sein, Vergleiche anzustellen. Die Untersuchung artübergreifender Gemeinsamkeiten einerseits und das Studium der Unterschiede andererseits, könnten dabei helfen, die Entwicklung der Arten zu verfolgen und ihren Stammbaum zu entwickeln.

Besonders faszinierend erschien den Forschern natürlich die Vorstellung, das menschliche Genom bis ins Detail zu analysieren. Würde es dann vielleicht möglich sein, bestimmte Eigenschaften eines Menschen mit Hilfe seiner Gene vorherzusagen? Könnte man beispielsweise die Veranlagung für Krankheiten oder Allergien, Neigung zur Fettleibigkeit, Widerstandsfähigkeit gegen manche Krankheitserreger, Empfindlichkeit für bestimmte Medikamente durch eine Untersuchung der Gene feststellen? Würden sich am Ende auch Eigenschaften der Persönlichkeit, wie Intelligenz, Musikalität oder Kreativität an den Genen ablesen lassen? Oder sind solche Charakterzüge doch eher durch das Einwirken der Umwelt geprägt?

In den sechziger Jahren waren solche Gedanken noch graue Theorie. Robert Holley brauchte sieben Jahre bis er 1965 das 76-Nucleotide lange Gen für ein Hefe-Protein sequenziert hatte. Die Wissenschaftler waren also noch weit davon entfernt, ein komplettes Genom – und sei es auch nur das eines Mikroorganismus – zu entschlüsseln: Das Genom des Darmbakteriums *Escherichia coli* zum Beispiel besteht bereits aus mehr als 4 Millionen, das menschliche Genom gar aus knapp drei Milliarden Nucleotiden. Aber sie machten Fortschritte. 1976 gelang es Walter Fiers die immerhin 3569 Nucleotide des Bacteriophagen MS2 zu entziffern. Gegen Ende der sechziger Jahre entdeckten Werner Arber, Hamilton Smith und Daniel Nathans die Restriktionsenzyme. Diese spalten DNA-Moleküle an spezifischen Sequenzen und erzeugen so kleinere Bruchstücke, die sich leichter analysieren lassen. In Kombination mit der in den siebziger Jahren von Allan Maxam und Walter Gilbert entwickelten Methode zur chemischen Spaltung von DNA konnten Sequenzierungen bald erheblich schneller und effizienter durchgeführt werden. Bei diesem Verfahren wird die Nucleinsäure zunächst radioaktiv oder mit einem Farbstoff markiert. Die Probe wird dann in vier Portionen aufgeteilt, die jeweils unterschiedlichen Reaktionsbedingungen ausgesetzt werden, so dass in jedem Ansatz nur nach einer bestimmten Base, A, C, G oder T geschnitten wird. Die Bedingungen sind dabei so gewählt, dass jedes DNA-Molekül statistisch nur an einer einzigen Stelle gespalten wird. Trennt man die entstehenden Bruchstücke ihrer Größe nach auf, so kann man die Sequenz direkt ablesen (Abb. 1). Den entscheidenden Schritt zur Automatisierung und damit zu einer noch höheren Effizienz leistete die wenig später von Frederick Sanger eingeführte Methode des kontrollierten Kettenabbruchs. Sie nutzt die Fähigkeit des Enzyms DNA-Polymerase, das identische Kopien von DNA-Molekülen herstellen kann. Bietet man der DNA-Polymerase als Substrat nicht die richtigen Nucleotide an, sondern chemisch modifizierte, die zwar in die wachsende Kette eingebaut, aber dann nicht mehr mit weiteren Nucleotidbau-

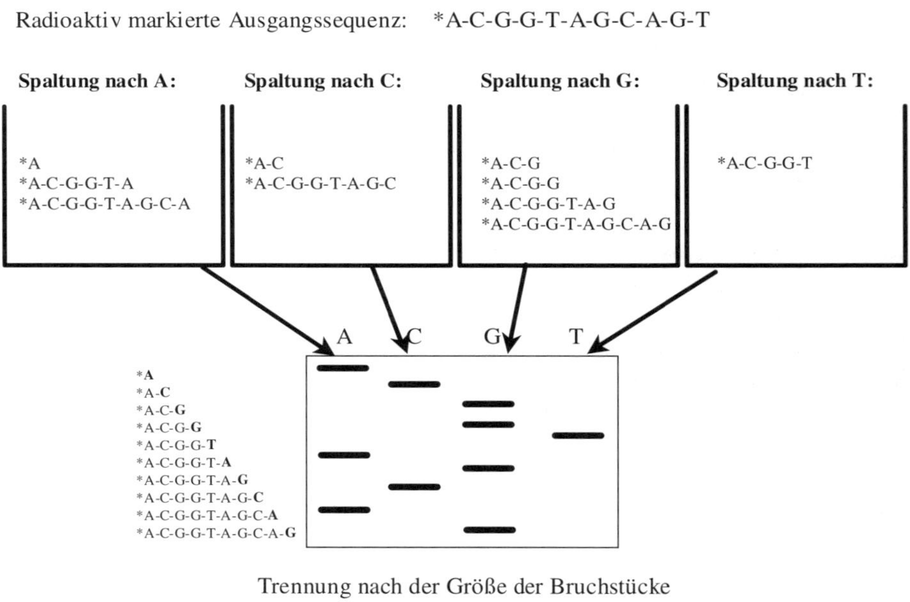

Abb. 1. DNA-Sequenzierung durch chemische Spaltung nach Maxam und Gilbert.

steinen verknüpft werden, so entstehen Ketten unterschiedlicher Länge, deren Sequenz sich von der des vorgelegten DNA-Originals ableitet. Die modifizierten Nucleotide sind außerdem mit vier unterschiedlichen Fluoreszenzfarbstoffen markiert, wobei jede Farbe einem der Bausteine Adenin, Guanin, Cytosin bzw. Thymidin zugeordnet ist. Die infolge des kontrollierten Kettenabbruchs entstehenden markierten DNA-Bruchstücke können wiederum nach der Größe sortiert und anhand der Farbe das jeweils zuletzt eingebaute Nucleotid identifiziert werden. Im Gegensatz zur chemischen Spaltung laufen alle Reaktionsschritte in einem Gefäß ab. Dies ermöglicht die Automatisierung des Verfahrens. Ein Computer steuert den Prozess und sammelt die im Anschluss an die Größentrennung detektierten Fluoreszenzsignale. Eine solche Maschine kann mehr als 10 000 Nucleotide pro Tag analysieren.

Die Vorstellung in absehbarer Zeit einmal ein vollständiges Genom zu sequenzieren, wurde damit immer realistischer. Trotzdem sollte es noch bis Mitte der neunziger Jahre dauern, bis tatsächlich ein Mikroorganismus komplett analysiert wurde: das Bakterium *Haemophilus influenzae*, ein Erreger von Hirnhautentzündungen bei Kleinkindern.

Im Jahre 1990 waren die Geräte und Techniken aber schon so weit entwickelt, dass die Forscher es wagten, eines der ehrgeizigsten Ziele überhaupt anzusteuern: das

Humangenomprojekt (HUGO). Damit begann eines der spannendsten Forschungsprojekte aller Zeiten. Bis zum Jahre 2005 sollte die Sequenz aller 3 Milliarden Basenpaare entschlüsselt und jedes der ca. 80 000–100 000 menschlichen Gene identifiziert werden. Forscher aus allen Ländern der Welt haben sich für dieses Unternehmen zusammengeschlossen – ein seltenes Ereignis, in der von Wettbewerb und Konkurrenzdenken geprägten wissenschaftlichen Gemeinde. Das Projekt wurde 1990 in den USA ins Leben gerufen und ist mit einem Umfang von ca. 3 Milliarden US-Dollar das größte, das jemals in der Biologie begonnen wurde. 1995 sprang auch Deutschland auf den fahrenden Zug auf.

In den neunziger Jahren brummt es in den Labors der Genforscher. Die Sequenzierung des menschlichen Genoms und der DNA verschiedener Modellorganismen, z. B. des Bakteriums *Escherichia coli*, der Hefe, des Fadenwurms *Caenorhabditis elegans*, der bereits ein vielzelliger Organismus ist, und höherer Pflanzen wie Reis – für die Ernährung großer Teile der Weltbevölkerung von immenser Bedeutung – läuft auf Hochtouren, wie Abbildung 2 illustriert. Täglich werden neue Gene entdeckt und es zeigt sich, dass der genetische Pool noch viel reichhaltiger ist, als erwartet. Nahezu die Hälfte der neu entdeckten Gene haben eine (noch) unbekannte Funktion und nun

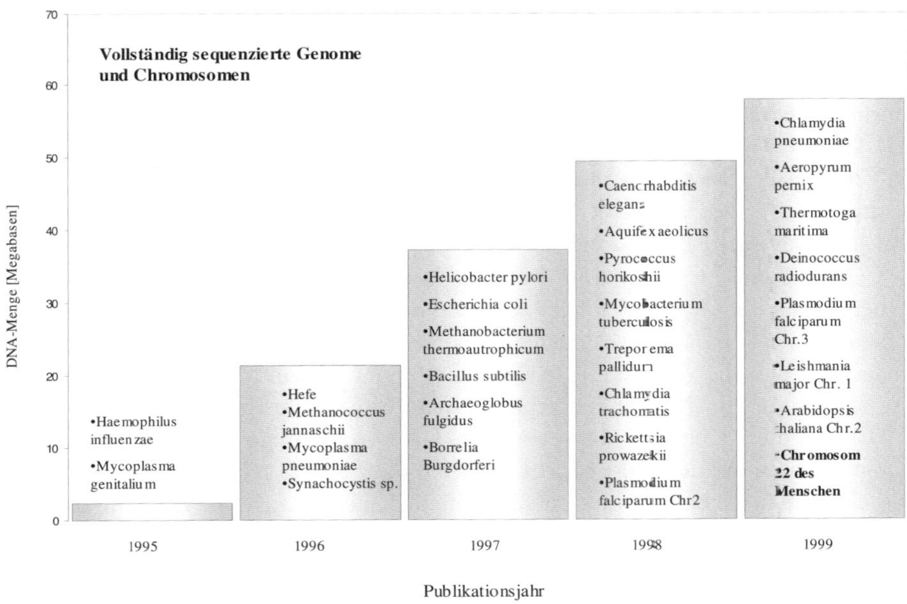

Abb. 2. Meilensteine der Genomforschung.

stellt sich die spannende Frage nach der Bedeutung dieser ungeheuren Menge DNA-codierter Information.

Die Suche nach Genen, deren Veränderung zu schwerwiegenden Krankheitsbildern führt, wurde schon immer sehr intensiv betrieben und konnte durch die Ergebnisse der Humangenomforschung stark beschleunigt werden. Seit 1990 sind mehr als 200 solcher Krankheitsgene identifiziert worden.

Schon in den ersten 8 ½ Jahren konnte das Humangenomprojekt beträchtliche Erfolge vorweisen. Dank der technologischen Möglichkeiten, die sich aus dem Projekt entwickelt haben, und der bei der Sequenzierung von Mikroorganismen gewonnenen Erfahrungen, hat sich die Geschwindigkeit der Entdeckung neuer Gene bis 1999 mehr als verfünffacht. Den entscheidenden Meilenstein in der Genomforschung haben allerdings nicht die HUGO-Forscher, sondern ein privatwirtschaftliches Unternehmen gesetzt. Am 26. Juni 2000 gab Craig Venter, Gründer der amerikanischen Genomics-Firma Celera im Rahmen einer Pressekonferenz im Weißen Haus in Washington bekannt, er habe das menschliche Genom vollständig entschlüsselt. Dank des bei Celera verwendeten Verfahrens der Schrotschuss-Sequenzierung kennt man jetzt sämtliche Mosaiksteinchen des menschlichen Bauplans; sie liegen aber noch als ungeordneter „Haufen" vor, der erst in die richtige Reihenfolge gebracht werden muss, um sinnvolle Informationen zu gewinnen – eine Aufgabe, die auch mit Hilfe leistungsfähiger Großrechner nicht von heute auf morgen zu bewältigen ist.

Die Wissenschaftler des Humangenomprojektes dagegen haben schon Teile des Bildes komplett: die Chromosomen 22 und 21 sind vollständig sequenziert und alle Gene in der richtigen Reihenfolge angeordnet. Ihre Landkarte des menschlichen Genoms zeigt jedoch noch einige weiße Flecken. Der Wettlauf zwischen Celera und HUGO wird wohl erst dann beendet sein, wenn alle Daten korrekt eingeordnet und in einer wissenschaftlichen Fachzeitschrift publiziert worden sind.

Eines aber haben wir aus den Ergebnissen der Genomforschung schon jetzt gelernt: Auch die komplette Beschreibung des Genoms eines Organismus reicht nicht aus, um seine funktionelle Organisation, wie zum Beispiel die Regulationsvorgänge bei der Übersetzung der Gene in Proteine, die Zuordnung eines Gens zu einer Eigenschaft oder die Entstehung von Krankheiten bis in alle Einzelheiten zu verstehen. Selbst wenn man weiß, dass die Veränderung eines bestimmten Gens ein Indiz für eine Krankheit ist, so lässt sich doch nicht vorhersagen, wann bzw. ob überhaupt und mit welcher Heftigkeit diese Krankheit auftreten wird. Ganz zu schweigen davon, ob Therapiemöglichkeiten existieren oder nicht. Basierend auf den Erkenntnissen der Genomforschung müssen deshalb innovative Technologien entwickelt und neue Ansätze ausgearbeitet werden, um diese Erkenntnisse verwerten zu können. Daraus ist bereits eine neue wissenschaftliche Disziplin entstanden: die Bioinformatik, deren Aufgabe darin besteht die Masse an Information zu sammeln, aufzubereiten, zu interpretieren und in sinnvolle Zusammenhänge einzuordnen. Die riesige Datenmenge fordert auch einen ganz neuen Umgang mit experimentellen Methoden. Großangelegte Versuchsreihen, in denen Hunderte von Experimenten in kürzester Zeit durchgeführt werden können, die sogenannten High-Throughput-Verfahren, kombiniert mit einer computergestützten Verarbeitung der Daten dokumentieren die zunehmende Bedeutung der Bioinformatik und fördern ihre rasche Weiterentwicklung. Die Genforschung mausert sich zur High-Tech-Wissenschaft „Genomics".

Der klassische Weg der biologischen Forschung hat sich umgekehrt. Bisher ging man so vor, dass man zu einer bestimmten Aktivität oder einem beobachteten Effekt das verantwortliche Protein isolierte und charakterisierte und anschließend das zugehörige Gen suchte. Heute ist der Ausgangspunkt eine DNA-Sequenz aus der sich eine mögliche Aminosäuresequenz ableiten lässt. Der Vergleich mit bekannten, in umfangreichen Datenbanken niedergelegten Proteinstrukturen erleichtert eine Zuordnung zu bestimmtem „Proteinfamilien" und die Vorhersage einer möglichen Funktion. Dadurch wird der Rahmen für die weitere Untersuchung geschaffen. Die klassischen genetischen, biochemischen und zellbiologischen Methoden werden durch die computergestützte Genomanalyse ergänzt, neben Experimenten *in vitro* (im Reagenzglas) und *in vivo* (im lebenden Organismus) gewinnen die Analysen *in silico* (im Computer) immer mehr Bedeutung.

Die biologische Informationsflut wächst in rasantem Tempo. Schon erscheint am Horizont der Nachfolger von Genomics: Proteomics, die Analyse der kompletten Proteinausstattung aller Zellen aller Organismen. Die ersten Stimmen fordern bereits ein Human Proteome Project, das noch gigantischer sein würde als das Genomprojekt. Denn im Gegensatz zum statischen Genom, das in jeder Körperzelle des Menschen das gleiche ist, verändert sich das Proteom dynamisch, die Zusammensetzung der Proteine variiert zwischen Organen und Geweben, bei Gesundheit und Krankheit, im Schlafen und Wachen, in der Jugend und im Alter. So entsprechen den ca. 100 000 Genen des Menschen 10 bis 50 Millionen verschiedene Proteine. Dank hochentwikkelter Informationstechnologien können wir es heute riskieren, ein solches Projekt ins Auge zu fassen.

Aber auch im dritten Jahrtausend unserer Zeitrechnung wird ein Zitat von Johann Wolfgang von Goethe, der ja nicht nur Dichter sondern auch Naturwissenschaftler war, weiterhin gültig sein: „Es geht doch nichts über die Freude, die uns das Studium der Natur gewährt. Ihre Geheimnisse sind von einer unergründlichen Tiefe; aber es ist dem Menschen erlaubt und gegeben, immer weitere Blicke hineinzutun – und gerade, dass sie am Ende doch unergründlich bleibt, hat für uns den erregenden Reiz, immer neue Einblicke und Entdeckungen zu versuchen."

Fahnder im Genmüll

Guido J. Deußing

Ob er es wohl geahnt hat? Als Professor Sir Alec Jeffries von der Universität im englischen Leicester 1984 gebeten wurde, die verwandtschaftlichen Beziehungen eines Jungen zu klären, schickte er sich an, ein Verfahren zu entwickeln, das ihm den Namen „Vater des genetischen Fingerabdrucks" einbrachte – eine Analysenmethode, die heute aus Kriminalistik und Rechtsmedizin nicht mehr wegzudenken ist.

Ein Knabe aus Ghana wollte zu seiner in England lebenden Mutter einwandern. Was aber, wenn die angebliche Mutter in Wahrheit die Tante des Jungen war? Die Einwanderungsbehörde hätte das Gesuch des Jungen ablehnen müssen. Um der Wahrheit ans Licht zu verhelfen, sollte das Verwandtschaftsverhältnis auf experimentelle Weise im Labor überprüft werden.

Nun war aber der Vater des Jungen unglücklicherweise unbekannt. Somit erwiesen sich herkömmliche biochemische und immunologische Prüfverfahren wie der Blutgruppenvergleich oder der Nachweis bestimmter Enzyme als zu kompliziert und zu unsicher; noch bis Mitte der achtziger Jahre des 20. Jahrhunderts waren diese Methoden maßgeblich bei der Lösung fragwürdiger Verwandtschaftsverhältnisse oder bei der Zuordnung von Spurenfunden nach Gewaltverbrechen. Wobei, am Rande bemerkt, ihre Unzulänglichkeit bei der Untersuchung geringer Spurenmengen bekannt war: In ihrer bescheidenen Gesamtheit boten diese Verfahren lediglich die Möglichkeit, eine

Täterschaft unter Angabe einer relativ geringen Wahrscheinlichkeit von eins in mehreren Tausend anzunehmen oder gänzlich auszuschließen.

Jeffries machte sich daran, einen anderen Weg zu finden, einen, der überdies eindeutig und zuverlässig Auskunft über Identität und Herkunft eines Menschen geben konnte. Hierbei griff er auf eine Entdeckung zurück, die er bereits im Jahr zuvor gemacht hatte, als er die Erbsubstanz von Lebewesen genauer unter die Lupe genommen hatte. Tief im Mikrokosmos lebender Zellen fand der Wissenschaftler die Lösung seines Problems. Eine wahre Pionierleistung, wie sich später herausstellte.

In jeder Zelle liegt der Bauplan eines Organismus in exakt der gleichen Form verborgen: das Genom. Die in ihm gespeicherten Erbinformationen lassen sich in Teilen lesen und können einem Individuum zugeordnet werden und somit dessen Abstammung klären; gleichgültig, ob es menschlichen, tierischen oder pflanzlichen Ursprungs ist. So wurde zum Beispiel aufgrund einer Genanalyse 1993 in Schottland ein Falkenzüchter des Nestraubes überführt und verurteilt. Wie sich herausstellte, stimmten nämlich die Erbmerkmale seiner Aufzucht nicht mit denen der angeblichen Brutvögel überein. In einem anderen Fall half heruntergefallenes Laub der amerikanischen Polizei, einen Mann des Mordes anzuklagen: Auf der Pritsche seines Lastwagens fanden sich, wie die Analyse der pflanzlichen Erbsubstanz ergab, exakt die Blätter des Palo-Verdé-Baumes, unter dem der Mörder sein Opfer in der Wüste von Arizona versteckt hatte.

Zurück nach England in das Jahr 1984. Alec Jeffries erhielt also den Auftrag, zu klären, ob besagte Frau und der Junge aus Ghana tatsächlich Mutter und Sohn waren. Hierzu untersuchte der Wissenschaftler die Datenträger ihrer Erbinformation: 46 paarweise angeordnete Chromosomen, die je zur Hälfte von Mutter und Vater auf den Nachwuchs vererbt werden. Diese spiralförmigen, mit bloßem Auge nicht sichtbaren Gebilde bestehen aus der doppelsträngigen oder auch als helixförmig bezeichneten Desoxyribonukleinsäure, abgekürzt DNS oder DNA, für englisch: deoxyribonucleic acid. Würde man sie auseinanderziehen und aneinander reihen, so erhielte man einen etwa drei Meter langen Molekülverband.

Um die Molekülstruktur der DNA bildlich vorstellbar zu machen, vergleichen Wissenschaftler sie gerne mit einer verdrehten Strickleiter oder einer Wendeltreppe. Der in sich verdrehte Reißverschluss macht sie ebenfalls plastisch: So wie die Seiten des Reißverschlusses mit Metallzähnen gesäumt sind, setzt sich jeder der beiden DNA-Stränge in unterschiedlicher Reihenfolge aus vier Molekülen zusammen, den Nukleinbasen oder Nukleotiden Adenin, Cytosin, Guanin und Thymin; zwischen den Nukleotiden eines Stranges besteht ein fester molekularer Zusammenhalt, der sich nur durch große Hitze oder starke Säuren zerstören lässt. Um die Position der Basen in der DNA darzustellen, begnügt man sich mit der Angabe des Anfangsbuchstabens ihrer Namen, also A, C, G und T.

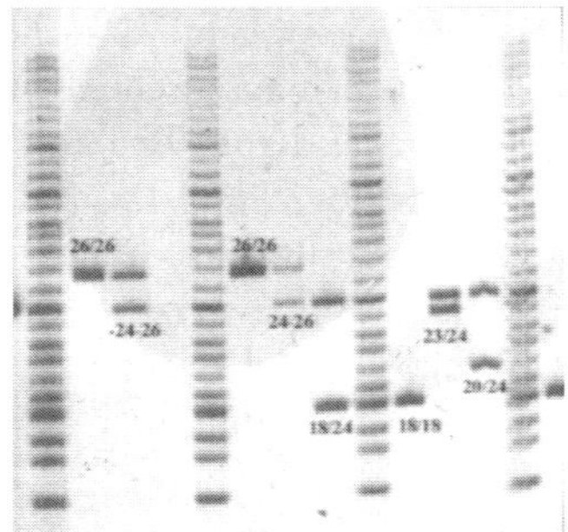

Fall 1 Fall 2 Fall 3

Abb. 1. DNA-Matrix. Der genetische Fingerabdruck hilft bei ungeklärten Vaterschaftsfragen: Während sich in Fall 2 beim Kind (zweite Spalte von links) sowohl das DNA-Fragment der Mutter (26/26) als auch das des Vaters (24/26) wiederfindet, konnte in den Fällen 1 (linke Spalte) und 3 (zweite Spalte von rechts) eine Vaterschaft nicht nachgewiesen werden. (Quelle: Wolfgang Huckenbeck, Institut für Rechtsmedizin, Universität Düsseldorf.)

Während beim Reißverschluss die Verbindung beider Hälften mechanisch erfolgt, werden die Stränge der DNA auf chemisch-physikalischem Wege verknüpft und zwar über polare Atome im jeweiligen Molekül. Wie die unterschiedlichen Pole eines Magneten ziehen sie sich gegenseitig an, ohne sich jedoch tatsächlich zu verbinden. Diese Form einer relativ stabilen Kopplung zweier oder mehrerer Moleküle bezeichnet man als Wasserstoffbrücken. Steigt die Temperatur, sind es diese Bindungen, die sich zuerst lösen.

Der räumlichen Struktur ihrer Moleküle wegen bilden nur A mit T und C mit G Wasserstoffbrücken aus – man spricht hierbei auch von einer komplementären Basenpaarung. Die chemische Monogamie der Nukleinbasen birgt für Kriminalisten und Rechtsmediziner einen entscheidenden Vorteil: Wenn die Polizei nur winzige DNA-Fragmente am Tatort sicherstellen kann, beispielsweise im Scheidensekret einer vergewaltigten Frau, lassen sich die Komplemente während eines speziellen Verfahrens durch Zugabe einzelner Bausteine, also A, T, G und C, und des Enzyms Polymerase rekonstruieren, vervielfältigen und der Sexualverbrecher kann überführt werden. Für die Entdeckung der hierfür erforderlichen chemischen Reaktion, der sogenannten Polymerasekettenreaktion (PCR), erhielt der US-Amerikaner Kary Mullis 1993 den Nobelpreis für Chemie. Doch zur PCR-Analyse später mehr.

Wenngleich das gesamte Genom rund drei Milliarden Basenpaare umfasst, steuern doch nur etwa fünf Prozent der DNA die Lebensvorgänge. Diese, als Gene bezeichneten Abschnitte der Erbsubstanz, besitzen jeweils eine maximale Länge von rund

10 000 Basenpaaren; sie liegen verstreut im ABC-Wust, vergleichbar mit Oasen in der Wüste. Die Abfolge der Buchstaben an den Genorten oder Genloci macht Sinn: Sie bestimmt, genauer gesagt: kodiert, wo welche Aminosäuren verknüpft werden, welches Eiweiß aufgebaut wird oder welche Funktion ein Enzym auszuführen hat.

Krankheiten wie die Mukoviszidose, Alzheimer oder zum Teil auch Krebs haben oder nehmen in defekten Genabschnitten ihren Ursprung. Weil sich mittels der DNS-Analyse eben nicht nur Verbrecher, sondern auch diese Defekte ausfindig machen lassen, äußern Kritiker Bedenken am genetischen Fingerabdruck und dem Vorhaben, genetische Merkmale in einer zentralen Kartei zu speichern, wie es die Gendatei des Bundeskriminalamtes (BKA) in Wiesbaden ist: Der Mensch werde damit absolut transparent und manipulierbar. Betroffene könnten ihrer Veranlagung für bestimmte Krankheiten wegen auf lange Sicht gesellschaftlich benachteiligt werden.

Ist diese Sorge berechtigt? In seltenen Fällen reichen die für Kriminalisten interessanten Basensequenzen zwar in Genbereiche hinein. Entgegen allen Befürchtungen liegt ihr Augenmerk aber nicht auf den Genen und ihren Informationen, sondern auf dem überwiegenden Rest der Erbsubstanz – sie fahnden im „Genmüll" nach aussagekräftigen Merkmalen: Rund 95 Prozent der DNA ist reinstes Kauderwelsch. Nach bisherigen Erkenntnissen hat dieser Teil der Erbsubstanz keine spezielle Aufgabe und wird in der Fachsprache als Junk- oder Nonsens-DNA bezeichnet. Veränderungen haben in diesem nicht-kodierenden Bereich keine negative Auswirkung auf den Gesundheitszustand oder das Überleben eines Individuums, andernfalls würden sie dem Selektionsdruck zum Opfer fallen.

Dahinter steht folgende Annahme: Im Verlauf der Evolution sind unzählige Veränderungen im Genom aufgetreten, daher unterscheiden wir uns als genetische Individuen. Dennoch konnten sich Mutationen nur in einem gewissen Spektrum durchsetzen. Die Ausbildung extremer Merkmale zum Beispiel schmälerte die Überlebenschance, so dass sich Eigenschaften wie übergroße Füße oder überlange Extremitäten im Laufe der Evolution nicht durchgesetzt haben. Mutationen im nicht-codierenden Bereich dagegen haben keine negative Folgen für ein Individuum, bleiben deshalb erhalten und können vererbt werden. Unterschiede treten daher öfter im Bereich der Junk-DNA als innerhalb der Gene auf.

Der Rechtsmediziner sucht also an definierten Abschnitten „Systemen" der Nonsens-DNS charakteristische Merkmale, sogenannte Allele. Im klassischen Sinne versteht man unter Allelen die unterschiedliche Zustandsformen eines Gens. Vereinfacht gesprochen bedeutet das, dass zum Beispiel das Gen „Körperbehaarung" die Information Glatze, hohe Stirn oder Locken tragen könnte. Selbstverständlich liegen die Dinge hier sehr viel komplizierter; fast alle Körpermerkmale werden nämlich von verschiedenen Genorten gemeinsam geprägt. Wenn in der Rechtsmedizin von Allelen gesprochen wird, ist nicht von den Zustandsformen der Gene die Rede, sondern von den Zustandsformen bestimmter DNA-Abschnitte.

Allele gleichen sich bei allen Menschen grundlegend, sie unterschieden sich jedoch individuell nach Längen und Abfolgen der Basensequenzen. Jeweils zwei Allele finden sich in definierten Systemen, wenn sich die Merkmale der elterlichen Erbstükke unterscheiden, nur eines, wenn sie identisch sind. Weil sie unterschiedliche Erscheinungsformen haben können, bezeichnen Molekularbiologen die Vielgestaltigkeit der Allele als Polymorphismus. Sir Alec Jeffries stieß bereits 1983 darauf und auf besondere variable DNA-Strukturen. Ihnen gab er den Namen Minisatelliten. Markanterweise wiederholen sich innerhalb dieser Satelliten bestimmte Basensequenzen, sogenannte tandem repeats, von zwei bis 30 Basen unterschiedlich oft. Zur Veranschaulichung: TCGA wäre die Basensequenz, der Minisatellit sähe dann beispielsweise so aus: TCGA'TCGA'TCGA'TCGA. Die Längenunterschiede der Minisatelliten sind so gravierend, dass sich manches Merkmal höchstens einmal im Genom von hundert Menschen findet; alle Merkmale zusammengenommen ergäben ein Muster, dass nur einmal unter vielen Milliarden Menschen anzutreffen ist – den genetischen Fingerabdruck, in Anlehnung an die unverwechselbare Hautstruktur von Fingerbeeren.

Um nun das Einwanderungsgesuch des Jungen aus Ghana zu klären, entnahm Jeffries ihm und der angeblichen Mutter etwas Blut, isolierte aus den weißen Blutkörperchen die DNS und zerlegte sie mit Hilfe von Enzymen in unterschiedlich große Bruchstücke. Mit Hilfe der Elektrophorese, einem Trennverfahren für polare Komponenten, trennte er sie der Größe nach auf: Die Fragmente wandern in einem Stromfeld durch ein poröses Gel – wie Elektronen durch einen stromdurchflossenen Kupferdraht. Kleine DNA-Bruchstücke passieren die Poren schneller, größere langsamer. Jeffries markierte sie daraufhin, ohne ihre Position zu verändern, mit radioaktiven komplementären DNA-Bausteinen und belichtete mit ihnen eine Fotoplatte. Nach ihrer Entwicklung zeigten sich Lage und Abstand der Fragmente deutlich in Form eines Strichcodes, wie man ihn von den Verpackungen im Supermarkt her kennt. Jedes Individuum, mit Ausnahme eineiiger Zwillinge, trägt seinen ganz individuellen, unverwechselbaren Gen-Code, der so einzigartig ist wie sein Fingerabdruck. (An den Fingerabdrücken können selbst eineiige Zwillinge unterschieden werden. Das liegt an sogenannten nicht-genetischen Faktoren, unterschiedlichen Umwelteinflüssen, die im Verlauf der Schwangerschaft auf die Embryonen einwirken.)

Wenn es darum geht, die Identität von Lebenden oder Toten festzustellen, menschliche und tierische Leichenteile zu unterscheiden oder einander zuzuordnen (Abb. 2), Vaterschafts- und Verwandtschaftsfragen zu klären oder Gewalt- und Sexualverbrecher dingfest zu machen, ist die DNA-Analyse heute durch nichts mehr zu ersetzen. Auch bei einem Doping-Verdacht lassen sich Urinproben mit Hilfe der Genanalyse ihrem Spender exakt zuordnen. Die Sicherheit, mit der diese Methode Ergebnisse liefert, bildet die Entscheidungsbasis in zahlreichen straf-, zivil- und verwaltungsrechtlichen Verfahren. Mit anderen Worten: Eine gründliche DNS-Analyse ermöglicht heute die nahe-

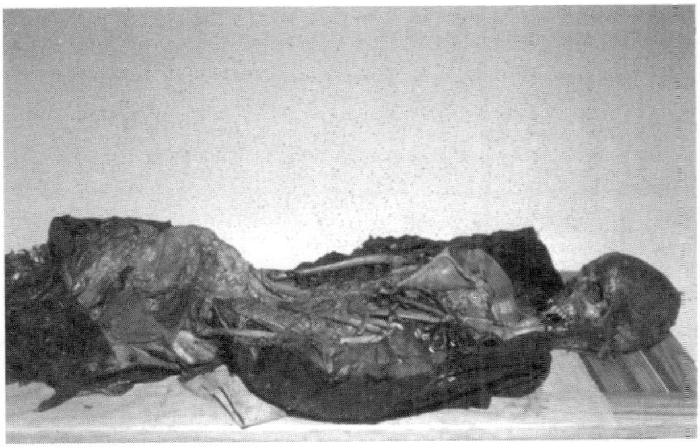

Abb. 2. Die völlig zerstörte Leiche eines Mannes wurde in einem abgelegenen Waldstück aufgefunden. Der rechtsmedizinische Befund ergab Selbstmord; dank der DNA-Analyse konnte die Identität des Mannes eindeutig geklärt werden. (Quelle: Wolfgang Huckenbeck, Institut für Rechtsmedizin, Universität Düsseldorf.)

zu hundertprozentige Entlastung eines Tatverdächtigen beziehungsweise seine eindeutige Identifizierung.

Die DNA-Analyse, mit der Sir Alec Jeffries in den achtziger Jahren klären konnte, dass der Junge aus Ghana tatsächlich der Sohn seiner Mutter war und folglich nach England einwandern durfte, wird heutzutage kaum mehr angewandt. In der Regel untersuchen Rechtsmediziner nämlich nicht mehr die Gesamtheit aller genetischen DNA-Fragmente, sondern nur wenige ausgewählte Systeme, die in ihrer Summe ebenfalls einem einzigartigen genetischen Fingerabdruck gleichkommen. Eine entscheidende Veränderung hat auch die Technik der DNA-Analyse erfahren. Während bei Vaterschafts- und anderen Verwandtschaftsfragen meist genügend Untersuchungsmaterial, sprich: Blut, zur Verfügung steht, bereiteten spärliche Spurenfunde wie einzelne Haare auf dem Boden, eingetrockneter Speichel am Zigarettenstummel oder Spermakrusten auf der Haut des Opfers lange Zeit Probleme: Entweder ließ sich nicht genügend DNA isolieren, oder die Probe war durch Bakterien oder durch andere Einflüsse verunreinigt und nicht mehr zu gebrauchen.

In den letzten Jahren hat sich ein Verfahren durchgesetzt, das selbst aus geringsten Mengen trockenen Speichels einer aufgeklebten Briefmarke eine aussagekräftige DNA-Analyse über den Absender ermöglicht: die Polymerasekettenreaktion (PCR) – sie ist heute gängige forensische Praxis. Einziges Problem hierbei können Verunreinigungen durch fremde DNA sein, die zum Beispiel von Polizeibeamten während der Spurensuche am Tatort in die Spur eingebracht wurden: Sie würde ebenfalls vervielfacht und

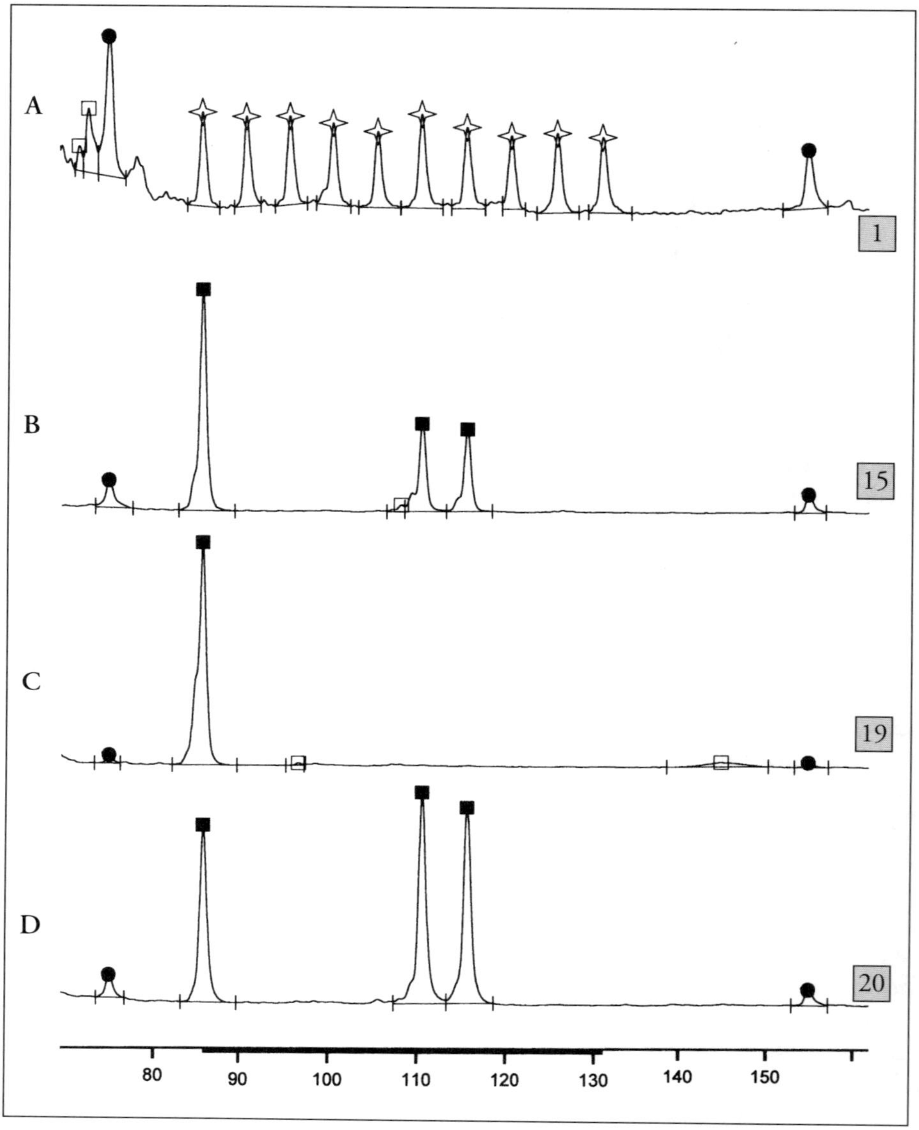

Abb. 3. Aufklärung einer Vergewaltigung nach DNA-PCR-Analyse eines Vaginalabstrichs und eines Penisabstrichs des mutmaßlichen Täters. Anhand der Übereinstimmung der gefundenen DNA-Fragmente konnte der Täter überführt werden. Oben: Vergleich; zweite Analyse von oben: Vaginalabstrich des Opfers; dritte Analyse von oben: Speichel des Opfers; unten: Penisabstrich des mutmaßlichen Täters. (Quelle: Wolfgang Huckenbeck, Institut für Rechtsmedizin, Universität Düsseldorf.)

somit das Ergebnis der Genanalyse verfälschen. Wenn diese Gefahr durch sorgfältiges Arbeiten und kritische Interpretation der Befunde ausgeschaltet wird, ist die PCR-Analyse jedoch ein wirkungsvolles Mittel bei der Ahndung von Gewalt- und Sexualverbrechern, wie die Klärung des Mordfalls Christina Nytsch beweist.

Der Täter hatte im März 1998 das elfjährige Mädchen vergewaltigt, mit einem Messer misshandelt und anschließend erwürgt. Es gab keine Tatzeugen, nur einen vagen Hinweis aus der Bevölkerung und einige Spuren am Leichnam des Opfers. Die aber waren aussagekräftig genug. Nachdem Rechtsmediziner ihre geheime Botschaft entschlüsselt hatten, gelang es der Polizei zweieinhalb Monate später, den 30-jährigen Ronnie Rieken zu verhaften und zu überführen. Vorausgegangen war eine molekulargenetische Untersuchung, zu der die Polizei 18 000 Männer aus der Umgebung von Christinas Heimatort, gebeten hatte – der bis dahin größten Genanalyse in der deutschen Kriminalgeschichte. Ihr Erfolg war Wasser auf die Mühlen mancher Kriminalisten und Politiker. Wenn es nach ihnen ginge, müssten bereits Säuglinge zur Genanalyse. Denn wer die Erbanlage potentieller Täter kennte, so ihre Theorie, könne im Fall eines Falles auch zügig ermittelt werden. Sollten solche Gedankenspiele Realität werden, dürfte in Zukunft nicht nur ein Lichtbild unseren Pass zieren, sondern auch der individuelle Stichcode markanter Sequenzen unseres Erbguts.

Geniale Genvermehrung – die Polymerase-Kettenreaktion (PCR)

Martin Schneider

Frühjahr 1998, Cloppenburg im Emsland. Seit Tagen schon wurde die 11-jährige Christina Nytsch vermisst; ein zufälliger Fund machte die Befürchtungen der Eltern zur traurigen Gewissheit: ihre Tochter war einem Sexualmord zum Opfer gefallen. Erste Ermittlungen deuteten darauf hin, dass der Täter aus den umliegenden Ortschaften stammte. Zum ersten Mal in der deutschen Kriminalgeschichte entschloss sich die Polizei zu einer DNA-Reihenuntersuchung. Alle Männer zwischen 18 und 30 Jahren aus zwölf Dörfern wurden aufgefordert, an der Untersuchung teilzunehmen, d. h. einen Abstrich der Mundschleimhaut („Speicheltest") durchführen zu lassen.

Die vielen Tausend „genetischen Fingerabdrücke" wurden verglichen mit dem genetischen Muster von Spermaspuren, die man an der Leiche gefunden hatte. Zwei Monate dauerte die Auswertung – und brachte einen Volltreffer: Auch der Mörder war zum Speicheltest gegangen. Probe Nummer 3889 stimmte mit dem Muster des Spermas überein. Der Täter Ronny Rieken gestand die Tat. Am 27. November 1998 wurde er zu einer lebenslangen Haft verurteilt.

Möglich wurde der Fahndungserfolg durch eine Methode, die in den 90er Jahren den Alltag in den molekularbiologischen Labors revolutioniert hat. Die Polymerase-Kettenreaktion (PCR, vom Englischen Polymerase Chain Reaction) gestattet es, geringste Spuren genetischen Materials beliebig zu vervielfältigen – so lange, bis eine ausreichende Menge für eine genaue Analyse zur Verfügung steht. Mit ihrer Hilfe gelingt es, Täter zu überführen, obwohl am Tatort nur geringste Spuren zu finden sind; die genetische Untersuchung von Überresten des Neandertalers wird dank PCR ebenso möglich wie die Klärung der evolutionären Verwandtschaftsverhältnisse längst ausgestorbener Tiere; und die Methode gestattet den Nachweis von Krankheitserregern viel schneller und sicherer als dies zuvor möglich war. PCR, Mitte der achtziger Jahre entwickelt, wurde innerhalb weniger Jahre zu einem der wichtigsten Werkzeuge in den molekularbiologischen Labors. Für die Entwicklung der Methode erhielt Kary B. Mullis im Jahre 1993 den Nobelpreis für Medizin und Physiologie.

Geistesblitz mit Vorbereitung

„Es war ein Geistesblitz – bei Nacht, unterwegs auf einer mondbeschienenen Bergstraße, an einem Freitag im April 1983“, erinnert sich Kary Mullis. Der schillernde Wissenschaftler bezeichnet sich selbst gern als „Generalist mit chemischer Vorbelastung“. Neben der PCR erfand er auch einen Kunststoff, der im ultravioletten Licht sehr schnell seine Farbe wechselt. Und während seiner Doktorandenzeit in Berkeley im sonnigen Kalifornien veröffentlichte er in der renommierten Fachzeitschrift *Nature* einen Artikel über „Die kosmologische Bedeutung der Zeitumkehr“.

In den achtziger Jahren war Mullis bei der kalifornischen Firma Cetus damit beschäftigt, sogenannte Gensonden zu entwickeln, die man zur Untersuchung der Erbsubstanz brauchte. Sein „Geistesblitz“, der zur Erfindung seiner genialen Methode der Genvermehrung führte, fuhr also keineswegs aus einem heiterem Himmel auf ihn herab, sondern hatte – wie so viele Erfindungen – eine lange Vorgeschichte. Bei Kary Mullis war es die intensive Beschäftigung mit der menschlichen Erbsubstanz und Methoden, sie zu untersuchen.

Das Erbgut aller Lebewesen – mit Ausnahme einiger Viren – besteht aus langen Ketten von Desoxyribonukleinsäure, kurz DNA. In der Abfolge ihrer nur vier verschiedenen Bausteine, den sogenannten Nucleotiden, ist das gesamte Erbe des Lebewesens biochemisch niedergeschrieben. Ein Nucleotid besteht aus einer Phosphatgruppe, dem Zucker Desoxy-Ribose sowie einer der vier Basen Adenin, Guanin, Cytosin oder Thymin. Pars pro toto, werden die gesamten Nucleotide daher meist mit den Abkürzungen A, G, C und T bezeichnet. Die genaue Sequenz der Nucleotide ist einzigartig für jedes Lebewesen.

Im Zellkern liegt die DNA normalerweise als strickleiterförmig gewundener Doppelstrang vor: Dabei paaren sich (über Wasserstoffbrücken) jeweils Adenin oder Cytosin des einen Stranges mit Thymin bzw. Guanin auf dem anderen. Die beiden Stränge sind also „komplementär", das heißt die Basensequenz eines Stranges bedingt zwangsläufig die quasi „gegenläufige" Sequenz der anderen Kette. Teilt sich eine Zelle – und dies geschieht in jedem lebenden Organismus ständig – wird zunächst die Erbsubstanz verdoppelt. Dazu trennt sich der DNA-Strang auf, und die jeweils fehlende Hälfte wird nachgebaut. Damit der fehlende Strang korrekt ergänzt wird, fährt ein Enzym an der halben Leiter entlang: die Polymerase, die auch zuständig ist für allfällige Reparaturen am DNA-Strang.

Mit Hilfe von Gensonden, wie sie Mullis bei Cetus herstellte, versuchen die Biologen seit den siebziger Jahren, die Sequenz des DNA-Stranges zu analysieren. Solche Gensonden sind nichts anderes als verschieden lange „Oligo-Nucleotide", d. h. einige aneinandergekettete Nucleotide, die sich unter geeigneten Bedingungen an ihr Gegenstück auf dem komplementären DNA-Strang anheften. Dazu müssen die DNA-Doppelstränge zunächst einmal aufgetrennt werden – Temperaturen von nahezu 100 Grad Celsius besorgen dies zuverlässig. Dann gibt man eine Art Startblock hinzu, der selbst ein kurzes Oligonucleotid ist. Dieser sogenannte „Primer" heftet sich an einer den Forschern genau bestimmten Stelle an jedem Einzelstrang an. Das Enzym Polymerase hängt dann an diesen Startblock nun ein genau zum komplementären Strang passendes Oligo-Nucleotid an. Der Trick dabei: Das Ende dieser Gensonden haben die Forscher zuvor chemisch so verändert, dass daran wiederum keine weiteren Nucleotide mehr angehängt werden können. Die Methode liefert also unterschiedlich weit aufgebaute DNA-Stränge. Wenn man die Fragmente der Länge nach ordnet und außerdem das jeweilige Endmolekül kennt, kann man die Sequenz des gesamten Strangs bestimmen – ein ziemlich aufwendiges Unterfangen.

Wie viele andere Wissenschaftler, dachte Mullis über Verfahren nach, mit denen man direkt bestimmen könnte, wo welches Nucleotid in einem DNA-Strang sitzt – und hatte auch eine Idee. Er wollte dazu nur einzelne Nucleotide – A, C, G und T – verwenden, deren Ende nicht verlängert werden kann, und diese überdies radioaktiv markieren. Die Kette würde sich dabei nur Baustein um Baustein verlängern; dank der radioaktiven Markierung wollte er jeweils überprüfen, welcher Baustein an den Starter angehängt wurde. So einfach sich die Idee anhört, so naiv war sie auch, wie Mullis selbst später einräumt. „Meine Idee konnte, was ich damals nicht wusste, aus mehreren triftigen Gründen gar nicht funktionieren", erinnert sich der Forscher.

Noch bevor er aber in einem realen Experiment tatsächlich mit diesem Vorhaben scheiterte, stieß er bei seinen Überlegungen dazu auf das Verfahren, das ihm den Nobelpreis einbringen sollte. So naiv er nämlich seine Idee in Gedanken weiterentwikkelte, einige Probleme waren ihm durchaus bewusst. Sorgen machte ihm vor allem, dass seine Proben neben den radioaktiv markierten Nucleotiden als Verunreinigung stets auch normale Nucleotide enthalten würden – selbst die reinlichste und sorgfältigste Arbeitsweise würde das nicht verhindern können. Die Idee, die ihm zum Ausschalten dieses Problems kam, barg den Keim der Polymerase-Kettenreaktion in sich. Mullis plante, die „falschen" Nucleotide durch eine Art „Leerlaufreaktion" aus dem Ansatz zu entfernen. Vor der Zugabe der radioaktiv markierten Nucleotide sollte die bereits im Ansatz vorhandene Polymerase sämtliche unmarkierten Nucleotide „verbauen", so dass anschließend der eigentliche Versuch starten könnte.

Heureka! – Die Kettenreaktion

Die Psychologie weiß nur wenig über die Vorgänge im Kopf von Menschen, wenn es „ihnen wie Schuppen von den Augen fällt", wenn sie ein Heureka-Erlebnis haben. So soll Archimedes nackt durch die Straßen seiner Heimatstadt Syrakus gelaufen sein, nachdem ihn der Geistesblitz traf. Mullis jedenfalls berichtet, ihn habe sein Heureka-Erlebnis auf dem US-Highway 101 in der Nähe von Mendocino ereilt. Plötzlich sei ihm dort klar geworden, dass seine geplante „Leerlaufreaktion" ad infinitum weitergehen würde, wenn ausreichend Nucleotide, also Bausteine für den jeweils neuen DNA-Strang, in der Probe vorhanden wären. Zwar würde dann von jedem Starter-Molekül der gesamte Rest des DNA-Stranges aufgebaut; da aber an dem Startermolekül auf dem jeweils komplementären Strang ebenfalls der Aufbau beginnen würde, und zwar in gegenläufiger Richtung, würde jeweils nur ein ganz bestimmter Abschnitt vervielfältigt, und dies millionenfach, wenn man den Prozess einfach als Kettenreaktion laufen lassen würde: Auftrennen des Stranges, Ergänzen des fehlenden Stranges, erneutes Auftrennen … „Aufgeregt ging ich im Kopf die Zweierpotenzen durch: 2, 4, 8, 16, 32 … Ich erinnerte mich dunkel, dass zwei hoch zehn schon ungefähr tausend ist, und zwei hoch zwanzig daher ungefähr eine Million". Seine Kopfrechen-Künste hatten Mullis nicht im Stich gelassen – in wenigen Durchläufen würde die Methode Abermillionen von Kopien liefern.

So sehr Mullis die Bedeutung seiner Idee spürte – so recht glauben mochte er noch nicht, dass ihm so mir-nichts-dir-nichts ein revolutionäres Verfahren der DNA-Vermehrung eingefallen sein sollte. „Ich konnte mir einfach nicht vorstellen, dass noch niemand irgendwo dieses Verfahren ausprobiert hätte", beschreibt Mullis seine Unsicherheit am Morgen danach. „Tausende von Wissenschaftlern hatten aus den verschiedensten Gründen einzelne Oligonucleotide mittels Polymerasen verlängert; dabei musste doch irgendeinem auch die Möglichkeit einer Kettenreaktion aufgefallen sein?" Wie bei so vielen wissenschaftlichen Entdeckungen gibt es auch hier keine Erklärung, warum gerade Mullis die Idee kam. Seine ersten Tests jedenfalls zeigten, dass die geniale Genvermehrung zuverlässig funktionierte.

Automatik statt Handarbeit

Es dauerte nicht lange, da konstruierten die Gerätehersteller Maschinen, in denen die Vervielfältigung automatisch abläuft – wie das Vollwaschprogramm einer Waschmaschine. Die „Waschtrommeln" einer normalen PCR-Maschine allerdings fassen nur wenige Milliliter. In sie hinein füllt man zunächst die zu untersuchende Probe. Anschließend werden die beiden Starter hinzugegeben. Sie enthalten jeweils eine kurze Nucleotid-Sequenz, die vermutlich in der Probe vorkommt. Finden die „Primer" irgendwo in der DNA-Probe ihr Gegenstück, heften sie sich dort an und markieren den Startpunkt, von dem der DNA-Strang vervielfältigt werden soll. Da der andere Primer am komplementären Strang ebenfalls ein Gegenstück findet, ist die zu kopierende Sequenz quasi eingerahmt. Dann muss natürlich noch die Polymerase hinzugegeben werden – das Enzym, das für den reibungslosen und ordnungsgemäßen Ablauf der Vervielfältigung sorgt. Und letztendlich müssen natürlich noch ausreichend Rohmaterialien zum Aufbau des neuen Stranges, die Nucleotide, vorhanden sein. Längst müssen die Forscher diese Mixtur nicht mehr selbst herstellen. Für die gängigsten Untersuchungsfälle lassen sich fertige PCR-Cocktails beim Laborbedarf kaufen.

Im PCR-Automaten läuft die Verdoppelung dann in drei Schritten ab. Zunächst wird die Probe auf etwa 94 Grad Celsius erhitzt – der verdrillte DNA-Strang trennt sich in seine zwei einzelnen Stränge auf. Schritt 2: Die Probe wird auf etwa 60 Grad Celsius abgekühlt. Das ist der ideale Temperaturbereich, bei der sich die Primer an ihre Gegenstücke anlagern – so sie welche finden. Nach einem erneuten Erhitzen auf 72 bis 77 Grad Celsius wird der jeweils fehlende DNA Strang, beginnend bei den Primern, aufgebaut. Damit ist der erste Zyklus beendet, der zweite beginnt mit einem erneuten Erhitzen auf 94 Grad Celsius. 39 Kopierzyklen machen aus einem einzigen Strang 500 Milliarden Kopien – meist reicht schon eine viel geringere Kopienzahl, um eingehende Analysen zu ermöglichen.

Damit die Kettenreaktion in der geschilderten Weise vollautomatisiert ablaufen kann, muss die eingesetzte Polymerase das Wechselbad der dabei auftretenden Temperaturen schadlos überstehen, und das ist keineswegs selbstverständlich. Proteine wie die Polymerase nämlich denaturieren in aller Regel bei hohen Temperaturen. Würden die Forscher mit einer normalen Polymerase arbeiten, müssten sie nach jedem Erhitzen das Enzym erneut zu der Probenlösung geben. Ein kleines Bakterium macht den Forschern das Leben leichter: *Thermus aquaticus*, in Insider-Kreisen kurz *Taq* genannt, fühlt sich in heißen Quellen pudelwohl, die jedes andere Lebewesen innerhalb von Sekundenbruchteilen garen würden. Alle seine Proteine überstehen problemlos selbst den „Kochwaschgang", auch seine Polymerase.

Von der Forschung zum Alltag

Die PCR wurde schnell überall dort eingesetzt, wo geringe Mengen Erbmaterial vervielfältigt werden müssen. Wenn sie größere Mengen davon brauchten, waren die Forscher bis dato auf das Verfahren der „Klonierung“ von DNA-Sequenzen angewiesen. Die interessierende Sequenz wurde in Bakterien eingeschleust; die Bakterien vermehrten sich und die Sequenz wurde wieder zurückgewonnen – ein höchst zeitraubendes und umständliches Verfahren. Zudem brauchte man, woher auch immer, schon die gesuchte Sequenz. Mittels PCR lässt sich die Sequenz wie die sprichwörtliche Nadel im Heuhaufen in einer Probe aufspüren.

Aus den medizinischen und molekularbiologischen Labors ist die Methode inzwischen nicht mehr wegzudenken; so manche andere etablierte Nachweismethode wurde durch die PCR abgelöst. Während zum Beispiel herkömmliche Tests auf Krankheitserreger in aller Regel indirekte Tests sind, bei denen Antikörper nachgewiesen werden, die der Körper als Reaktion auf den Eindringling gebildet hat, steht mit der Polymerase-Kettenreaktion eine einfache, direkte Nachweismöglichkeit zur Verfügung; und während bei den früheren Tests mindestens etwa 100 000 Viren oder Bakterien vorhanden sein mussten, spricht die PCR sogar auf eine einzelne Zelle an. Der AIDS-Erreger HIV etwa lässt sich mittels PCR schon kurz nach einer Infektion aufspüren, viel früher als mit dem klassischen ELISA-Test. Während der Therapie ist die PCR-Diagnostik inzwischen für die Ärzte unverzichtbar, weil damit die Vermehrung des Virus im Blut direkt und sogar quantitativ nachgewiesen werden kann.

Die Liste der Erreger, bei denen sich die PCR anderen Nachweismethoden überlegen zeigt, wird von Monat zu Monat länger Die PCR ist inzwischen zum Beispiel die Methode der Wahl zum Nachweis von *Helicobacter pylori*, dem Bakterium, das als Ursache fast aller Magengeschwüre gilt. Anders als alle vorherigen Methoden gelingt es mit Hilfe der PCR, aus einem einzigen Abstrich drei verschiedene Erreger von Krankheiten nachzuweisen, die vor allem durch Sexualkontakte übertragen werden: Herpes, Papillomviren und Chlamydien. Darüber hinaus lässt sich mit der Methode auch dem speziellen Typus von Papillomviren auf die Schliche kommen, der zu Gebärmutterhalskrebs führen kann. Auch bei vielen anderen Infektionskrankheiten überprüfen die Ärzten heute häufig mittels PCR, ob die Erreger tatsächlich völlig aus dem Körper verschwunden sind. Verblüfft waren etwa Tropenmediziner bei der Nachuntersuchung von vermeintlich geheilten Fleckfieber-Patienten: Bei über 80 Prozent der zuvor mikroskopisch untersuchten Patienten ließen sich mittels PCR noch Parasiten in den Lymphknoten nachweisen.

Bei vielen Krebsarten hilft die PCR zunehmend, die Früherkennung deutlich zu verbessern. Der besonders heimtückische, da meist zu spät erkannte Bauchspeicheldrüsenkrebs etwa geht meist mit einer bestimmten Genveränderung im Pankreas-Gewebe einher. Risikopatienten – zum Beispiel solche, die eine Bauchspeicheldrüsenentzündung hinter sich haben – können mittels PCR gezielt auf das Vorliegen dieser Genveränderung untersucht werden. Mit Hilfe der PCR lässt sich auch viel früher und zuverlässiger als zuvor feststellen, ob ein Krebspatient nach einer Chemotherapie geheilt ist – etwa bei Blutkrebs. Ein PCR-Test auf Leukämiezellen im Blut ist zehntausendmal empfindlicher als die zuvor übliche mikroskopische Bestimmung. Der Test kann den Patienten überflüssige Chemotherapien ersparen und zugleich das Risiko eines Rückfalls durch im Blut verbliebene Krebszellen minimieren. Und wie spätestens der die Cloppenburger DNA-Reihenuntersuchung verdeutlichte, hat PCR in der Kriminalistik Möglichkeiten eröffnet, von denen Sherlock Holmes nur träumen konnte. Die Blutspur an einem Glassplitter, die Wurzel eines ausgefallenes Haares oder Speichel- und Zellreste an einer Zigarettenkippe reichen aus, um einen Täter mit hoher Wahrscheinlichkeit zu überführen.

Neben diesen – und vielen anderen – praktischen Anwendungen ist die PCR auch in der molekularbiologischen Grundlagenforschung unverzichtbar. Das Großprojekt der Genetiker im vergangenen Jahrzehnt, die als das „Human Genom Project" bekannt gewordene Kartierung des gesamten Erbguts des Menschen, würde ohne die genial einfache und schnelle Methode der Genvermehrung noch immer in den Kinderschuhen stecken.

Jurassic Park

Zu voller Form läuft die Methode stets dort auf, wo es nur geringste Spuren von DNA nachzuweisen gilt. Dabei hat sie ein Forschungsgebiet überhaupt erst möglich gemacht, das mit dem Schlagwort „*Ancient DNA*" umschrieben wird – ein Gebiet, mit dem die Forscher die Geheimnisse längst erloschenen Lebens entschlüsseln wollen. Die Faszination hat sich längst über die Labors hinaus verbreitet und sogar Hollywood einen Millionenerfolg beschert: Die Dino-Saurier-Wiederbelebung im „Jurassic Parc" wurde nur möglich durch die von Kary Mullis erfundene DNA-Vervielfältigungsmethode.

Svante Pääbo, Direktor am 1998 neu gegründeten Max-Planck-Institut für evolutionäre Anthropologie, war wohl einer der ersten Forscher, der sich für die genetische Ausstattung seit Jahrtausenden Verstorbener interessierte. Mit der PCR untersuchte er zunächst das Erbgut von Mumien, ehe ihm 1997 ein vielbeachtetes Meisterstück gelang: die Isolation von DNA aus dem Oberarmknochen eines Neandertalers. Das Alter des 1856 gefundenen Skelett-Fragments wird auf etwa 100 000 Jahre geschätzt. Natürlich handelt es sich dabei nicht mehr um „Knochen" – derartige Fossilien sind in aller Regel im wahrsten Sinne „versteinert", zu Fels geworden. Winzigste Spuren organischen Materials aber können die Zeit überdauern, mittels PCR lassen sie sich aufspüren. Der Vergleich des Neandertaler-Erbgutes mit dem des modernen Menschen legte die Vermutung nahe, dass beide sich nicht genetisch vermischt haben, obwohl Neandertaler und Homo sapiens mindestens zehntausend Jahre neben- oder sogar miteinander gelebt haben.

Michael Crichton, Autor des Bestsellers „Jurassic Park“, ersann eine noch weitreichendere Anwendung der PCR. Seine Idee: Im Magen einer Mücke, die kurz nach einer Blutmahlzeit an einem Dinosaurier von Harz überschüttet und damit in Bernstein über die Jahrmillionen konserviert wurde, könnten Spuren des zuvor von ihr „verkosteten“ Dinos erhalten geblieben sein. Laut Crichtons Drehbuch haben die Wissenschaftler daraus mit Hilfe der PCR das komplette Erbgut ausreichend vervielfältigt, um einen Dinosaurier zu klonen.

Völlig aus der Luft gegriffen ist dieses Szenario keineswegs. So gelang es im Jahr des Kinoerfolgs dem amerikanischen Forscher Raul Cano, das Erbgut eines 130 Millionen Jahre alten Rüsselkäfers nachzuweisen. Die Rekonstruktion eines kompletten ausgestorbenen Tieres aber halten alle seriösen Forscher für unmöglich: „PCR liefert immer nur Bruchstücke des Erbguts“, dämpft Ancient-DNA-Spezialist Pääbo allzu große Visionen, zudem ist er bei vielen Erfolgsmeldungen von vornherein skeptisch.

Die Fähigkeit der PCR nämlich, selbst geringste Mengen Erbgut vieltausendfach zu vervielfältigen, ist gleichzeitig ihr größtes Problem – schließlich ist DNA allgegenwärtig. Eine einzige Schuppe aus dem Haar des Biologen oder ein Pollen aus der Birke vor dem Laborfenster kann die Probe verunreinigen und das Ergebnis verfälschen. Bestenfalls ist das Resultat damit schlicht unbrauchbar – im schlimmsten Fall aber führt es auf die falsche Fährte – oder wie es Wissenschaftler ausdrücken würden: zu „falsch positiven Ergebnissen“. Peinlichste Sauberkeit ist daher oberste Bedingung bei der PCR-Analytik, die vorbereitenden Arbeiten werden in unterschiedlichen Räumen, teilweise sogar in Reinräumen durchgeführt, und dennoch lassen sich Kontaminationen nicht immer verhindern.

So erwiesen sich spektakuläre Funde von DNA in versteinerten Dinosaurier-Knochen bald als Fehlmeldung: Nicht die DNA der gigantischen Urzeitechsen, sondern das Erbgut eines Biologen hatte sich millionenfach vervielfältigt. Zumindest wurden die Sensationsfunde nie wiederholt. Untersuchungen in Pääbos Labor deuten an, dass ein Knochen nicht älter als 100 000 Jahre sein sollte, wenn man daraus noch DNA gewinnen möchte. Einen Zoo mit kreidezeitlicher Fauna wird es daher vorerst nur in Hollywood geben.

Ein Kollege von Kary Mullis bei Cetus, Stephen Scharf, stellte einmal fest, das wirklich Erstaunliche an der PCR sei, dass sie nicht erfunden wurde, um irgendein Problem zu lösen; kaum war sie aber erfunden, erkannten die Wissenschaftler überall Probleme, für die PCR die ideale Lösung war. Diese erstaunliche Vielseitigkeit, die auch heute noch beinahe mit dem Erscheinen jeder neuen Ausgabe einer beliebigen Fachzeitschrift neue Anwendungen der PCR gebiert, gehört sicher zu den herausragenden Eigenschaften der Technik. Dazu kommt ihre vom Prinzip her geniale Einfachheit. „Joshua Lederberg (Genetiker, Nobelpreisträger 1958)“, glaubt Kary Mullis, war wohl der erste, der – nachdem der die unglaubliche Einfachheit der Polymerase-Kettenreaktion gesehen hatte – sich das gleiche fragte wie inzwischen fast alle Molekularbiologen und andere mit DNA arbeitenden Wissenschaftler: „Warum bin ich nicht schon längst darauf gekommen?“ Und niemand weiß wirklich, warum. Auch ich nicht; ich bin eines Nachts einfach darüber gestolpert.“

Antikörper – molekulare Präzisionswerkzeuge im Dienste des Menschen

Friederike Hammar

Unser Immunsystem leistet tagtäglich Beachtliches. Es wehrt Krankheitserreger und Schadstoffe, die wir mit der Atemluft oder der Nahrung aufnehmen ab, findet und eliminiert körpereigene Zellen, die unkontrolliert wachsen oder von intrazellulären Parasiten befallen sind. Es unterscheidet dabei auch zuverlässig zwischen „Selbst“ und „Fremd“, denn unsere eigenen Organe und Gewebe greift es im Normalfall nicht an. Neben einer Armee von Fress- und Killerzellen, die wahllos eingedrungene Fremdkörper attackieren, verfügt das Immunsystem über hochspezifische Erkennungs- und Botenmoleküle: die Antikörper oder Immunglobuline. Sie spüren selektiv fremde Strukturen auf, markieren sie und machen Sie so für die anderen „Mitarbeiter“ des Immunsystems sichtbar und zugänglich.

Betrachtet man Antikörper mit molekularer Vergrößerung, so fällt auf, dass sie eigentlich alle gleich aussehen: Antikörper sind große Proteinmoleküle, die aus vier Polypeptidketten zusammengesetzt sind. Jeweils zwei dieser Ketten sind identisch. Schwefelbrücken sind der „Klebstoff“, der die Ketten zusammenhält. Bei noch genauerer Betrachtung zeigt sich, dass diese Ketten in verschiedene Abschnitte unterteilt werden können, von denen einige in allen Antikörperpopulationen gleich sind. Sie vermitteln die regulativen Funktionen der Antikörper und dienen als Erkennungsstelle für die weniger selektiven Partner des Immunsystems, z. B. die Makrophagen. Daneben gibt es hochvariable Regionen im Antikörpermolekül. Sie bilden die Antigenbindungsstelle und sorgen dafür, dass ein Antikörper immer nur an eine bestimmte antigene Struktur binden kann. Damit für alle eventuell in den Körper eindringenden Fremdstoffe ein passender Antikörper zur Verfügung steht, muss der Organismus ständig ein großes Repertoire vorrätig halten.

Wie kommt es dazu? Im Körper entstehen ständig neue B-Zellen, die jeweils ein spezifisches Antikörpermolekül auf ihrer Oberfläche gebunden haben. Sie zirkulieren eine Weile im Blut und sterben, wenn sie nicht gebraucht werden, nach einiger Zeit ab. Trifft eine solche B-Zelle aber auf die Struktur, die „ihr" Antikörper erkennt, das sogenannte Antigen, so regt die Bindung des Antikörpers an das Antigen das Wachstum und die Vermehrung dieser einen Zelle an. Es entsteht ein Zellklon, eine Population von Zellen, die alle aus der selben Ursprungszelle hervorgegangen sind und deshalb auch alle die gleiche Antikörperspezifität besitzen. Gleichzeitig reifen diese Zellen, sie entwickeln sich entweder zu Effektorzellen, die Antikörper produzieren oder zu Gedächtniszellen, die den Antikörper auf der Oberfläche tragen und bei einem späteren zweiten Kontakt mit dem gleichen Antigen für eine rasche und wirkungsvolle Immunantwort zur Verfügung stehen (Abb. 1). Auf diesem immunologischen Gedächtnis basiert das Prinzip der Impfung: Ein abgeschwächter Krankheitserreger mit intakter Immunität löst eine Immunreaktion aus, Effektor- und Gedächtniszellen werden gebildet und können im Falle einer Infektion mit dem virulenten Erreger sofort reagieren.

Wie unterstützen nun die Antikörper das Immunsystem? Sie erkennen Ihr Antigen, zum Beispiel Proteine auf der Oberfläche eines in den Körper eingedrungenen Bakteriums und binden daran. Dadurch wird der Eindringling mit Antikörpern beladen, so dass Fresszellen, z. B. Makrophagen, ihn erkennen und vernichten können. Oder das sogenannte Komplementsystems wird aktiviert, eine Kaskade von Enzymen, die nacheinander freigesetzt werden und bewirken, dass ein Protein-Komplex entsteht, der in die Zellwände der Bakterien eindringt, sie durchlöchert und den Mikroorganismus so zerstört.

Antikörper haben also wichtige biologische Funktionen. Ihre besonderen Eigenschaften machen sie aber auch außerhalb eines lebenden Organismus zu wertvollen analytischen Werkzeugen. Sie erkennen „ihr" Antigen selbst in einer Mischung von Tausenden anderer Substanzen. Gleichzeitig sind sie lösliche Proteine, die sich mit klassischen chemischen Syntheseverfahren leicht gewinnen und reinigen lassen. Auch die Herstellung von Antikörpern mit einer gewünschten Spezifität bereitet keine größeren Schwierigkeiten: man impft ein Versuchstier, z. B. eine Ziege oder ein Kanin-

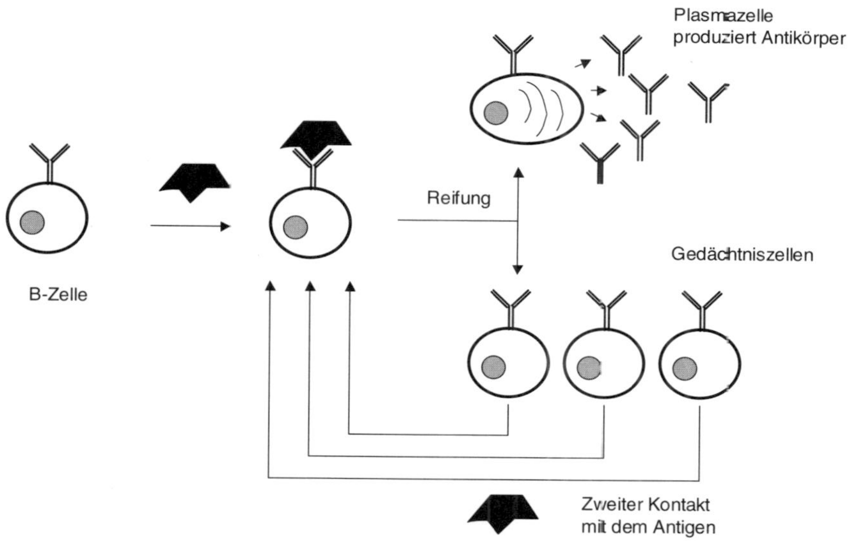

Abb. 1. Antikörper und das immunologische Gedächtnis.

chen, mehrmals mit dem fraglichen Antigen, wartet, bis die Immunantwort in Gang gekommen ist, nimmt dem Tier dann Blut ab, und isoliert daraus die Antikörper. Diese Antikörperprobe ist allerdings noch nicht homogen. Sie enthält eine Mischung von Immunglobulinen, die zwar alle an das gleiche Antigen binden, aber möglicherweise an verschiedenen Stellen. Für einfache Analysen ist das durchaus ausreichend, beispielsweise wenn man nur wissen will, ob ein Patient mit einem bestimmten Erreger infiziert ist. Schwieriger wird es, wenn es von diesem Erreger verschiedene Stämme gibt, von denen einige harmlos und andere gefährlich sein können. Dann braucht man einen Antikörper, der nur die Form des Antigens erkennt, die bei dem virulenten Erreger vorkommt. Eine Antikörperpopulation, die diese Anforderung erfüllt und nur eine einzige Spezifität besitzt, gehört zu einem einzigen B-Zellklon. Man bezeichnet sie deshalb als monoklonal. Monoklonale Antikörper lassen sich nicht ohne weiteres aus dem Blut eines Tieres gewinnen, denn ein bestimmter Antikörpertyp kommt im Blut nur in verschwindend geringer Menge vor. Es gibt aber ein sehr elegantes Verfahren zu ihrer Herstellung, das Cèsar Milstein und Georges Köhler in den siebziger Jahren entwickelt haben (Abb. 2). Dafür wird zunächst wieder ein Tier mit dem zu analysierenden Antigen infiziert. Man entnimmt ihm dann die Milz, um daraus die Antikörper-produzierenden B-Zellen zu gewinnen. Damit diese Zellen nicht nach kurzer Zeit der Kultur im Reagenzglas eingehen, lässt man sie mit Tumorzellen, deren besondere

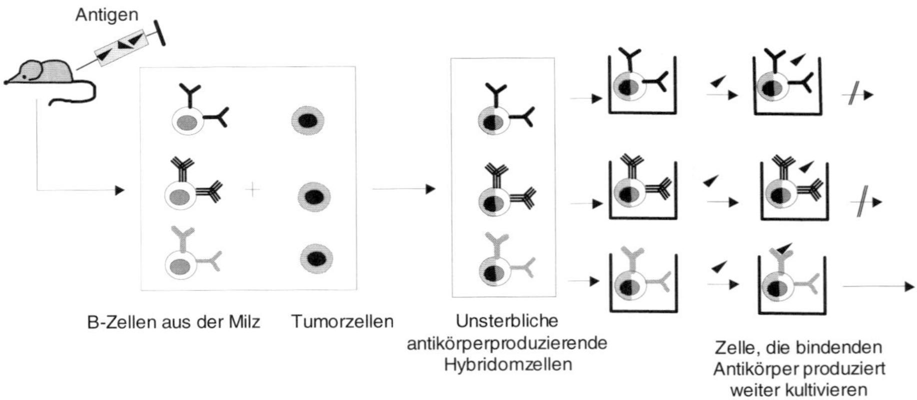

Abb. 2. Herstellung monoklonaler Antikörper.

Eigenschaft ja ihre Unsterblichkeit ist, verschmelzen. Man erhält dadurch die sogenannten Hybridomzellen, die die Fähigkeit der B-Zellen, Antikörper zu produzieren, mit der Unsterblichkeit der Tumorzellen vereinen, und hat so eine unerschöpfliche Quelle von Antikörpern erzeugt. Allerdings sind diese immer noch nicht monoklonal, sondern enthalten eine bunte Mischung an Spezifitäten. Deshalb werden die Zellen jetzt verdünnt und so in neue Kulturschalen ausgesät, dass in jedem Topf maximal eine Zelle der Ausgangspopulation landet, die nur einen ganz spezifischen Antikörper produziert. Für alle ihre Nachkommen gilt das Gleiche: Ein Zellklon ist entstanden, der monoklonale Antikörper erzeugt.

Damit lassen sich Antikörper gegen nahezu jede Struktur in beliebiger Menge erzeugen. In der Folge wurden deshalb zahlreiche Verfahren entwickelt, um sich die besonderen Eigenschaften der Antikörper für biologische, chemische oder medizinische Anwendungen zunutze zu machen. In der medizinischen Diagnostik verwendet man sie unter anderem, um Krankheitserreger wie Viren, Bakterien, Pilze oder deren Bestandteile im Blut nachzuweisen. Ein direkter Bindungstest gehört mittlerweile zum Standardrepertoire jedes klinischen Labors: der enzymgekoppelte Immunadsorptionstest (ELISA) beziehungsweise der Radioimmunoassay (RIA). Beide funktionieren nach dem gleichen Prinzip, benutzten jedoch unterschiedliche Markierungsmethoden: radioaktives Iod der RIA bzw. ein an den Antikörper gebundenes Enzym, das eine farblose Substanz in einen Farbstoff umwandeln kann, der ELISA. Aufgrund der Schwierigkeiten, die beim Umgang selbst mit geringen Mengen an radioaktivem Material auftreten, bevorzugen die meisten Labors heute den ELISA.

Die zu analysierende Komponente, beispielsweise eine Blutprobe, die auf Röteln-Antigene getestet werden soll – eine wichtige Untersuchung im Rahmen der

Schwangerschaftsvorsorge –, wird zunächst an einen festen Träger gebunden. Man benutzt dazu üblicherweise eine Mikrotiterplatte aus Kunststoff, an deren Oberfläche Proteine von selbst haften bleiben. Eine Mikrotiterplatte ist etwas kleiner als eine Postkarte und enthält 96 kreisförmige Vertiefungen, in die kleinste Probenmengen eingefüllt werden können. Die Kunststoffoberfläche wird mit einem inerten Protein abgesättigt, so dass der im Anschluss zugegebene Antikörper nicht mehr an der Platte haften kann, sondern nur noch spezifisch an das gesuchte Antigen bindet. Nach mehreren Waschgängen, zur Entfernung ungebundener Antikörper, kann die Radioaktivität in den einzelnen Probengefäßen gemessen bzw. die Farbintensität des bei der Enzymreaktion entstandenen Farbstoffes bestimmt werden. Beide sind ein direktes Maß für die Menge an gebundenem Antikörper und spiegeln damit die Antigenkonzentration wider.

Auch für Krankheitserreger, die nicht im Blut zirkulieren, sondern in Zellen eindringen und sich dort vor dem Immunsystem verstecken wie das HI-Virus (HIV), der Erreger der Immunschwäche AIDS, wurden ELISA-Tests entwickelt. Hier benutzt man markierte Anti-Immunglobulin-Antikörper, die an die konstanten Bereiche der Anti-HIV-Antikörper im Blut von Infizierten binden und so z. B. bei einem Blutspender eine Infektion nachweisen können.

Auch der Western-Blot, das zweite Verfahren zum Nachweis von HIV-Antikörpern in Blutproben, basiert auf Antigen-Antikörper-Wechselwirkungen. Hierbei werden Virusproteine zunächst in einem Detergens gelöst und unter Einwirkung eines elektrischen Feldes in einem polymeren Gel der Größe nach getrennt. Anschließend überträgt man eine Kopie des Gels auf eine Folie. Diese wird mit der Blutprobe benetzt. Sofern Anti-HIV-Immunglobuline vorhanden sind, binden diese an die HIV-Proteine auf der Folie. Ein zweiter enzymgekoppelter Anti-Immunglobulin-Antikörper detektiert die gebundenen Immunglobuline aus dem Serum. Abbildung 3 stellt die beiden Verfahren, ELISA und Westernb-Blot, nebeneinander dar.

Antikörper dienen auch als hochempfindliche Sonden zum Nachweis ihrer Antigene in einzelnen Zellen oder Gewebeschnitten. Besonders eindrucksvolle Bilder erhält man, wenn man Antikörper mit einem Fluoreszenzfarbstoff markiert. Dieser sendet unter UV-Bestrahlung farbiges Licht aus und zeigt so, wo der Antikörper in der Zelle bindet und gibt damit die Lage des Antigens an. Die Methoden sind mittlerweile soweit fortgeschritten, dass es auch möglich ist, mit zwei verschiedenen Antikörpern, die mit unterschiedlichen Farbstoffen markiert sind, gleichzeitig zu färben. Man kann so verschiedene Strukturen in einer Zelle sichtbar machen oder zwei Zelltypen in einem äußerlich homogenen Gewebe unterscheiden.

Antikörper sind aber nicht nur für die Diagnostik von unschätzbarem Wert, man versucht neuerdings auch, sie therapeutisch einzusetzen. Tumorzellen tragen auf ihrer Oberfläche oft ganz spezifische Tumorantigene. Mit Hilfe von monoklonalen Antikörpern, die gegen diese Tumorantigene gerichtet sind, lässt sich in manchen Fällen

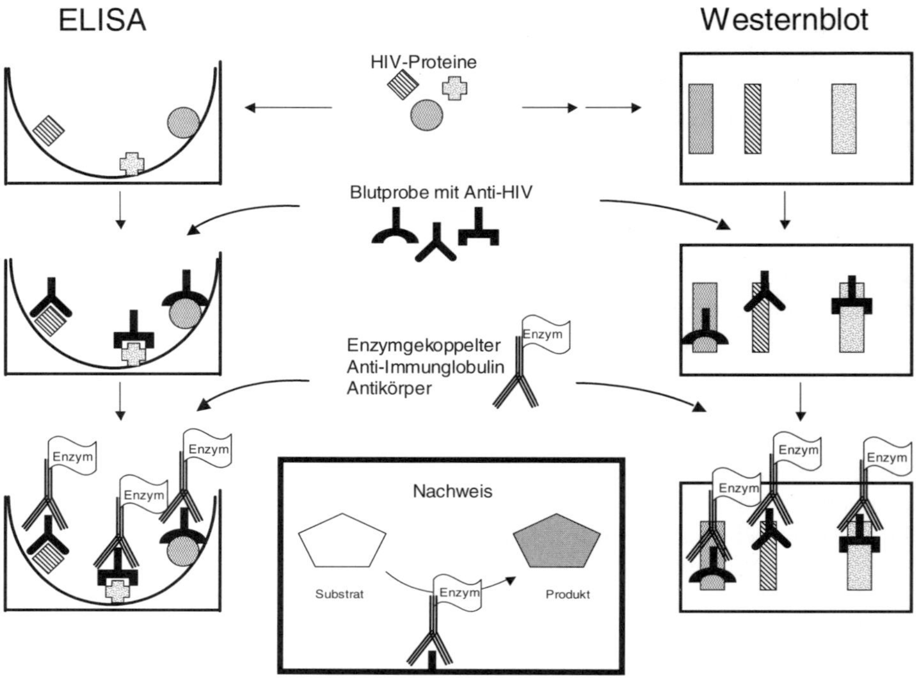

Abb. 3. Verfahren: ELISA - Western-Blot.

das Tumorwachstum kontrollieren. Die zellschädigende Wirkung solcher Antikörper lässt sich noch erhöhen, wenn man sie an Zellgifte koppelt. Die am häufigsten hierfür verwendeten Toxine sind das Diphterietoxin, das Pflanzengift Ricin und ein bakterielles Toxin aus *Pseudomonas*. Diese Gifte töten die Zellen mit Hilfe eines enzymatischen Mechanismus, so dass unter Umständen schon ein einziges Molekül ausreicht um eine Zielzelle zu zerstören. Zur Zeit werden mehrere toxingekoppelte Antikörper, sogenannte Immunotoxine, die gegen verschiedene Krebsarten gerichtet sind, klinisch erprobt.

Damit sind die Anwendungsmöglichkeiten für Antikörper aber noch nicht erschöpft. Dank ihrer Spezifität und der meist recht hohen Bindungskraft, eignen sie sich auch, um ihr Antigen aus einer komplexen Mischung herauszufischen und aufzureinigen, ein Verfahren, das man als Affinitätschromatographie bezeichnet. Dazu wird der Antikörper an ein Trägermaterial, zumeist Kunststoffkügelchen gekoppelt. Diese mischt man mit der Lösung, die das Antigen enthält. Das Antigen bindet nun an den Antikörper und kann zusammen mit den Kügelchen abfiltriert werden, alle anderen

Bestandteile der Lösung werden ausgewaschen. Durch Zugabe einer konzentrierten Salzlösung oder einer Säure, lässt sich die Bindung zwischen Antigen und Antikörper trennen und das freie Antigen zurückgewinnen. Man kann das Verfahren natürlich auch umkehren und statt des Antikörpers das Antigen an den Träger koppeln, um eine hochreine Antikörperpräparation zu erhalten.

Nicht nur Mediziner und Biologen nutzen die vielfältigen Möglichkeiten der Antikörper, auch die Chemiker haben erkannt, dass diese biologischen Werkzeuge ihnen gute Dienste leisten können. Viele Reaktionen in der organischen Chemie lassen sich nur unter extremen Reaktionsbedingungen verwirklichen, während enzymatische Reaktionen bei 37 °C – der normalen Körpertemperatur – und unter Atmosphärendruck fast von selbst ablaufen. Der Grund dafür ist, dass die räumliche Gestalt eines Enzyms und seines Substrats perfekt aufeinander abgestimmt sind. Dadurch kann das Enzym sein Substrat selektiv binden und auch den Zustand beim Übergang vom Substrat zum Produkt so stabilisieren, dass die Reaktion unter viel milderen Bedingungen ablaufen kann oder überhaupt erst möglich wird. Eine ähnlich spezifische Wechselwirkung wie die zwischen Enzym und Substrat ist die zwischen einem Antikörper und seinem Antigen. Also sollte es möglich sein, Antikörper herzustellen, die den Übergangszustand einer organischen Reaktion stabilisieren und sie so unter milden Bedingungen ablaufen lassen. Man begann deshalb zunächst damit, Substanzen zu suchen, deren Struktur dem Übergangszustand einer bestimmten Reaktion entspricht und damit zu immunisieren. Eine zweite Strategie zielte darauf ab, Antikörper herzustellen, die selber als Enzyme wirken können. Auf beiden Wegen wurden bereits zahlreiche Antikörper erzeugt, die Umlagerungsreaktionen, Ringschlüsse oder Redoxreaktionen katalysieren und deren Leistung durchaus mit der von natürlichen Enzymen mithalten kann. Alle diese Experimente, liefern dabei nicht nur Einblicke in die organische Chemie, sie beleuchten auch die Mechanismen der enzymatischen Katalyse und helfen beim Verständnis des immunologischen Geschehens und der Entstehung der Antikörpervielfalt.

Antikörper haben aufgrund ihrer hohen Spezifität, ihrer guten Verfügbarkeit und der Möglichkeit, sie gegen nahezu jeden unerwünschten Eindringling herzustellen, schon jetzt ein breites Anwendungsspektrum. Welche weiteren Möglichkeiten in ihnen stecken, wir die Phantasie der Wissenschaftler in den nächsten Jahren zutage fördern.

Teil 2:
Polymere –
Chemikalien, die (fast) alles können

Polyurethane: vom „Emmentaler-Käse-Ersatz" zum „Allround-Spezialisten"

Stefan Albus

Stellen Sie sich vor, Sie wären Chemiker. Sie gelten in Ihrer Firma – was ich Ihnen gerne gönnen möchte – als hoffnungsvolles Nachwuchstalent. Stellen Sie sich weiterhin vor, Sie haben eine absolut brillante Idee, die Sie nachts nicht mehr schlafen lässt, eine Idee, mit der ihr Arbeitgeber seinem größten Konkurrenten ein Schnippchen schlagen, mehr noch, mit der er womöglich einmal viel Geld verdienen kann. Stellen Sie sich vor, Sie gehen zu Ihrem Chef und erzählen ihm von dieser Idee. Der Mann wird immer stiller, je länger Sie reden – klar, denken Sie, er ist beeindruckt – und gerade als Sie glauben, gleich führt er Sie zu seinem Sessel und bietet Ihnen eine Zigarre an, schüttelt er den Kopf und sagt: „Sie sind wohl doch nicht der richtige Mann für die Leitung eines Laboratoriums." Ooops. Danach gehen Sie zu einem Kollegen, schütten ihm ihr Herz aus, und der meint dann, in höfliche Worte gekleidet, doch sinngemäß: Verrückter Gedanke, besser, du hättest dir das vorher mal genauer angesehen, vergiss es besser.

Alles ganz normal. Zumindest ist es einem Chemiker namens Otto Bayer passiert, und die Idee, mit der er sich 1936 diese fürchterliche Abfuhr bei seinem Chef geholt hat, war der Bauplan für eine ganze Kunststofffamilie, mit der die Bayer AG inzwischen Millionen verdient: die Polyurethane. Inzwischen hat jeder aus diesem Fehler gelernt, und der Rüffel Bayers ist ein Paradebeispiel dafür, dass man zuweilen eine Zeit lang gegen Wände rennen muss, um wirklich gute, neue Ideen durchzusetzen. Aber immer der Reihe nach. Was sind Polyurethane? Vorzeigekunststoffe, sagt man heute bei Bayer, nicht zu Unrecht, in einem Gebäude in dem Otto Bayers Konterfei hängt; die Bayer AG ist durch die Ideen ihres zufälligen Namensvetters heute Marktführer in Sachen Polyurethane. Diese Kunststoffe sind „vielseitige Spezialisten": Kein anderes Polymer lässt sich für derartig vielseitige Zwecke einspannen. Obwohl dieses Material lange nicht so bekannt ist wie etwa die Plastiktütenkunststoffe Polyethylen und Polypropylen oder das weitverbreitete Verpackungsmaterial Polystyrol, kommt doch heute keiner mehr an diesem vielseitigen Kunststoff vorbei: Aus Polyurethanen konstruieren Ingenieure heute komplexe Gehäuse für elektrische Geräte, deren Design andere Materialien in die Knie zwingen würde, sie stellen daraus Textilbeschichtungen, Matratzen und Polster, Autostoßfänger („Stoßstangen"), Skischuhe und Schuhsohlen her, Bowlingkugeln und neuerdings sogar Kondome. Aber dazu später mehr.

Was war damals in Leverkusen passiert? Bleiben wir Otto Georg Wilhelm Bayer etwas auf den Fersen. Als er im Jahre 1933 mit 31 Jahren Leiter des wissenschaftlichen Hauptlaboratoriums der I. G. Farbenindustrie in Leverkusen wurde, des Unternehmens, aus dem später die Bayer AG hervorging, war die Welt im Umbruch – nicht nur die politische, sondern auch die wissenschaftliche. Eine neue Idee kreiste in den Köpfen der Chemiker: Kunststoffe, Kunstfasern waren DIE Produkte mit Zukunft. Sich damit zu beschäftigen galt als modern und innovativ. Viele der Produkte, mit denen die chemische Industrie bis dato ihr Geld verdient hatte – vor allem Farbstoffe –, galten als ausgereizt. Neuentwicklungen würden sich hier nur noch auf Kosten bereits eingeführter Produkte durchsetzen. Das sah auch Otto Bayer, und darum entschied er sich, die Farbenchemie, die gewissermaßen sein chemisches Zuhause war, erst einmal links liegen zu lassen und sich stattdessen auf die makromolekulare Chemie zu stürzen, auf die Wissenschaft von der Herstellung der Polymere, also der Kunststoffe.

Kunststoffe gab es eigentlich schon länger: Schon unsere Urgroßeltern fuhren sich vor dem Rendezvous mit einem Kamm aus Zelluloid – auch ein Polymer – durch die Haare; Galalith – ein Kunststoff, den man aus Milcheiweiß herstellte – war lange bekannt, das heute längst altbackene Bakelit und der Veteran PVC hatten im Abstand weniger Jahre bereits Anfang des Jahrhunderts das Licht der Welt erblickt. „Viscose" und Kunstseide waren (unter Experten) geläufige Stoffe, erste durchsichtige Folien aus Zellstoff-„Viscose" („Cellophan") kamen 1908 auf den Markt und wurden 1925 erstmals in Deutschland hergestellt. In diese Zeit fallen auch erste Gehversuche der Industrie mit künstlichem Kautschuk. Die eigentliche Natur der „Kunststoffe" begriff man allerdings erst nach und nach. Erst 1922 brachte ein Münchner Chemieprofessor namens Hermann Staudinger, der sich dafür später eine Nobelmedaille auf den Schreibtisch legen konnte, den Begriff „Makromolekül" in die Diskussion. Die hellsten Köpfe begannen, sich für diese interessante Chemie zu begeistern, ähnlich wie ihre aufgeweckten Nachfahren in den siebziger Jahren für die eigenartige Chemie der Übergangsmetalle und die heutigen Chemiker für die Verheißungen der Biochemie. Bald konnten die Wissenschaftler beeindruckende Erfolge vor die Blitzlichter der Reporter halten: Einer der Höhepunkte war die erste „Nylon"-Kunstfaser aus einem Polyamid, die ein Du Pont-Chemiker 1935 aus seinem Kolben zog.

In diese Zeit fielen die ersten Tage Otto Bayers in seinem neuen Labor und auch seine Überlegungen zu diesen neuen, aufregenden Verbindungen. So etwas wie Nylon müsste man doch auch auf anderem Wege machen können, ging es ihm durch den Kopf. Auf dem Gebiet der makromolekularen Chemie ein „völliger Neuling", tat Bayer daher erst mal das, was die meisten von uns tun würden: Er sah sich zunächst einmal an, was die Anderen so trieben. Im Prinzip ist die Herstellung von Kunststoffen ja immer gleich: Man nimmt ein oder zwei verschiedene chemische Bausteine und findet einen Weg, diese zu langen Ketten, den Makromolekülen zu verbinden. Diese (fast) endlos langen Kettenmoleküle verheddern sich dann entweder mit ihresgleichen, oder sie werden mit Hilfe von weiteren Chemikalien untereinander verbunden, so dass sie nicht mehr wie Spaghetti auf dem Teller aneinander vorbeigleiten können. In beiden Fällen entstehen unentwirrbare, mehr oder weniger elastische Festkörper, „Kunststoffe" eben. Damit enden die Gemeinsamkeiten aber auch schon. Die Kunst der Chemiker besteht darin, geeignete neue Bausteine zu finden – und einen Weg, diese miteinander zu verbinden.

Die Industriechemiker hatten hierfür seinerzeit zwei Pfade in petto, die sie „Polymerisation" und „Polykondensation" nannten. Ersterer nutzt die Eigenschaft bestimmter Verbindungen aus, mit ihresgleichen zu langen Ketten zu reagieren, wenn man kleine Mengen Säuren, Basen oder Sauerstoff hinzugibt oder sie beleuchtet. Den zweiten Weg haben sich Chemiker im Prinzip der Natur abgeguckt: Ähnlich wie sich Aminosäuren unter Abgabe je eines Wassermoleküls zu den großen Proteinen unseres Körpers zusammenschließen, kann man auch andere Bausteine zusammenfügen. Nylon und Perlon sind Produkte, die auf diesem Wege entstehen; die Bausteine des Perlons erinnern sogar ziemlich stark an besonders einfache Aminosäuren. Der Name „Polykondensation" kommt vermutlich daher, dass sich das Wasser, das bei der Reaktion frei wird, an kälteren Oberflächen des Laboraufbaus abscheidet, also dort kondensiert.

Diese Polykondensationen waren allerdings nicht gerade der Traum jedes Industriemannes – sie gelangen zum Teil nur unter drastischen Bedingungen, und die Nebenprodukte wie eben Wasser aus dem Produkt zu entfernen, war auch nicht immer einfach. Bayer dachte daher an einen dritten Weg: Zwei Bausteine durch eine „Polyaddition" zu verbinden – also Stoffe zu suchen, die sich wie bei einer „Polykondensation" zusammenfügen, allerdings ohne Abgabe irgendeines Nebenprodukts – etwa wie Druckknöpfe an einem Regenmantel – und dies auch noch möglichst freiwillig, damit die Reaktion so unkompliziert wie möglich abläuft. Es ist nicht bekannt, wie Bayer schließlich auf „seine" Bausteine, die so genannten Isocyanate, gekommen ist; fest steht aber, dass er als ehemaliger Farbstoff-Mann gelegentlich damit zu tun hatte – „… als Farbstoffchemiker habe ich immer wieder zu dem Fläschchen mit dem Phenylisocyanat gegriffen" – und wusste, dass sie gerne und heftig mit Alkoholen reagieren; von dieser „ungewöhnlichen Reaktionsfähigkeit" war er seit seiner Studienzeit „stets aufs Neue fasziniert."

Mit dieser Grundrezeptur – Isocyanate plus Alkohole – waren die Polyurethane geboren, denn diese Komponenten reagieren miteinander zu einem so genannten „Urethan"; die Vorsilbe „Poly-" zeigt nur an, dass eben viele Bausteine über die so genannte Urethangruppe verknüpft werden. Ein ganz besonders einfaches Urethan entsteht übrigens auch in winzigsten Mengen – ein paar Milliardstel Gramm pro Gramm Lebensmittel –, wenn man Steinobstdestillate wie Kirschwasser oder Pflaumenschnaps im Sonnenlicht stehen lässt. Diese Substanz, von Chemikern auch „Ethylcarbamat" genannt, bildet sich dort allerdings vermutlich eher aus Blausäuresalzen („Cyaniden"), die aus so genannten cyanogenen Glycosiden entstehen, die natürlicherweise in Obstkernen vorkommen. Auch Whiskytrinker und Liebhaber der asiatischen Küche (Sojasauce, Sake) dürften schon mit sehr geringen Mengen von Urethanen Bekanntschaft gemacht haben; früher wurden diese Verbindungen auch in der Medizin eingesetzt. Mit dem neuen Kunststoff hat diese Substanz aber nur den Namen und den grundsätzlichen chemischen Aufbau gemeinsam.

Zurück zu Bayers Polymer: Bausteine, die zwei Isocyanatgruppen tragen, reagieren mit solchen, die zwei „Alkohol-Enden" aufweisen, zu genau den endlosen Ketten, die die Forscher damals auf ihrem Wunschzettel hatten. Damit fingen allerdings auch die Probleme an, denn die Herstellung derartiger Diisocyanate galt seinerzeit als knifflig und gewagt. Das war der Grund für das berühmte Kopfschütteln des Chefs, aber Bayer biss sich durch, und einem seiner Mitarbeiter gelang es kurz darauf tatsächlich, eine Substanz herzustellen, die sich mit zwei Isocyanat-Enden schmückte. Es lässt sich denken, was in Bayers Teammitgliedern vor sich ging, als sie sich hinter seiner Destillationsanlage versammelten und zusahen, wie die neue, „unmögliche" Substanz Tropfen um Tropfen in einen Kolben lief. Bayer schrieb später: „Kaum waren die ersten Tropfen überdestilliert, vermischten wir diese mit 1,4-Butandiol" – einem Doppelalkohol – und in dem Reagenzglas entstand „eine hochviskose Masse, die sich zu Fäden ausziehen ließ …" und damit der Entdeckung der Du Pont-Chemiker verdammt ähnelte! Damit war das erste Polyurethan auf der Welt. Feine Fasern für vollsynthetische Textilien waren das zwar noch nicht, was die Chemiker damals in ihren Händen hielten, aber zu Borsten, immerhin, ließ sich das Material schon verarbeiten. Außerdem war es steifer und nahm weniger Wasser auf als Nylon.

Von nun an ging es Schlag auf Schlag. Bald stellte Bayers Team den neuen Kunststoff schon in Kilogrammmengen her. Trotzdem blieben seine Kollegen skeptisch. „Akademische Spielerei, die technisch niemals zu realisieren" sei und „Verrückte Idee" waren nur die harmlosesten Dinge, die Bayer sich anhören durfte. Auch die Patentabteilung fand, dass es sich nicht lohne, die neuen Substanzen patentieren zu lassen.

Im folgenden vermischten Bayers Leute das neue Diisocyanat mit den verschiedensten Alkoholen – etwa Glycerin und Cellulose (enthält auch Molekülteile, die wie Alkohole reagieren) und „praktisch allen Verbindungsklassen", die irgendwo Alkoholgruppen oder ähnliche Atomgruppierungen enthielten. Mit mäßigem Erfolg, denn wie sich später herausstellte, gehörte das zuerst hergestellte Diisocyanat eher zu den trägeren Vertretern dieser Substanzfamilie, die entsetzlich langsam reagierten und daher das gewünschte Polymer nicht immer schnell lieferten.

Die ersten Forschungen brachten dennoch Resultate. Zum Beispiel eine Reihe von Substanzen, die entweder beim Erhitzen oder erst durch chemische Einwirkung die wichtigen Isocyanate abgaben – wichtig für eine Art „Instant-Polyurethan", das sich erst beim Erhitzen aus bestimmten Vorstufen bildet. Später fand das Team dann auch andere Isocyanate, die den Bund fürs Leben mit den Alkoholen schneller eingingen, die meisten davon sind heute noch in Gebrauch. Die Gier, mit der sich einige der neuen Isocyanate auf alles stürzten, was irgendwie nach einem Reaktionspartner aussah, wurde legendär. Beim Versuch, eine Gummimasse, die sie mit einem neuen besonders rabiaten Vertreter dieser Substanzfamilie behandelt hatten, aus einer Form zu ziehen, hatten die Techniker eines Tages auch Teile der eisernen Wanne in der Hand: Sie waren am Gummi haften geblieben und hielten bombenfest: Offenbar können Isocyanate auch mit einer Metalloberfläche Bindungen eingehen. Das war die Geburtsstunde eines neuen Haftmittels, mit dem Ingenieure Kautschuk auf Metallen und sogar Glas dauerhaft haften lassen konnten.

Den großen Durchbruch erlebten die Bayer-Chemiker aber erst im Jahr 1941. Wieder schien die Sache nicht unter einem guten Stern zu stehen: Viele Gussmassen aus Polyurethanen waren mit Blasen durchsetzt und sahen gar nicht so glatt und durchsichtig aus, wie es sich für einen guten Kunststoff gehörte. Eine der Proben kam aus dem Testlabor mit der Bemerkung zurück: „Allenfalls brauchbar zur Herstellung von Emmentaler-Käse-Imitationen." Was war passiert? Eines der Ausgangsprodukte war gewissermaßen „verunreinigt" gewesen mit Säuren, die anstelle der Alkohole mit den Isocyanaten reagierten und dabei gasförmiges Kohlendioxid bildeten. In der Not machten die Chemiker aus derselben eine Tugend und begannen, kleine Mengen Wasser unter ihre Polyurethanbausteine zu mischen, das genau wie eine Säure reagierte und einen Teil der Isocyanate zu Kohlendioxid zerlegte: Das Ergebnis waren Kunststoffe, die mit besonders vielen Blasen durchsetzt waren: Schaumstoffe (Abb. 1).

Bayer sprüht jetzt vor Ideen. „Wir konnten gar nicht alle seine Einfälle weiterentwickeln," sagte ein Mitarbeiter später. Einer der neuen Tricks war, für die Polymer-

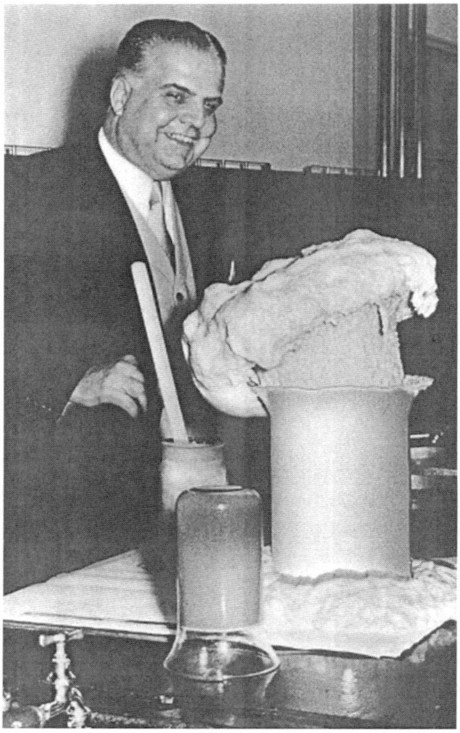

Abb. 1. Otto Bayer vor einem selbst aufgeschäumten Polyurethanpilz (Quelle: Bayer AG).

herstellung nicht mehr nur einfache Dialkohole, sondern praktisch vorgefertigte Kettenmoleküle zu verwenden – lange Bausteine aus Polyestern, die an ihren Enden Alkoholgruppen trugen. Diese zähflüssigen Substanzen musste man nur noch mit einer kleineren Menge von Isocyanaten vermischen – erst diese verknüpften dann diese „Blöcke" zum endgültigen Polymer. Bayers Mitarbeiter lernten, die äußeren Eigenschaften der Polyurethane durch die Art und Weise, wie man diese Blöcke untereinander verknüpft, zu steuern: durch Querverbindungen zwischen den Kettenmolekülen. Knüpft man wenige davon zwischen den einzelnen Polymerketten, erhält man ein locker zusammenhängendes Netz, das vergleichsweise weich ist; schafft man viele Quervernetzungen, bekommt man ein festeres, elastischeres Material. Wer die Härte weiter erhöhen will, kann zudem Spezialbaublöcke verwenden, die im fertigen Kunststoff dazu neigen, sich an ihresgleichen anzulagern. So entstehen gleichsam kristalline Bereiche im Material, die den Kunststoff steifer machen.

Allmählich begann die Polyurethan-Idee zu boomen. Bis 1944 meldeten Bayer und seine Kollegen ca. 260 Patente auf dem neuen Arbeitsgebiet an. Spezielle Katalysatoren halfen den trägen Chemikalien inzwischen auf die Sprünge: Manche Polyurethane, die bei ersten Versuchen erst nach Wochen die gewünschten zähen oder harten Massen ergaben, reagierten unter Beteiligung dieser chemischen Helfer endlich in vertretbaren Zeiträumen, also in Sekunden und Minuten. Emulgatoren und Stabilisatoren sorgten dafür, dass das Kohlendioxid, das bei der Bildung von Schaumstoffen Pate stand, nicht wie in einem Glas Mineralwasser sofort nach seiner Bildung wegblubberte, sondern wie Luftbläschen in Honig im Material bleibt und es ordentlich aufschäumt.

Später trieb man diese Schaumstoff-Idee auf die Spitze, indem man den Polyurethankomponenten eigene Treibmittel beimischte. Zunächst natürlich die bekannten FCKW, später auch einfache, bei den Herstellungstemperaturen gasförmige Kohlenwasserstoffe wie Pentan, einem Verwandten des „Campingkochergases" Butan. Inzwischen geht es – dank einer ganz neuen Technik – sogar mit flüssigem Kohlendioxid, das man zuvor praktisch aus der Atmosphäre entnimmt, so dass das Verfahren absolut „treibhausneutral" funktioniert. Übrigens ist Schaumstoff nicht Schaumstoff: Es gibt solche mit offenen Poren und solche mit geschlossenen, man kann sogar Polyurethan-Schaumstoffe produzieren, die eine absolut stahlglatte, glänzende Oberfläche haben, deren Inneres aber fast nur aus Gasbläschen besteht, etwa wie ein Knochen. Derartige Teile sind leicht und trotzdem nur schwer zu verbiegen oder zu zerbrechen. Die ersten so erzeugten Schäume waren noch recht hart, durch ihre Bläschenstruktur allerdings sehr leicht; ihre erste Anwendung fanden sie daher beim Flugzeugbau, wo die Ingenieure mit ihrer Hilfe Tragflächen versteiften.

Bei neuen Versuchen mit einem weiteren speziellen Isocyanat notierte ein Mitarbeiter die Entstehung eines gummiähnlichen, elastischen Materials, dessen Abriebwerte zehnmal besser waren als die der besten damals erhältlichen Autoreifen. Leider zersetzte sich der Stoff schon bei 90 Grad Celsius; das Material ließ sich allerdings weiterentwickeln und hat sich heute unter dem Namen „Vulkollan" zu einem superzähen Werkstoff gemausert, aus dem allerlei High-Tech-Anwendungen hergestellt werden – vom hitzebeständigen Gabelstaplerrad bis hin zu Inlineskate-Rollen. Temperaturen bis 120 Grad Celsius sind kein Problem mehr, nur Autoreifen gibt es nach wie vor nicht aus diesem Material, dafür wäre es zu teuer – wenn man mal von Sicherheitsreifen absieht, die durch ein Innenleben aus Vulkollan schuss- und plattfußsicher gemacht werden. Eine der ersten Anwendungen für diesen Kunststoff war übrigens die Herstellung Stiefelsohlen. Vielleicht hatte sich das Gerücht herumgesprochen, dass Bayers Mitarbeiter sich Löcher in ihren Schuhsohlen mit dem neuen Material zuschäumten.

Mitte der vierziger Jahre wurde immer deutlicher, dass Bayers „Emmentaler-Käse-Imitation" auf dem besten Wege war, sich zu einem wirklich großen Wurf zu entwikkeln. Auch der Faser-Pionier Du Pont begann sich jetzt mit Diisocyanaten auseinander zu setzen, allerdings nur mit eher gebremster visionärer Kraft: Selbst 1951 glaubte dort – wie Otto Bayer später schreibt – kaum einer an die technische Machbarkeit. Bayers Brötchengeber indes gab grünes Licht, neue Mitarbeiter wurden eingestellt, die sich Gedanken darüber machen sollten, wie man größere Mengen der benötigten Ausgangsstoffe herstellen kann; bereits 1942 schaltete man eine Anlage ein, die pro Monat 20 Tonnen eines der neuen Polyurethan-Grundstoffe liefern konnte. Andere neue Kollegen bekamen ins Aufgabenheft geschrieben, sich Methoden auszudenken, nach denen man die Zutaten des neuen Zwei-Komponenten-Kunststoffs am besten miteinander vermischt und in eine Form füllt. Konventionelle Methoden, etwa die flüssigen Ausgangsstoffe in einer Schnecke zu vermischen, endeten desaströs: Zu fix reagierten die hochgetunten Komponenten inzwischen miteinander.

Hier waren Maschinenbauer gefragt. Erwin Weinbrenner, einer der Forscher, die sich diesen Details widmeten: „Bayer war ein 100-Prozent-Chemiker. Die Anwendungstechnik interessierte ihn nicht." An der langen Leine ließ es sich aber offenbar gut arbeiten: In nur sechs Wochen baute Weinbrenners Team seinen ersten Prototypen eines „Gegenstrom-Mischkopfes", in dem Isocyanate und Alkohole absolut gleichmäßig verwirbelt werden, ausgehend von ein paar Skizzen und mit Hilfe von geliehenen und ausrangierten Teilen aus „befreundeten" Nachbarabteilungen. Denn immer noch war Geld für die Polyurethan-Forschung knapp, der Krieg gerade erst vorbei; Forscher, Techniker und Manager hatten noch andere Sorgen. Das galt auch für die Maschinenbauunternehmen, bei denen Weinbrenner anklopfte, um sie als Partner für den Bau der neuen Anlagen zur Polyurethan-Verarbeitung zu gewinnen: Sie sprühten nicht gerade vor Begeisterung, sich für einen immer noch weithin unbekannten Werkstoff zu engagieren. Ein Schulkollege Weinbrenners mit Namen Karl Hennecke machte schließlich mit. Sein Unternehmen – inzwischen eine Bayer-Tochter – gehört heute zu den größten Spezialisten im Bereich Polyurethan-Maschinenbau weltweit. Nicht zuletzt das Know-how der inspirierten Maschinenbauer von damals trug mit dazu bei, dass Polyurethane heute zu einem weltumspannenden Geschäft geworden sind: Anders als thermoplastische Kunststoffe, die vor der Verarbeitung aufgeschmolzen werden müssen, kann man die Polyurethan-Bausteine durch intelligente Mischtechnik dazu bringen, erst IN der Form zum Kunststoff zu reagieren. Dadurch fließen sie auch in die hintersten Winkel außerordentlich flacher und filigraner Formen zum Beispiel für flache, großformatige Gehäuseteile, die Designern ansonsten Kopfschmerzen bereiten; da die nötigen Formen nicht erhitzt werden und zudem nur niedrigeren Drücken standhalten müssen, können die Ingenieure sie aus dem vergleichsweise billigen Aluminium anfertigen. Das macht ein gewisses Manko des Allzweck-Kunststoffs Polyurethan wett: Seinen vergleichsweise hohen Preis.

Im Jahre 1999 wurden weltweit etwa acht Millionen Tonnen dieses Kunststoffs verbraucht, rund ein Drittel davon in Europa. Von der für einen Spezialkunststoff recht hohen Nachfrage profitiert aber nicht nur der „Erfinder", die Leverkusener Bayer AG;

inzwischen sind auch andere große Unternehmen auf den fahrenden Zug aufgesprungen. BASF-Elastogran, Dow Chemical, Huntsman Polyurethanes und Lyondell Chemical Company heißen die anderen großen Mitspieler, die in diesem Business die Karten mischen – zusammen mit Bayer bedienen sie rund zwei Drittel des gesamten Marktes (Lyondell wurde im April 2000 von Bayer gekauft). Mit weiterem Wachstum wird gerechnet: Marktstrategen gehen davon aus, dass in nächster Zeit jedes Jahr rund fünf Prozent mehr Polyurethane verkauft werden können.

Einer der Gründe für die Nachfrage ist die Vielseitigkeit der Polyurethane: Aus den verschiedensten Isocyanaten und einem großen Werkzeugkasten voller maßgeschneiderter Alkoholbausteine lassen sich sowohl weiche wie harte Schaumstoffe als auch elastische Kunststoffteile herstellen, die sich selbst mit einem Hammer kaum kleinkriegen lassen – wichtig zum Beispiel für Sportgeräte wie Skier, Verkleidungen von Schneescootern oder ganze Auto-Frontends. Diese Variabilität – viele Produkte mit unterschiedlichsten Eigenschaften aus nur einem Material – erleichtert auch das Recycling, wie man am Beispiel der Autostoßfänger sieht: Hier kann man die äußere, sichtbare Hülle dieser Produkte inzwischen aus einer harten Polyurethan-Schale konstruieren, die man mit einem steifen Polyurethanschaum ausfüllt, der im Falle des Falles die Energie des Zusammenpralls aufnimmt. Vorteil dieser Konstruktion: Wenn Hülle und Innenleben aus ein- und demselben Kunststoff bestehen, muss man sie am Ende ihres Produktlebens nicht erst mühsam von einander trennen, um sie wieder verwerten zu können.

Die meisten Polyurethane – rund 70 Prozent des Verbrauchs – gehen heute in vier Industriebereiche: die Automobilbranche, den Bausektor, die Möbel- und Matratzenindustrie sowie in die Herstellung von Kälteisolierungen zum Beispiel von Kühltruhen und -schränken.

Beispiel Auto: Jedes neuere Fahrzeug trägt heute allein in den Sitzpolstern im Schnitt acht bis neun Kilogramm Polyurethane über Landstraße und Autobahn; weitere Kilos kommen in anderen Autobereichen hinzu. Türseitenteile, die aus Naturfasern bestehen, die mit Polyurethanen „in Form gepresst“ werden, sind genauso stabil wie ihre Pendants aus anderen Kunststoffen, aber leichter. Anstelle von Naturfasern kann man auch Waben aus Pappe oder Altpapier nehmen – mit Polyurethanen verpresst ergeben sie superleichte, aber trotzdem außerordentlich stabile Konstruktionselemente, beispielsweise für Spoiler, die an superleichte Verbundbauelemente aus der Luftfahrt erinnern.

Weiche Schaumstoffe finden sich in vielen Polstermöbeln wieder; die ersten Weichschaumblöcke aus diesem Material kamen schon 1951 aus den Maschinen, 1999 kaufte die Möbel- und Matratzenindustrie den Produzenten über 2 Millionen Tonnen Polyurethan-Rohstoffe ab. Einige Polyurethan-Möbel gingen sogar in die Designgeschichte ein. Ob Otto Bayer sich einmal selbst in ein Sitzelement der „Malitte“-Kollektion aus Polyurethan-Schaumstoff von Roberto Sebastian Matta (1966) gesetzt hat, ist nicht bekannt. Ein weiteres berühmtes Vorzeigemöbel aus Polyurethan, dem man heute in Design-Lehrbüchern begegnet, ist der sogenannte „Panton Chair", den der dänische Designer Verner Panton 1959 entworfen hat: Es war der erste „Freischwinger-Stuhl", der nicht mit vier Beinen daher kam wie andere Plastikstühle zu dieser Zeit. Panton ließ ihn aus dem harten Polyurethan-Integralschaum „Baydur" herstellen; zwischenzeitlich griffen die Produzenten aus Kostengründen jedoch zu einem anderen Kunststoff – der dann allerdings die Last mancher Platznehmenden nicht allzu lange verkraftete, woraufhin man die Produktion dieses Kultmöbels einstellte. Seit den achtziger Jahren wird der Panton-Chair aber wieder aus seinem Originalmaterial hergestellt und erlebt gerade seinen zweiten Frühling im Rahmen des um sich greifenden „Sixties-Revivals". Wer den Stuhl nicht gleich kaufen will, kann ihn übrigens im New Yorker Museum of Modern Art bewundern.

Beispiel Wärmeisolierung: Polyurethanschaumstoffe leiten Wärme außerordentlich schlecht, schlechter noch als die meisten anderen Kunststoffe – das prädestiniert sie geradezu für den Einsatz als Dämmmaterial. Ohne Kühlschränke und Kühltransporter, die mit Polyurethanen ausgeschäumt sind – das erste dafür optimierte Polyurethan gibt es seit 1960 – wäre es weitaus schwieriger, zum Beispiel in München frischen Nordseefisch auf den Teller zu bekommen. Dämmschichten aus Polyurethan halten Kälte aber nicht nur drinnen, sondern bei Bedarf auch draußen: In Modellsiedlungen stehen inzwischen erste Häuser, deren Wände und Dächer praktisch nur noch aus dicken Polyurethanblöcken bestehen. Zum Heizen reicht ihnen (fast) die Wärme aus, die die Hausbewohner abgeben. Zur Zeit arbeitet man auch daran, Unterseepipelines mit Polyurethanen zu dämmen. Die müssen wärmeisoliert werden, denn das Öl, das zum Beispiel in der Nordsee gefördert wird, kommt heiß aus der Erde, würde sich aber zum Teil verfestigen, wenn es auf dem Weg an die Küste zu stark abkühlt. Allerdings würde ein Schaumstoff alleine durch den unter Wasser herrschendem Druck zusammengequetscht. Die Lösung, die Bayer-Forscher hier präsentieren, ist überraschend simpel: Anstelle von Gasbläschen schließen sie winzigste, hohle, gasgefüllte Glaskügelchen in das Material ein. Dadurch wird es so steif, dass man entsprechende Pipelinerohre in naher Zukunft vielleicht sogar ohne schützende Stahlhülle versenken kann.

Gelartige Polster aus Polyurethanen bewahren unseren Allerwertesten bei langen Fahrradtouren vor wunden Stellen und schützen bettlägerige Patienten vor dem Wundliegen. Schuhsohlen aus Polyurethanen bewähren sich zum Beispiel in Sicherheitsschuhen, da sich dieser Kunststoff – anders als Gummi – nicht mit Öl vollsaugen kann. Die sprichwörtliche Tendenz mancher Polyurethane, beim Ausreagieren mit allem und jedem feste Bindungen einzugehen, hat man natürlich auch ausgenutzt: Für die Produktion von Lacken und insbesondere von Klebstoffen, die beispielsweise in der Schuhindustrie breite Anwendung gefunden haben: Damit werden zum Beispiel all die kleinen Accessoires befestigt, die aus einfachen Sportschuhen Kultobjekte machen. Der letzte Schrei auf dem Klebstoffgebiet sind wasserbasierte Klebstoffe, also Polyurethanvorstufen, die nicht in organischen Lösungsmitteln wie Toluol oder Aceton, sondern in Wasser aufgelöst sind. Eigentlich verwunderlich, wenn man an Otto Bayers Emmentaler-Schaumstoffe denkt, die durch den Kontakt mit Wasser entstehen! Auch manche wasserdichte Jacke wird aus Geweben hergestellt, die mit einer dünnen Polyurethanschicht belegt sind; aus einer besonders dünnen Schicht dieses Kunststoffs besteht übrigens auch ein neues Polyurethan-Kondom, das seinen Benutzern ein besonders angenehmes Tragegefühl vermitteln soll und – weil es keine Latex-Proteine enthält – auch Allergikern gute Dienste zu leisten im Stande ist.

Es ist immer wieder erstaunlich, zu sehen, was aus einer einzigen guten Idee werden kann, wenn man sie nur hartnäckig genug verfolgt. Zum Optimismus muss aber immer auch eine gehörige Portion Realismus kommen. Für Otto Bayer waren die technischen Probleme, auf die ihn seine Kollegen immer wieder hinwiesen, eher Herausforderungen als Hemmnisse. Er hat es so formuliert: Bei den Polyurethanen war es, „wie bei vielen bedeutenden Erfindungen, nicht mit der neuen Idee allein getan, vielmehr gehört ein unternehmerisches Wagnis und ein stets durch die Selbstkritik scharf kontrollierter Optimismus dazu, um eine zunächst technisch und wirtschaftlich aussichtslose Sache zum Erfolg zu führen."

Bei Bayer hält man den Namen Otto Bayers in Ehren. Der Chemiker starb 1982 im Alter von 80 Jahren. Ein bemerkenswertes Denkmal hat ihm allerdings nicht nur sein früherer Arbeitgeber gesetzt: Bei der „Society of the Plastics Industry" in San Diego, Kalifornien, erinnert eine Gedenktafel in einer Art „Hall of Fame" an das Werk dieses Tüftlers. Sie ist aus vergoldetem Polyurethan.

Der Stoff, aus dem die Schäume sind

Klaus Jopp, Walter Geschwill

Die Nachricht verbreitete sich schnell in den Hallen am Rhein. Die Düsseldorfer Kunststoffmesse 1952 hatte ihr Thema. Hunderte von Besuchern drängelten sich am Stand der BASF, um ein besonderes Geschenk zu ergattern: „Das leichteste Schiff der Welt", 15 Zentimeter lang und nur fünf Gramm schwer, kam anschließend in vielen Badewannen zum Einsatz. Dieser erste öffentliche Auftritt war in gewisser Weise die Geburtsstunde eines besonderen Werkstoffes, der wegen seines ausgesprochen geringen spezifischen Gewichts zum Inbegriff von Leichtigkeit wurde: Styropor.

Fast 50 Jahre nach seiner Erfindung durch den Chemiker Fritz Stastny gehört das Leichtgewicht zu den Bestsellern der Chemie: In diesen Tagen hat die fünfmillionste Tonne das Ludwigshafener BASF-Werk verlassen; genau die gleiche Menge haben Anlagen der Firma in anderen europäischen Ländern, in Nord- und Südamerika sowie in Asien zu der Erfolgsstory beigetragen. Wesentlich beeindruckender als die Tonnage ist aber – keine Überraschung bei einem Leichtgewicht – das Volumen. So könnte man mit der Schaumstoffmenge, die aus den zehn Millionen Tonnen Styropor hergestellt wurde, zum Beispiel 200-mal die Cheops-Pyramide in Ägypten füllen. Würde man Schaumstoffplatten von einem Quadratmeter Fläche herstellen und sie übereinanderschichten, reichte der Stapel 600 000 Kilometer hoch in den Himmel, das entspricht der eineinhalbfachen Entfernung zwischen Erde und Mond.

Der Traum vom Schaum

Chemisch betrachtet ist Styropor ein expandierbares Polystyrol (EPS), das durch Polymerisation des Bausteins Styrol entsteht. Ein Katalysator steuert diese Reaktion und liefert lange, milliardenfach verknäulte Ketten, ähnlich einem großen Berg Spaghetti. Doch im Gegensatz zur Pasta ist Styrol eine kompakte Masse, hart und fest, ideal geeignet für den Spritzguss – keine Spur von leichtem Schaum also.

Genau von dem aber träumte Fritz Stastny, der im Dezember 1949 mit Styrol experimentierte. So hatte der Chemiker verschiedene Mischungen mit Petrolether angesetzt, einer schon bei niedrigen Temperaturen siedenden, benzinähnlichen Flüssigkeit, die beim Erwärmen schnell verdampft und dabei das Styrol aufschäumen sollte. Seine Mixturen goss Stastny nicht etwa in ordentliche Laborgefäße, sondern als sparsamer Mensch in leere Schuhcremedosen, die preiswert waren und zudem so dicht schlossen, dass kein Gas entweichen konnte (Abb. 1). Eigenhändig hat der Forscher in seinem noch erhaltenen Laborjournal notiert: „Klare Lösung, bei Raumtemperatur bis 1.12.1949 gelagert. Durchsichtige, harte Scheibe entnommen." Diese Scheibe legte er in eine seiner Dosen, stellte sie in den Trockenschrank und vergaß das Ganze. Nach 36 Stunden hatte sich die unscheinbare Styrol-Probe unter dem Wärmeeinfluss entscheidend verändert. Der Dosendeckel saß neckisch wie eine Baskenmütze auf einem

Abb. 1. Als Styropor vor über 40 Jahren „das Schäumen" lernte, war alles etwas anders als heute. Als erstes „Werkzeug" diente eine Schuhcremedose, und der erste Schaumstoffkörper war – wie konnte es anders sein – die realistische Plastik der formgebenden Vorlage.

26 Zentimeter hohen Schaumstrang – Entstehungsmoment eines bahnbrechenden Chemiewerkstoffes, der noch heute ein beachtliches Potential für Innovationen bereithält.

Neopor und Peripor

Beispiel Kunststoffmesse „K 98", nach wie vor in Düsseldorf. Hier wurden zwei neue Produkte aus der großen Styropor-Familie vorgestellt. Neopor, ein granitfarbener Schaumstoff, weist bei niedrigen Rohdichten ein wesentlich besseres Wärmedämmvermögen auf als herkömmliche EPS-Materialien. So wird der gleiche Isoliereffekt mit einer wesentlich geringeren Plattendicke und damit deutlich geringerem Materialeinsatz erreicht, was die Wärmedämmung wirtschaftlicher macht und Anreize für mehr Umweltschutz bietet. Beim Neopor, das auf normalen Schäummaschinen verarbeitet werden kann, schalten Infrarotabsorber und Infrarotreflektoren die Wirkung der Wärmestrahlung weitgehend aus. Diese Beigaben sind im übrigen auch für den grauen Farbton der aus Neopor hergestellten Schaumstoffe verantwortlich.

Ein weiteres wichtiges Einsatzgebiet von Polystyrol-Hartschaumstoffen ist die Anwendung in direktem Kontakt mit Feuchtigkeit. Hier muss die Wasseraufnahme möglichst gering sein und bleiben, da sich ansonsten die Wärmedämmung wesentlich verschlechtert. Messungen an EPS-Schaumstoffen haben den Nachweis erbracht, dass pro Volumenprozent Feuchtegehalt die Wärmeleitfähigkeit um 3,5 Prozent steigt. Hier schafft das neue Peripor Abhilfe, das speziell für Gebäudeflächen mit Erdberührung, Flachdachdämmung und Frostschutzschichten im Verkehrswegebau entwickelt wurde. Gemessen am Peripor liegt die Wasseraufnahme von Standard-EPS bis zum Faktor zehn höher. Ein eindrucksvoller Beleg für die Verbesserungsmöglichkeiten von Styropor.

Zurück zu Fritz Stastny und seiner Erfindung, die vor ihrem Siegeszug einige Hindernisse zu überwinden hatte. Die erste industrielle Anwendung von Styropor erwies sich nämlich als niederschmetternder Flop. Seinerzeit suchte die noch junge Deutsche Bundespost nach einem perfekten Isoliermaterial für ihr neues Telefonleitungsnetz. In Erwartung eines großen Auftrages hatte die BASF-Fabrikationsabteilung die ungeheuere Zahl von 10 000 Konservendosen mit Ausgangsmaterial für Styropor ins Lager gestellt. Dann jedoch erwiesen sich die Eigenschaften des Schaums für das Umwickeln der Drähte als ungeeignet, die Post nahm Abstand von dem Großauftrag – der Traum vom Schaum war geplatzt, der Fabrikationsleiter saß frustriert auf einem Berg unnützer Dosen, der er am liebsten in den Rhein geworfen hätte. Ein Glück, dass er es nicht tat ...

Die Rettung aus der misslichen Situation kam mit dem Rettungsring, den die Firma Carmarin AB in Stockholm den „Schaumschlägern" der BASF zuwarf. Styropor war deutlich leichter als Kork und dazu noch verrottungsfest. Der Zufall wollte es, dass bei den Schweden gerade ein Regierungsauftrag über Schwimmringe eingegangen war. Das „Dosenpolymerisat" im Lager war doch noch zu etwas nütze. Nach ersten Versuchen orderte Carmarin über 200 Kilogramm pro Woche (!), damals eine gewaltige Menge, die bei einem Kilogrammpreis von zwölf Mark zudem fünfstellige Umsätze bescherte – die Fabrikationsabteilung hatte wieder trockenen Boden unter den Füßen.

Donald Duck als Lehrmeister

Ein Rettungsring der besonderen Art wurde 1964 gebraucht – beim vielleicht spektakulärsten Einsatz von Styropor überhaupt. Im Hafen von Kuwait war ein dänisches Frachtschiff mit 5000 Schafen an Bord gesunken – nur knapp 500 Meter von der Stelle

Abb. 2. Schaumstoffe aus Styropor sind 97 Prozent Luft, eingeschlossen in dünnwandige Zellen aus einem thermoplastischen Kunststoff.

entfernt, wo Meerwasser zur Umwandlung in Trinkwasser entnommen wurde. Verständlicherweise verlangten die Behörden eine rasche Hebung des Havaristen. Nach sechs Wochen Vorbereitung gelang das Unglaubliche: Wie ein U-Boot tauchte das Wrack, 70 Tonnen bzw. 2500 Raummeter Styropor im Bauch, aus dem Hafenbecken. Die Fotos dieser sensationellen Auftauchfahrt gingen um die Welt – der Kunststoff war in aller Munde. Die Idee war einem Donald-Duck-Comic von Walt Disney entliehen, in dem auf ähnliche Weise ein Schiff gehoben wurde, allerdings mit Tischtennisbällen statt mit Schaumstoffkügelchen (Abb. 2).

In wieweit diese Aktion den Umsatz mit Styropor beflügelte, ist nicht bekannt. Die erste Million Tonnen war jedenfalls 1972 verkauft worden. Die große Zeit der weißen Platten und Blöcke stand allerdings erst noch bevor. Der Schock der Ölkrise bescherte Deutschland nicht nur sonntägliche Fahrverbote, sondern gab Anstrengungen zur Wärmedämmung starken Auftrieb. Der Slogan „Styropor ... besser dämmen kann man nicht" machte die Runde und hat seine Aktualität bis heute nicht verloren – Neopor und Peripor sind hier nur die neuesten Belege (Abb. 3).

Abb. 3. Auch wärmedämmende Hartschaumplatten fürs Bauwesen kann man aus Styropor herstellen. Mit einem „warmen Anzug" aus diesem Material lässt sich ein Einfamilienhaus schon mit 1500 Litern Heizöl pro Jahr wohlig warm machen; rund 3500 Liter benötigt man dagegen mit einem nicht mit Styropor isolierten Haus. Mit dem warmen Anzug können gut und gerne 100 000 und mehr Liter Heizöl eingespart werden – und natürlich auch die entsprechenden Kohlendioxidemissionen. Neben dem Hausbesitzer profitiert also auch die Umwelt.

Abb. 4. Oben: Ideale Verpackungen sollen das Verpackungsgut (hier Kühlschränke) schützen und fixieren; sie sollen stoßdämpfend, stapelbar und rationell zu handhaben sein – und dies alles bei optimaler Wirtschaftlichkeit. Schaumstoffverpackungen aus Styropor sind diesen Anforderungen besonders gut gewachsen und werden dadurch vielfach eingesetzt. Unten: Seit seiner Erfindung vor über 40 Jahren wurde Styropor auch für die bildenden Künste entdeckt. So zum Beispiel von Studenten der Fachhochschule Wiesbaden, die eine großformatige Nachbildung der „Offenen Hand" von Le Corbusier anfertigten.

Dank seiner herausragenden Isolierfähigkeit ist und bleibt der Bau das wichtigste Anwendungsgebiet für Styropor und seine „Familienmitglieder". Das Geheimnis dieser Wirkung liegt buchstäblich in der Luft, aus der der geschäumte Kunststoff zu über 97 Prozent besteht. Luft hat eine bemerkenswert niedrige Wärmeleitfähigkeit, und dies ist die wichtigste Voraussetzung für einen Wärmedämmstoff.

Was in dieser Richtung funktioniert, geht aber auch anders herum: So schützt Styropor verderbliche Lebensmittel wie Obst, Fische oder Meeresfrüchte auf längeren Transporten vor höheren Temperaturen. Überhaupt sind Verpackungen – ob für Computer oder Fernsehapparate, ob für Gläser oder Flaschen – ein zweites großes Anwendungsgebiet für Styropor (Abb. 4). Hier dienen die daraus hergestellten Schaumstoffe als schützende Stoßdämpfer.

Von Ludwigshafen in die Welt

Die Erfolgsgeschichte von Styropor ist auch die Geschichte ständiger Weiterentwicklungen. Treibmittelreduzierte und schwerentflammbare Produkte sowie funktionierende Recyclingsysteme sind Beispiele dafür.

Längst ist das Geschäft auch global geworden. Außer in Europa wird Styropor auch in Nord- und Südamerika und in Asien produziert. Demnächst kommt eine neue Anlage in China dazu. Was einst als Schiffchen seine Erfolgsreise antrat, kommt heute überall auf der Welt gut an.

Im Dienste der Gesundheit und Schönheit – funktionale Polymere in Pharma und Kosmetik

Michael Gotsche, Helmut Witteler

Als Walter Reppe vor nun mehr als 60 Jahren erstmals Polyvinylpyrrolidon synthetisierte, konnte er die vielseitigen Anwendungen dieses wasserlöslichen Polymers nicht im Entferntesten erahnen. Noch heute wächst die Zahl der Einsatzgebiete stetig und umfasst Kosmetik, Pharmazie, Bierproduktion, Klebstifte, Waschmittel, Fotografie und Papierherstellung. Die Vielseitigkeit der Anwendungen basiert auf der Molekülstruktur von Polyvinylpyrrolidon (PVP): Das Polymer hat eine hydrophobe, also wasserabstoßende Hauptkette und hydrophile („wasserliebende") Seitenketten. Durch diesen „Zwitter-Charakter" ist PVP sowohl in organischen Lösungsmitteln wie Alkoholen und Aceton aber auch in Wasser löslich. Und über das Sauerstoffatom in der Seitenkette kann das Polymer mit einer Vielzahl von Stoffen Komplexe bilden (Abb. 1).

Die Erfolgsgeschichte von Polyvinylpyrrolidon in der Pharmazie war aus der Not geboren. Während des 2. Weltkrieges wurde händeringend nach einem synthetischen Ersatz für Blut gesucht, da ein akuter Mangel an Blutplasma bestand. Solche Blutersatzmittel können zwar keinen Sauerstoff wie das Blut transportieren und enthalten auch keine Gerinnungsfaktoren, sie füllen aber das Blutgefäßsystem und normalisie-

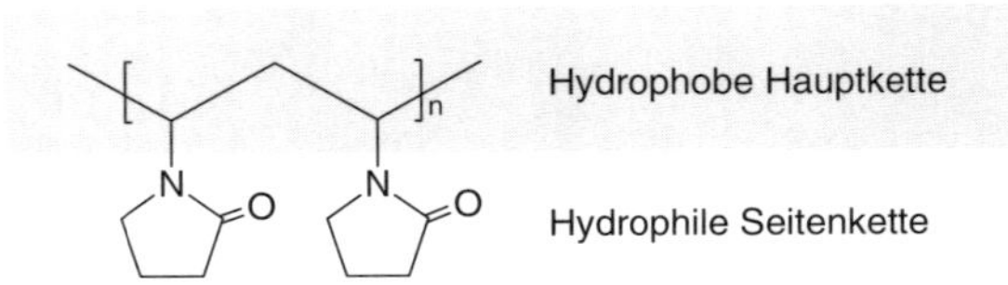

Abb. 1. Struktur von Polyvinylpyrrolidon.

ren den osmotischen Druck. PVP erwies sich aufgrund seiner Wasserlöslichkeit und seiner Protein-ähnlichen Struktur als hervorragend geeignet und fand weit verbreiteten Einsatz. Trotz seiner exzellenten Eigenschaften wird es seit einigen Jahrzehnten nicht mehr für diesen Zweck eingesetzt. Der Organismus kann das Polymer nicht abbauen, so dass nach der Verabreichung in den Blutkreislauf kleine Mengen von PVP im Körper verbleiben könnten. Dennoch hat diese Anwendung den Weg für PVP als vielseitigen pharmazeutischen Hilfsstoff geebnet. Nimmt man PVP oral ein, ist seine Inertheit gegen biologischen Abbau sogar ein großer Vorteil, da PVP nach dem Schlucken Magen und Darm unverändert passiert und vollständig wieder ausgeschieden wird.

Unter dem Namen Povidon ist PVP aus der Tablettenherstellung nicht mehr wegzudenken. Tabletten enthalten neben dem eigentlichen Wirkstoff eine Menge an weiteren Zusatzstoffen, die die mechanische Festigkeit der Tablette sowie das Auflösen des Wirkstoffs verbessern. Stellt man Tabletten her, so werden die Einsatzstoffe vermischt und anschließend in einer Tablettenpresse unter hohem Druck zu den Tabletten gepresst. Ohne die Zuhilfenahme eines Bindemittels würden die Tabletten anschließend jedoch wieder zerbröseln. PVP neigt sehr dazu, Wasser aufzunehmen. Schon bei geringer Wasseraufnahme ist das Polymer klebrig, d. h. es ist ideal als Bindemittel geeignet. Der Wirkstoff wird sozusagen mit Hilfe von PVP zu einer stabilen Tablette verklebt. Da das Polymer jedoch auch wasserlöslich ist, löst sich die Tablette im Magen schnell wieder auf. Das ist sehr wichtig, denn das Bindemittel darf die Auflösegeschwindigkeit der Tabletten nicht beeinträchtigen.

In letzter Zeit kommen sehr schnell wirkende Medikamente, gerade bei Kopfschmerzmitteln, immer mehr in Mode. Die Wirkstoffaufnahme durch den Körper kann beispielsweise deutlich beschleunigt werden, in dem die Tablette im Magen sehr schnell zerfällt. Auch hier hat Polyvinylpyrrolidon als Tablettensprengmittel seine Qualitäten. Für diese Anwendung vernetzt man die PVP-Polymerpartikel, die dadurch nicht mehr wasserlöslich, sondern nur noch wasserquellbar sind. Da die Partikel eine Popcorn-ähnliche Form haben (Abb. 2), saugen sie das Wasser sehr schnell auf und vergrößern dabei ihr Volumen auf über das Doppelte. Durch dieses Aufquellen treten in den Tabletten große Spannungen auf, die letztendlich die Tablette zerplatzen lassen. Auch bei Brausetabletten kann das vernetzte PVP den schnellen Zerfall bewirken und damit das Auflösen der Tablette in Flüssigkeit deutlich beschleunigen (Tabelle 1).

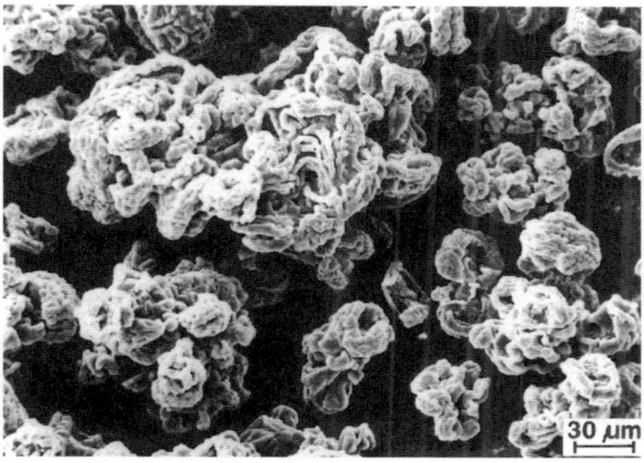

Abb. 2. Elektronenmikroskopische Aufnahme von Popcorn-Polyvinylpyrrolidon, das als Tablettensprengmittel eingesetzt wird.

Tabelle 1. Zusammensetzung einer Multivitamin-Brausetablette (2 g Gewicht).

Vitamin A-Palmitat	10 mg
Provitamin B1	12 mg
Vitamin E-Acetat	48 mg
Vitamin C	440 mg
Provitamin B5	10 mg
Weinsäure	290 mg
Zucker	480 mg
Natriumcarbonat (Soda)	440 mg
Weitere Bestandteile	660 mg
Tablettenbindemittel (PVP)	**32 mg**
Tablettensprengmittel (PVP vernetzt)	**80 mg**

PVP ist nicht das einzige Polymer, das bei der Tablettenherstellung eingesetzt wird. Zur Beschichtung von Tabletten nutzt man auch Polymere auf Acrylat-Basis. Solche Tablettenüberzüge sollen den oft unangenehmen Geschmack der Wirkstoffe überdekken und die Tabletten glatter machen, damit sie leichter die Speiseröhre herunterrutschen. Auch Farbpigmente kann man in den „Überzug" einschleusen, damit die Tabletten besser zu unterscheiden sind. Die Polymere für solche Überzüge dürfen natürlich nicht kleben und müssen harte, glatte und klare Filme bilden. Durch die chemische Zusammensetzung der Polymere kann man zudem steuern, an welcher Stelle im Körper sich die Tabletten auflösen. Dabei macht man sich zunutze, dass der Magen stark sauer, während der Darmtrakt dagegen basisch ist. Während der Magen-Darm-Passage steigt der pH-Wert von 2 auf 8 an. Es ist nun möglich, Polymere so zu konstruieren, dass sie den sauren Magen ungelöst passieren und sich erst im basischen Darmtrakt auflösen. Das erreicht man, indem Säurefunktionen in die Polymere eingebaut werden. Beim niedrigen pH-Wert des Magens liegen die Säurefunktionen unverändert vor, d. h. die Polymere lösen sich nicht. Beim basischen pH-Wert im Darm werden dagegen die Säurefunktionen neutralisiert, und es entsteht ein polymeres Salz, das sich sehr gut in Wasser löst. Bei Medikamenten, die ihre Wirkung erst im Darm entwickeln sollen, und bei Wirkstoffen, bei denen die Gefahr besteht, dass sie im Magen verdaut werden, ohne ihre Wirkung zu entfalten, werden solche magensaftresistenten Überzüge verwendet (Abb. 3).

In den letzten Jahren ist mit der Polymer/Wirkstoff-Extrusion eine Alternative zum klassischen Tablettenpressverfahren entwickelt worden. Dies ist ein seit langem bekanntes Verfahren zur Polymerverarbeitung, bei dem die Polymere in einem Extruder, einer Art „geheizter Fleischwolf", oberhalb ihrer Erweichungstemperatur als zähflüssige Masse verarbeitet werden. Sofern die Wirkstoffe die Verarbeitungstemperaturen im Bereich von 100 bis 250 °C unbeschadet überstehen, kann man dieses Verfahren auch zur Herstellung von medizinischen Präparaten einsetzen. Im Extruder wird dann eine Mischung aus Polymer und Wirkstoff erhitzt und verknetet, und abschließend aus dieser Masse Tabletten, Granulate, Pellets (Kügelchen) oder auch Folien geformt. Die erhaltenen Tabletten und Granulate sind glasklar, was darauf schließen lässt, dass jedes Wirkstoffmolekül einzeln gelöst im Polymer vorliegt und eine „feste Lösung" bildet. Das ist ein großer Vorteil von extrudierten Präparaten gegenüber gepressten Tabletten: Viele Wirkstoffe liegen kristallin vor und sind daher als gepresste Tablette

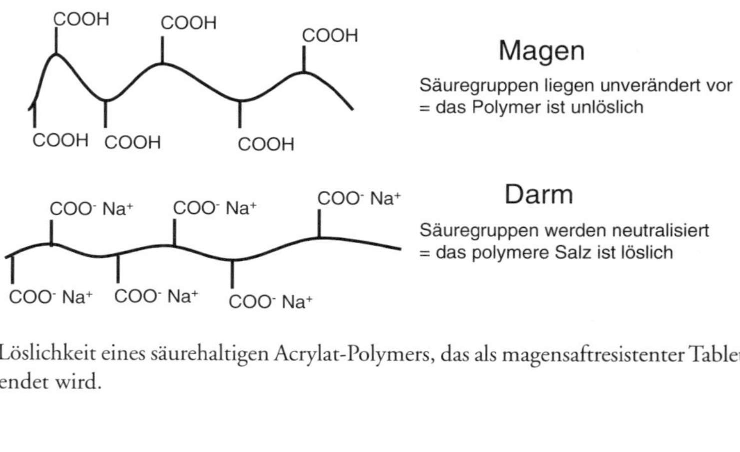

Abb. 3. Löslichkeit eines säurehaltigen Acrylat-Polymers, das als magensaftresistenter Tablettenüberzug verwendet wird.

schlecht wasserlöslich. In Form der festen Lösungen sind die Wirkstoffmoleküle viel besser wasserlöslich und können somit in größerer Menge vom Körper aufgenommen werden.

Und es gibt noch weitere Einsatzgebiete von Polyvinylpyrrolidon: Zur Desinfektion wird seit langer Zeit Iodtinktur verwendet, die zwar sehr wirksam ist, allerdings auch stark brennt und die Haut verfärbt. Auch hier bringt PVP für die Patienten große Vorteile, denn es bildet einen PVP-Iod-Komplex, der gleich wirksam ist und überhaupt nicht brennt! Was ist nun der Trick dabei? Freies Iod ist sowohl bei der Iodtinktur als auch beim PVP-Iod-Komplex die eigentlich desinfizierend wirkende Substanz, die aber auch das Brennen und die Hautverfärbungen verursacht. Die Konzentration in Iodtinktur ist sehr hoch, beim PVP-Iod-Komplex dagegen sehr gering. Wird das freie Iod bei der Desinfizierung verbraucht, spaltet der Komplex das in seiner Molekülstruktur gebundene Iod ab und liefert somit kontinuierlich freies Iod nach. Durch diesen Mechanismus wirkt der PVP-Iod-Komplex als Desinfizierungsmittel genauso effektiv wie die klassische Iodtinktur, nur das Brennen und die Hautverfärbungen gehören der Vergangenheit an.

Rückblickend kann man sagen, dass die Entdeckung von PVP ein Meilenstein war, der die Formulierung medizinischer Wirkstoffe grundlegend veränderte, und auf dem viele nachfolgende Entwicklungen basierten. Eine Entdeckung, die die Bezeichnung Innovation wirklich verdient. Gibt es auch die **eine**, große Erfindung, die in Kosmetik und Körperpflege alles verändert hat? Wer danach fragt, könnte sich durch eine Vielzahl von Untersuchungen wühlen und bekäme als Ergebnis doch kein wohlgeordnetes Gesamtbild, sondern ein verwirrendes Sammelsurium von Einzelfakten. Hier war es nicht die Entdeckung einer neuen chemischen Substanz, sondern die Entdeckung der Kosmetik selbst als fruchtbares Anwendungsgebiet für synthetische Polymere, die zum großen Umbruch führte. Wo zuvor mit niedermolekularen Stoffgemischen ein bescheidener kosmetischer Effekt erzielt wurde, stehen nun die Polymere als eine hochwirksame Klasse von Stoffen, mit denen sich mehr erreichen lässt als je zuvor. Eine Liste von in der Kosmetik eingesetzten Polymeren liest sich wie das Produktsortiment einer Chemiefabrik:

- **Cellulosederivate als Verdicker und Filmbildner**
- Polysorbat 20 als nicht-ionisches Tensid (waschaktive Substanz)
- kationische Polymere als Haarconditioner
- Silikone zur Erzielung eines glatt und weich wirkenden Erscheinungsbildes von Haut und Haar
- Polyvinylpyrrolidon (PVP) und Polyacrylate als Haarfestigerharze
- Polyethylen in kosmetischen Ölen
- **Guanidiumpolymer als Konservierungsmittel in Kosmetika**
- poröses Polyamid als Matrix oder Depot für Wirkstoffe

Selbst wer den freiwilligen Kontakt mit chemischen Erzeugnissen zu kosmetischen Zwecken weit von sich weist, erkennt schnell, dass er sich der Wirkung der hier genannten Polymere täglich aussetzt. Der Kontakt mit Chemie und Polymeren mag unbewusst und sogar ungewollt sein, doch ihre Wirkung ist erwünscht und wird ganz gezielt eingesetzt, um das eigene Aussehen zu verändern – oder einfach nur, um sich besser zu fühlen. Unternehmen wir einem Streifzug durch die Welt der Körperpflegemittel und halten wir dabei nach Polymeren Ausschau. Im Badezimmer fällt uns die Shampooflasche für Kinder auf. „Kinder und Chemie" ist die Kombination zweier Begriffe, die bei vielen Menschen mit starken und gegensätzlichen Emotionen belegt sind; deshalb soll unser Streifzug hier beginnen.

Brennende Augen ist die frühkindliche Assoziation für Haare waschen; wenigstens ist das früher so gewesen. Heute nicht mehr, vorausgesetzt man verwendet das richtige Shampoo. Abhilfe schuf ein nichtionisches Tensid, das besonders mild ist. Dieses Tensid, Polysorbat 20, wird aus Zucker, Ethylenoxid und einer Fettsäure hergestellt. Die Fettsäure lässt erkennen, dass eine gewisse Ähnlichkeit mit Seifen bestehen muss, denn Seifen sind Salze von Fettsäuren. Ohne auf chemische Details einzugehen, zeigt der molekulare Aufbau von Seife und der des nichtionischen Tensids die Gemeinsamkeiten (Abb. 4). Beide Moleküle haben einen polaren Kopf, der sich gut mit Wasser, und einen unpolaren Schwanz, der sich gut mit Fetten und anderen hydrophoben Substanzen verträgt. Diese Struktur ermöglicht es, Schmutz in Form von Mizellen aufzulösen und wegzuspülen. Und weil das nichtionische Tensid keine ionische Gruppe in seinem hydrophilen Segment aufweist, ist es besonders hautverträglich. Hier wird die Auswirkung von Fortschritt in der Chemie buchstäblich fühlbar! Das Polysorbat wird in mehreren Schritten aus Zucker und weiteren Stoffen hergestellt. Das Prinzip, einen Naturstoff wie Zucker chemisch zu modifizieren, spielt auch in anderen Bereichen der Polymerchemie eine große Rolle: So wird beispielsweise Cellulose, ein in der Natur vorkommendes Polymer, auf vielerlei Weise chemisch verändert und auch in der Kosmetik eingesetzt.

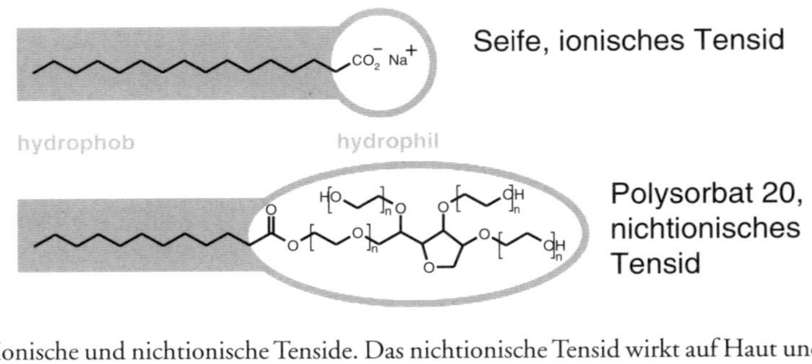

Abb. 4. Ionische und nichtionische Tenside. Das nichtionische Tensid wirkt auf Haut und Schleimhäute weniger irritierend als das ionische Tensid.

Das oben beschriebene nichtionische Tensid vereint gegensätzliche Eigenschaften, die im Molekül räumlich voneinander getrennt sind. Dieses Prinzip macht man sich auch bei Blockcopolymeren zunutze. Blockcopolymere sind Kettenmoleküle, die aus Bauteilen unterschiedlicher chemischer Natur zusammengesetzt sind. Mit Hilfe des janusköpfigen Charakters der „Bauteile" lassen sich recht kniffelige Aufgaben lösen. Zum Beispiel sind Blockcopolymere mit hydrophoben und hydrophilen Blöcken als Emulgatoren geeignet (Beispiel Poloxamer, Abb. 5). Geht es darum, aus Öl und Wasser eine stabile Emulsion herzustellen, so entscheidet das als Emulgator verwendete Blockcopolymer, ob das Wasser im Öl oder aber das Öl im Wasser verteilt vorliegt. Für die Anwendung von Kosmetika hat das ganz gravierende Auswirkungen, etwa beim Hautgefühl, bei der Wasserfestigkeit und der Wirkstoffresorption.

Bleiben wir noch etwas beim Haarewaschen, denn mit dem Kämmen nasser Haare – insbesondere langer Haare – wird noch ein weiterer Effekt von Polymeren im Sham-

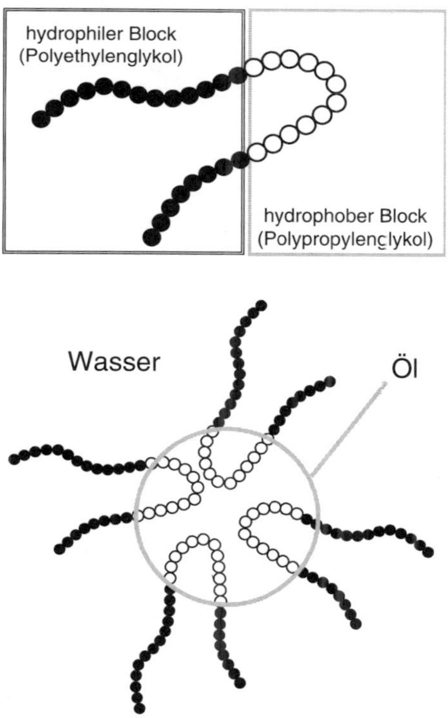

Abb. 5. Struktur eines Blockcopolymers am Beispiel von Poloxamer (oben). Stabilisierung eines Öltröpfchens in einer Öl-in-Wasser-Emulsion mit Hilfe eines Blockcopolymers (unten).

poo fühlbar. Wenn man das richtige Shampoo verwendet, geht das Kämmen nach dem Shampoonieren leichter als ohne Shampoo. Der Grund dafür ist auf der Rückseite der Flasche unter „Ingredients“ zu finden: „Polyquaternium“, ein „Conditioner“-Polymer, das die Haare schön glatt macht, so dass der Kamm fast ohne Widerstand durch die Haare gleitet. Das Polymer erzeugt eine glatte Oberfläche auf jedem einzelnen Haar, d. h. die Haare gleiten leicht voneinander ab, wodurch Knoten und das Verfilzen vermieden werden. Genau genommen ist es ein Kunststück, das Polymer so gezielt auf die Oberfläche des Haars aufzubringen, denn es ist im Shampoo nur in geringer Konzentration enthalten und wird zusätzlich noch mit viel Wasser verdünnt, wenn die Haare mit klarem Wasser nachgespült werden. Der Trick beruht auf einem Adsorptionseffekt: Entlang der Polymerkette sind positive Ladungen verteilt (Abb. 6). Sie werden von den negativen Ladungen an der Oberfläche des Haars angezogen, so dass das Polymer vom Haar regelrecht aus dem Shampoo herausgefiltert wird. Die ionische Bindung zwischen Haar und Conditionerpolymer ist fest genug, um das Spülen zu überstehen, aber auch schwach genug, damit kein „Build-up“-Effekt entsteht: Auch nach hundertmal Haarewaschen ist auf dem Haar nur eine sehr dünne Schicht des Conditioners zu erkennen; es baut sich also kein Sediment auf. Zur leichten Kämmbarkeit und einem seidigen Griff des Haars trägt noch eine andere Klasse von Polymeren bei: Die Silikone, eine Gruppe von Polymeren, die aus verschiedenen Gründen in Verruf gekommen ist. Zunächst wurden sie – zu Unrecht – für schlechte Ergebnisse beim Haarfärben verantwortlich gemacht, und dann auch für misslungene Dauerwellen. Silikone machen Haut und Haar glatter und können so das Erscheinungsbild positiv verändern. Silikone sind sicher nicht das Mittel der Wahl, um dem Haar Volumen zu geben, aber es gibt viele Fälle in der Kosmetik, bei denen der Eindruck „glatt“ gewünscht ist. Warum können ausgerechnet Silikone alle anderen Polymere, einschließlich die in der Haut und im Haar vorkommenden Biopolymere, in dieser Hinsicht übertreffen? Der Grund liegt in ihrer außergewöhnlichen Struktur, die bei keinem anderen Material zu finden ist: Die Kettenglieder von Silikonketten sind so frei beweglich wie lose aneinander gekettete Perlen. Dagegen sind die Kettenglieder einer „gewöhnlichen“„ Polymerkette so zusammengefügt, dass sie sich nur in bestimmten Winkeln zueinander bewegen können (Abb. 7). Das erinnert entfernt an die Bewegungen eines Kardangelenks, also an freie Beweglichkeit mit gewissen Einschränkungen. Diese Einschränkungen bei der Beweglichkeit sind bei Silikonen geringer als bei anderen Polymeren. Deshalb gleiten Silikonketten sehr leicht voneinander und wirken wie Schmiermittel. Silikone werden auf Kosmetika als „Dimethicon“ gekennzeichnet, wodurch die Assoziation mit misslungenen Frisuren oder undichten Brustimplantaten beim Benutzer unterbleibt – oder zumindest verzögert wird. Als Bestandteile vieler Kosmetika sind sie unverzichtbar und durch keine andere Substanzklasse ersetzbar. In den vergangenen fünfzig Jahren haben sie eine Entwicklung vom Hochtechnologie-Polymer zur Standardkomponente für zahlreiche Produkte in Kosmetik, Pharma und Technik erlebt.

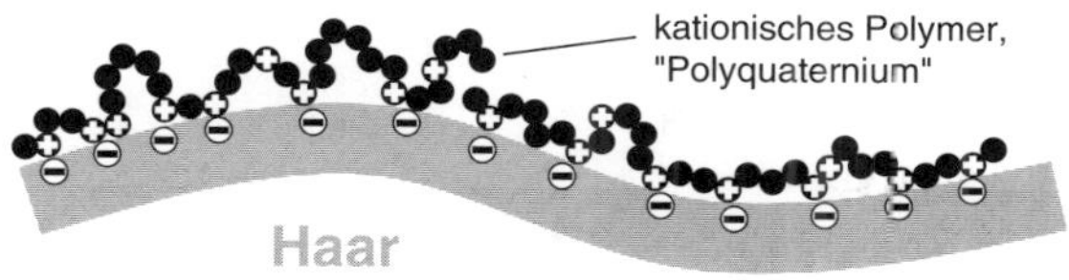

Abb. 6. Adsorption von Polyquaternium auf Haar.

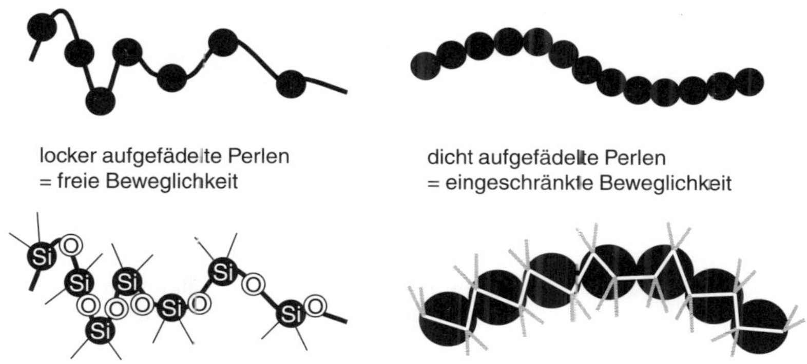

Abb. 7. Die Beweglichkeit einer Silikon-Polymerkette (links) ist höher als die Beweglichkeit anderer Polymerketten (rechts). Dies hängt mit den unterschiedlichen Bindungstypen zusammen und führt dazu, dass Silikone sehr glatte Oberflächen bilden.

Zum Aufstellen der Haare, zum Festigen der Frisur, lässt sich Wasser, Zuckerwasser, Bier oder Schellack verwenden. Das sind die Haarfixierer vergangener Zeiten – an ihre Stelle sind heute Haarspray, Schaumfestiger und Haargel auf Basis synthetischer Polymere getreten. Nachdem die physiologische Unbedenklichkeit von Polyvinylpyrrolidon für die Medizin und Pharmazie feststand, fand dieses Polymer auch rasch Verwendung in der Kosmetik, weil es filmbildend und wasserlöslich ist. Löslichkeit und die Fähigkeit zur Filmbildung sind Grundanforderungen an Polymere für Haarfestiger. Neben PVP findet man heute in Haarsprays mehr als fünfzig unterschiedliche Festigerpolymere. Ihre Wirkung beruht in allen Fällen darauf, dass Haare an Kreuzungspunkten durch das Polymer zusammengehalten werden (Abb. 8). Die Unterschiede zwischen Haarfestigerpolymeren liegen in der Festigkeit der entstehenden Bindung, der Widerstandsfähigkeit gegen Luftfeuchtigkeit, der Verträglichkeit mit den unterschiedlichen zur Verwendung kommenden Treibgasen und vielen anderen Eigenschaften. In Haarsprays der jüngsten Generation werden in die Polymerketten Silikonsegmente eingebaut, so dass das Haar nicht nur zusätzliche Festigkeit gewinnt, sondern auch vollkommen natürlich und unbehandelt erscheint.

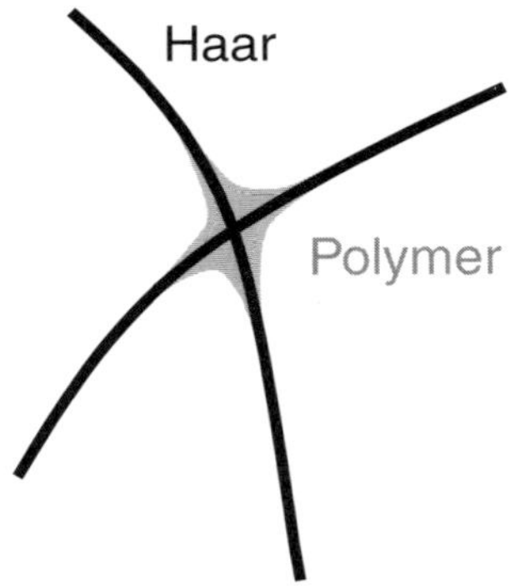

Abb. 8. Haarfestigerpolymere fixieren die Kreuzungspunkte von Haaren.

Auch als Mikrobiozide machen Polymere anderen Stoffen Konkurrenz. Mikrobiozide töten Schimmel und Bakterien und konservieren vor allem wasserhaltige Kosmetika. Die Anforderungen sind hier sehr hoch, denn das Biozid darf weder dem Menschen, noch Tieren und Mikroorganismen, die mit Abwässern in Berührung kommen könnten, schaden. Ein Guanidiniumpolymer, das sich ähnlich wie ein Haarconditioner verhält, erfüllt dies. Es wird an die Oberfläche von Bakterien adsorbiert, zerstört deren schützende Membran und kann so das „Vergammeln" von Kosmetika sehr effektiv verhindern. Das Polymer ist für Säugetiere und Menschen ungiftig. Obwohl es Mikroorganismen abtötet, richtet es in Kläranlagen und in der Natur keinen Schaden an, denn es schlägt sich aufgrund seiner Affinität zu natürlichen Oberflächen sofort nieder, wird also adsorbiert. Das Guanidiniumpolymer und die als Conditioner erwähnten Polyquaternium-Polymere haben eine interessante Gemeinsamkeit: Während ihre Monomere – ihre Bausteine – für Säugetiere zum Teil schädlich sind, nimmt diese Wirkung mit steigendem Molekulargewicht – also mit steigender Molekülgröße – ab, ihre Wirkung gegen Mikroorganismen jedoch zu.

Fast alle bis hier erwähnten Polymere würde der Fachmann als funktionalisierte Polymere bezeichnen und meint damit, dass die Polymerketten „Werkzeuge" enthalten, um bestimmte Funktionen zu erfüllen. Diese Werkzeuge („funktionelle Gruppen") können beispielsweise saure oder basische Gruppen sein, die an das Polymer gebunden sind. Doch auch Polymere ohne funktionelle Gruppen, die lange nur als „Strukturpolymere" oder Werkstoffe genutzt wurden, können in Kosmetika eine Funktion erfüllen. Beispielsweise Polyethylen: Seine Verwendung zur Herstellung von Folien, Flaschen und ähnlichem ist allgemein bekannt. Polyethylen kann aber auch in kosmetischem Paraffinöl aufgelöst werden und verdickt in gelöster Form das Öl. Polyamid ist als Kunstfaser bekannt; man denke nur an Feinstrumpfhosen oder Heißluftballone, also an Nylon. Polyamid kann aber auch in Form mikroskopisch kleiner, poröser Kugeln hergestellt werden. Die Poren dieser Kugeln können Duftstoffe aufnehmen, die sie langsam wieder abgeben. So ist es möglich, einen Depoteffekt für Parfümierungen zu erzielen.

Was haben Haar, Fingernägel, Seide und Nylon miteinander zu tun? Chemisch sind sie sich ähnlich; die erstgenannten bestehen aus einem natürlichen Polyamid, Nylon hingegen ist ein synthetisches Polyamid. Viel auffälliger als die chemische Ähnlichkeit ist ihre Übereinstimmung im sensorischen Test: Sowohl die natürlichen als auch das synthetische Polyamid haben eine sehr glatte und feste Oberfläche. Liegt hier eine Herausforderung an die Forschung, Polyamide nach dem Vorbild der Natur für die Kosmetik zu entwickeln? Die Forscher arbeiten auf jeden Fall schon daran: Haarsprays, Tablettenüberzüge, Hautcremes, Nagellack, alles scheint vorstellbar. Betrachten wir abschließend die für zukünftige Entwicklungen interessanteste Konsequenz aus 50 Jahren Einsatz von Polymeren in Pharma und Kosmetik: Aus den rund 30 Monomeren, die zur Herstellung von Pharma- und Kosmetikpolymeren häufig verwendet werden, kann man $2^{30}-1$, also über eine Milliarde Klassen von Copolymeren machen. In jeder dieser Klasse von Copolymeren können durch Variation der Mengenanteile der beteiligten Monomere noch mal ganz unterschiedliche Eigenschaftsprofile eingestellt werden, was die Zahl von einer Milliarde vervielfacht. Ausgehend von an sich bekannten Monomeren resultiert hieraus ein nahezu unbegrenzter Freiraum für neue Entwicklungen … Wo stehen wir also? Sicher nicht am Anfang, wie diese Beispiele zeigen. Aber sicher auch vor einer herausfordernden Zukunft.

Polymere

Polymer: Kettenmolekül, vergleichbar einer Perlenkette, das aus einer Vielzahl gleicher oder ähnlicher Bausteine aufgebaut ist. Die Bildung von Filmen ist die herausragende Eigenschaft vieler Polymere und ein Grund für ihre Verwendung in Kosmetik und Pharma. Beispiele aus dem Alltagsleben sind Polyethylen (Plastiktüte) und Polyester (Limonadenflaschen, Textilien). Beim näheren Hinsehen findet man Polymere aber auch in Tabletten (z. B. Polyvinylpyrrolidon), Haarsprays (z. B. Polyacrylate), Handcremes (z. B. Silikone) und Seifen (z. B. Polyethoxylate). Ähnlich wie eine Portion gekochter Spaghetti Verschlaufungen oder Verhakungen enthält, ist dies auch bei Polymeren der Fall. Viele Verschlaufungen bilden ein Netzwerk, aus dem sich in vielen Fällen die hohe mechanische Festigkeit von Polymeren erklärt.

Copolymer: In Polymeren der einfachsten Art („Homopolymere") sind sehr viele gleichartige Bausteine zu einer Kette verknüpft: –A–A–A–A–A–. Sind dagegen wenigstens zwei unterschiedliche Sorten von Bausteinen verknüpft, so handelt es sich um ein Copolymer. Das Copolymer aus den drei Monomeren A, B und C könnte so aussehen: –C–B–A–B–C–B–A–B–. Hier ist die Reihenfolge der Monomere zufällig und deswegen spricht man von einem statistischen Copolymer oder im englischen etwas zutreffender von einem Random Copolymer. Aus den drei Monomeren A, B und C kann man $2^3–1 = 7$ unterschiedliche Klassen von Polymeren machen, je nachdem welche Monomere im Polymer enthalten sind. Diese 7 Klassen von Polymeren sind die drei Homopolymere $(A)_n$, $(B)_n$, $(C)_n$, und die vier Copolymere $(AB)_n$, $(AC)_n$, $(BC)_n$, $(ABC)_n$. Das kleine n deutet an, dass hier eine lange Molekülkette vorliegt, sagt aber nichts über das Mischungsverhältnis von A, B und C oder darüber, ob beispielsweise A und B zufällig aufeinanderfolgen oder nach dem regelmäßigen Muster –A–B–A–B–A–B–A–B–A–B–.

Biopolymer: Polymer aus pflanzlichen und tierischen Quellen. Beispiele sind Cellulose (aus Pflanzen), Gelatine (aus Tierknochen und -häuten) und Wolle (Eiweißmoleküle, auch „Polypeptide"). Chemische Derivate von Biopolymeren sind von großer technischer Bedeutung. Beisiele für derartige Derivate sind Methylcellulose (z. B. für Tapetenkleister) und Chitosan (aus dem Panzer von Krustentieren mit nachfolgender chemischer Derivatisierung, Verwendung in der Kosmetik).

INCI-Namen

Auf Kosmetikverpackungen sind Angaben über die Inhaltsstoffe zu finden. Die Reihenfolge der Inhaltsstoffe entspricht ihrem Anteil am Fertigprodukt in absteigender Reihenfolge. Die Namen der Inhaltsstoffe folgen der „International Nomenclature of Cosmetic Ingredients" (INCI). Einige der häufigsten Namen sind hier genannt. Umfassende Listen sind im Internet zu finden (z. B. auf der INCI Home Page, http://eudrams1.is.eudra.org/inci/index.htm).

Dimethicone:	Silikonöl, erfüllt in Hautcremes ähnliche Funktionen wie Paraffinöl, macht die Haut jedoch besonders glatt und klebt nicht
Nitrocellulose:	Reaktionsprodukt aus Cellulose und Salpetersäure, Filmbildner in Nagellack
PEG:	Polyethylenglycol, Verdicker, Feuchthaltemittel, Lösungsmittel; die Zahl hinter PEG gibt Auskunft über das Molekulargewicht des Polymers
Polyquaternium:	kationisches Polymer aus diversen Monomeren, über die jeweils verwendeten Monomere gibt eine Nummer hinter dem INCI-Namen Auskunft, meist als Conditioner in Kosmetika aber auch Wirkstoff in Weichspülern
Acrylates Copolymer:	Acrylat-Copolymer, meist ein Haarfestigerpolymer
Poloxamer:	Copolymer, in dem PEG-Ketten mit Molekülketten von Polypropylenglykol verknüpft sind, Emulgatoren, nichtionische Tenside; die Zahl hinter PEG gibt Auskunft über die genaue Zusammensetzung
Polyacrylic Acid:	Polymer der Acrylsäure, meist vernetzt, Verdicker, Wasserabsorber in Windeln
PVP:	Polyvinylpyrrolidon, das erste synthetische Haarfestigerpolymer, wird in dieser und vielen anderen Anwendungen bis heute verwendet
PVP/VA:	Copolymer auf Basis PVP und Vinylacetat, Haarfestiger

Polycarbonat – von Geschirr zu Gigabytes

Kristin Mädefessel-Herrmann

Polycarbonat haben Sie heute vielleicht schon in den Händen gehalten. Die meisten von uns nutzen diesen Kunststoff jedenfalls regelmäßig – in Form von Compact Disks (CD). Seien es nun Musik-CDs oder CD-ROMs, die überwiegende Zahl der silber- oder goldfarbenen Scheiben ist aus Polycarbonat gefertigt. CDs sind natürlich bei weitem nicht die einzige Anwendung für dieses so vielseitige Material. Aber werfen wir zunächst einen Blick auf dessen Geburtsstunde ...

Wie so oft brauchte es auch für die Erfindung von Polycarbonat einen Forscher, der althergebrachte Vorurteile einfach ignorierte und lieber in seinem Labor eigene Ideen verfolgte. Knapp fünfzig Jahre ist das nun her, und die Experimente des damals 37-jährigen Bayer-Chemikers haben sich gelohnt. Trotz der gängigen Lehrmeinung, dass Kohlensäureester als Basis für stabile Polymere viel zu empfindlich seien, arbeitet Dr. Hermann Schnell konsequent weiter an dieser Stoffklasse. Er findet heraus, dass ein eigentlich schon lange bekanntes Kondensationsprodukt aus Phenol und Aceton mit Phosgen zu einem Polykohlensäureester mit sehr günstigen Eigenschaften umgesetzt werden kann. Der neue Kunststoff ist transparent und thermoplastisch (in der Wärme verformbar) – Eigenschaften, die man eigentlich schon lange gesucht hatte. 1953 erntet Schnell die Früchte seiner Erfindung: Seine Polycarbonate (PC) werden patentiert. Etwa zeitgleich arbeiten auch Forscher bei der General Electric Comp. erfolgreich an der Entwicklung von Polycarbonaten.

Aufstieg zum Massenprodukt

Zunächst gelingt es bei Bayer allerdings nur, aus Polycarbonat hauchdünne Folien mit außergewöhnlich hoher Reißfestigkeit herzustellen. Diese „Makrofol" getauften Folien werden bald von Agfa für die Filmproduktion übernommen. Etwas später klappt es dann, aus Polycarbonaten thermoplastisch gut verarbeitbare Kunststoffe großtechnisch zu produzieren. Das Polycarbonat-Sortiment von Bayer – Handelsname „Makrolon" – feiert seine Geburtsstunde, als die erste kommerzielle Produktionsanlage 1958 in Krefeld-Uerdingen den Betrieb aufnimmt. 180 Tonnen beträgt damals die Monatskapazität. Im Jahr 1960 startet bei der Mobay Corp. (heute Bayer Corp.) die erste Produktion in den USA – Handelsname „Merlon". Im gleichen Jahr beginnt auch General Electric Plastics mit der Produktion von Polycarbonat – Handelsname „Lexan".

Seit der ersten Vorstellung 1959 auf der internationalen Kunststoff- und Kautschuk-Messe „K" hat sich PC zu einem Massenprodukt entwickelt. 1998 wurden etwa 1,2 Millionen Tonnen verbraucht. Für die nächsten Jahre wird ein weiteres Wachstum von mehr zehn Prozent pro Jahr erwartet. Die Polycarbonat-Pioniere Bayer und GE Plastics sind auch heute noch international Marktführer und verfügen über 70 Prozent der Synthese-Kapazitäten. Platz drei belegt mit etwa 10 Prozent Dow Plastics (Produktname „Calibre"). Weitere wichtige Hersteller sind Teijin mit „Panlite", Mitsubishi Engineering mit „Jupilon" und „Novarex", Idemitsu mit „Toughlon", Polycarbonatos do Brasil mit „Durolon" sowie ein Joint Venture von Sam Yang und Mitsubishi mit „Trirex".

Die Chemie dahinter

Polycarbonate können formal als Polyester aus Kohlensäure und Dialkoholen (Kohlenstoffverbindungen mit zwei OH-Gruppen) beschrieben werden. Chemisch zugänglich sind sie durch die Umsetzung von Dialkoholen mit Phosgen oder Kohlensäureestern wie Diphenylcarbonat. Die technisch bedeutsamsten Polycarbonate basieren auf dem Dialkohol Bisphenol A (4,4'-Dihydroxy-diphenyl-dimethylmethan). In der Anfangsphase wurde Makrolon beispielsweise durch die Reaktion von Bisphenol A und Diphenylcarbonat hergestellt (Abb. 1).

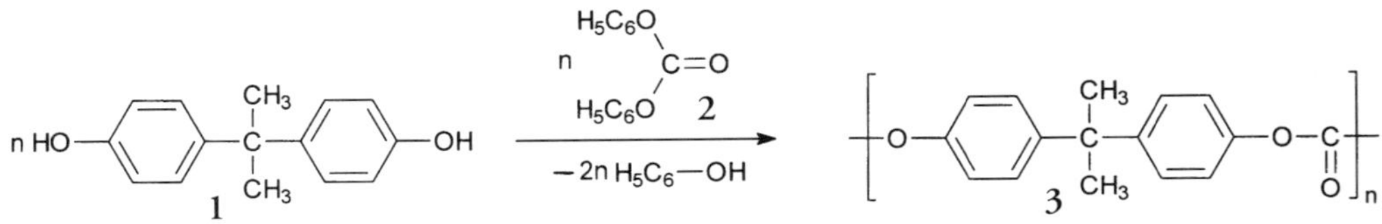

Abb. 1. Bisphenol A **1** und Diphenylcarbonat **2** polymerisieren unter Abspaltung von Phenol zu Polycarbonat **3**.

Bisphenol A kann aus Phenol und Aceton, Diphenylcarbonat kann beispielsweise aus Phenol und Phosgen synthetisiert werden. Unter Wärmeeinwirkung wird Diphenylcarbonat mit Bisphenol A unter Freisetzung von Phenol zu Polycarbonat umgesetzt („Schmelz-Polycarbonat"). Inzwischen bevorzugt man allerdings eine Reaktionsvariante, bei der Bisphenol A in Gegenwart eines Lösungsmittels direkt mit Phosgen umgesetzt wird („Lösungs-Polycarbonat"). Die Kettenlänge des entstehenden Polymers kann durch Zugabe von Kettenreglern gesteuert werden.

Die Stärke von Polycarbonaten gegenüber den „klassischen" Standardkunststoffen wie Polyethylen, Polystyrol oder PVC liegt in der Kombination einer Vielzahl von günstigen Eigenschaften: Teile aus Polycarbonat sind transparent, in einem breiten Temperaturbereich mechanisch fest und formstabil, witterungs- und alterungsbeständig, für viele verschiedene Verarbeitungsverfahren geeignet – und sie sind rezyklierbar. Über die Wahl der Bisphenole und geeignete Zusatzstoffe können die Eigenschaftsprofile der Kunststoffe breit variiert und passgenau zugeschneidert werden.

Lifestyle mit PC

Die fünfziger und sechziger Jahre, Zeit des Wirtschaftswunders, werden auch als das Plastik-Zeitalter angesehen. Kunststoffteile gelten als schick. Und auch Polycarbonate kommen richtig in Mode: Als Essgeschirr sind sie 1963 der Hit auf der Kunststoffmesse. Sie haben auch einiges zu bieten: Sie sind glasklar, beliebig einfärbbar, bruch- und schlagfest, physiologisch unbedenklich, geruchlos, ohne Eigengeschmack und sogar spülmaschinenfest. Heute haftet Kunststoffgeschirr eher ein gewisser Kantinen-Charme an. Dieser Modewandel hat der Verbreitung von Polycarbonaten jedoch keinen Abbruch getan.

PC vor Augen

Polycarbonat hat sich als wichtiger Glasersatz etabliert – kein Wunder, ist es doch genauso transparent, dabei aber sehr bruchsicher und wesentlich leichter. Als Mehrwegflasche, etwa für Milch, kann PC mit diesen Eigenschaften glänzen. In manchen Ländern dienen großvolumige Polycarbonat-Flaschen auch zur Trinkwasserversorgung der Bevölkerung. In der Türkei beispielsweise wurde Wasser früher in offenen Tankwagen verteilt. Aus hygienischen Gründen ist diese Praxis nicht mehr erlaubt, heute wird das Wasser in Flaschen verteilt. Gegenüber konkurrierenden Werkstoffen fiel die Wahl auf Polycarbonat wegen der hohen erreichbaren Umlaufquote und der damit verbundenen Wirtschaftlichkeit.

Bruchfeste Polycarbonat-Gläser haben sicher schon so manches Augenlicht bewahrt – als Schutzbrillen gegen Splitter oder Chemikalien. Auch Korrekturgläser für sehr leichte Brillengestelle beginnen, sich einen Markt zu erobern. In den USA werden bereits 15 Prozent der Brillengläser aus Polycarbonat gefertigt, Tendenz steigend. Einiges mussten die Schutzgläser über sich ergehen lassen, um zu beweisen, dass sie nicht splittern: Die US-Prüfer beschossen sie sogar mit Luftgewehrkugeln und Basebällen.

Aber auch auf andere Weise kann der vielseitige Kunststoff helfen, unsere Gesundheit zu unterstützen. Bestimmte Typen sind für den Einsatz in der Medizin zugelassen. Denn sie sind biokompatibel und so strapazierfähig, dass sie eine Sterilisation mit heißem Dampf, mit Ethylenoxid oder mit Gamma-Strahlen aushalten, was in der Medizintechnik und der Diagnostik notwendig ist. Schlauchverbindungsstücke, Dreiwegehähne und weitere Kleinteile oder Laborartikel aus PC sind dabei preisgünstiger als viele andere Spezialkunststoffe. Weil sie durchsichtig sind, kann zudem der Inhalt visuell überwacht werden.

PC an Bord

Auch beim Auto erobert sich Polycarbonat ein immer breiter werdendes Einsatzfeld. Bereits 10 Prozent des weltweit produzierten Polycarbonat wandern in den Fahrzeugbau. Streuscheiben für Scheinwerfer, die mit handelsüblichen Speziallacken kratzfest beschichtet sind, zieren die Frontpartie nahezu aller neuen Automodelle in Europa. In den USA und in Fernost setzt man bereits seit Ende der achtziger Jahre auf die beschichteten PC-Scheinwerferscheiben.

Besonders zukunftsträchtig scheint eine neue Anwendung: der Ersatz von Glas bei Autoscheiben. Die Vorteile – höhere Bruchsicherheit und Gewichtsersparnis – liegen klar auf der Hand. Eine Polycarbonat -Heckscheibe spart fast zwei Kilogramm, Seitenscheiben sparen etwa noch mal dasselbe Gewicht ein. Daneben sind PC-Verscheibungen sehr frei formbar. Sie bieten daher mehr Spielraum für den Designer und sind besser in die Fahrzeug-Außenhaut integrierbar. Bayer und GE Plastics haben das Joint Venture Exatec gegründet, um ihre Entwicklungen auf dem Gebiet der Autoscheiben aus PC gemeinsam voran zu treiben. Bis 2002 soll eine Pilotproduktion in den USA etabliert sein, die 1,5 Millionen Scheiben jährlich „ausspucken" kann. Die Automobilindustrie hat bereits großes Interesse signalisiert.

Mit PC im Trockenen

Fußballfans müssen dank Polycarbonat nicht im Regen stehen: Die neue Südtribüne des Ulrich-Haberland-Stadions in Leverkusen erhielt 1997 ein gewölbtes Dach (Abb. 2). Etwa 800 Quadratmeter an massiven, zehn bis zwölf Millimeter dicken Polycarbonat-Platten wurden verbaut.

Natürlich werden auch weniger prominente Bauten mit Polycarbonat-Scheiben ausgestattet, beispielweise Wintergärten und Gewächshäuser. Denn Platten aus Polycarbonat sind schlagzäh und bruchsicher, hervorragend temperatur- und wärmeformbeständig. Die klare Transparenz von Massivplatten bleibt durch moderne Beschichtungen lange Zeit gegen Witterungseinflüsse und gegen Verkratzen geschützt. Obwohl leichter als Glasscheiben sind insbesondere Stegplatten aus PC sehr steif. Das geringe Gewicht der Platten erfreut den Architekten durch neue Designmöglichkeiten,

Abb. 2. Bau der Tribünenüberdachung des Leverkusener Ulrich-Haberland-Stadions. Transparente Platten aus Makrolon bieten seit 1997 Schutz vor Regen.

die sonst aus statischen Gründen nicht realisiert werden könnten – gewagte Konstruktionen lassen sich so umsetzen. Die Grenzen, die die Machbarkeit der Phantasie setzt, werden aber noch weiter hinausgeschoben, da auch gewölbte oder gewellte Formen angefertigt werden können. – Kein Wunder, dass inzwischen 20 Prozent des weltweit produzierten Polycarbonats verbaut werden.

PC für den PC

Zum wichtigsten Abnehmer von Polycarbonat hat sich mittlerweile die Elektrotechnik- und Elektronikbranche entwickelt. Dünnwandige Gehäuse für elektrische und elektronische Geräte sind nur ein Anwendungsbeispiel. Rechnet man die digitalen Datenträger mit dazu, verarbeitet die Elektro-Sparte mehr als die Hälfte des gesamten Polycarbonats. CDs und andere moderne Datenträger für Musik, Videos und Computer sind ein entscheidender Zukunfts- und Wachstumsmarkt.

Da der Kunststoffanteil der CDs sortenrein ist, bietet sich das Recycling von Ausschuss, Überbeständen und Remittenden an. Dazu werden die Scheiben gemahlen und die einzelnen Schichten chemisch voneinander gelöst. Das Polycarbonat-Mahlgut ist zwar nicht mehr rein genug für die Produktion neuer Silberlinge, kann aber mit Neuware vermischt beispielsweise zu Gehäusen für Computer und andere Elektrogeräte verarbeitet werden.

PC mit Spaßfaktor

Ursprünglich sollten die Silberlinge nur unsere bis dato heißgeliebten großen schwarzen Vinylscheiben ablösen. Dafür reichten die 650 MB Speichervolumen locker aus. Nur 15 Jahre später stehen wir vor einer neuen Generation optischer Datenträger. Die Digital Versatile Disc (DVD) kann alles auf einmal fassen: Musik, Filme, Spiele und Daten. Daher das „Versatile" im Namen, das vielseitig bedeutet. Die DVD unterscheidet sich auf den ersten Blick nicht von der CD. Aber wie kommt sie dann zu ihren 4,7 Gigabyte Speicherplatz – das entspricht 1,7 Millionen beschriebenen DIN-A4-Seiten oder 135 Minuten Film-Spieldauer?

Das Prinzip der Datenspeicherung ist bei CD und DVD gleich. Die digitalisierten Analog-Informationen werden in Form mikroskopisch kleiner Vertiefungen (so genannten Pits) in einer hochtransparenten Scheibe aus Polycarbonat codiert. Der Wechsel zwischen „hoch" und „tief" steht für die digitale „Eins", dazwischen werden in gleichen Abständen digitale „Nullen" gelesen. Die Datenträger werden nach dem

Spritzprägeverfahren hergestellt. Dabei wird die flüssige Kunststoffschmelze in eine Form eingespritzt. Eine Metallmatrize, die die Pitstruktur exakt abbildet, presst die winzigen Kuhlen in diese Masse.

Beim Abkühlen der 1,2 Millimeter dicken CD-Scheibe bleibt diese digitale Schrift, die sich spiralförmig von innen nach außen windet, dann erhalten. Im Vergleich zur CD sind die „Buchstaben" bei der DVD noch ein Stückchen kleiner geworden und enger zusammengerückt. Außerdem besteht die DVD statt aus einer aus zwei miteinander verklebten 0,6 Millimeter dünnen PC-Scheiben. In einem Vakuum-Beschichtungsverfahren wird dann – egal, ob CD oder DVD – eine etwa 40 Nanometer dünne Aluminiumschicht auf die Platte aufgebracht. Eine weitere Schicht aus einem speziellen Lack schützt diese empfindliche Metallschicht.

Sollen die gespeicherten Informationen abgelesen werden, tastet der Laserstrahl des Abspielgerätes die eingeprägten Tiefen und Höhen von der Plattenunterseite ab. Der Laser durchdringt die durchsichtige PC-Scheibe, wird an der abdeckenden Metallschicht reflektiert und trifft auf eine Fotodiode, die das Signal „hell" registriert. Immer wenn der Übergang in ein oder aus einem Pit angestrahlt wird, wird das Licht gestreut und kann nicht zur Fotodiode gelangen. Die Fotodiode registriert das Signal „dunkel". Die kleineren Dimensionen der DVD erfordern etwas andere optische Systeme als bei der CD: Die Wellenlänge des Lasers wurde von 780 auf 635 Nanometer herabgesetzt. Ein schärfer fokussierter Strahl ist nötig, um die kleineren und dichter gepackten Berge und Täler klar zu unterscheiden und zuverlässig zurück zu übersetzen. Bei einer CD muss der Laser eine relativ dicke Polycarbonatschicht durchdringen, bis er auf die reflektierende Aluminiumschicht trifft. Durch die Zwei-Schicht-Struktur der DVD ist die Entfernung zur Aluschicht hier geringer, so dass eine feinere Fokussierung möglich wird.

Mit einem CD-Brenner kann man CDs auch selber mit Daten beschreiben. Die entsprechenden CD-Rohlinge sind nicht mit Aluminium, sondern mit Silber (früher Gold) beschichtet, das das Laserlicht noch besser reflektiert. Beim Schreibvorgang brennt ein starker Laserstrahl die digitalen Informationen in eine fotoempfindliche grüne oder blaue Farbschicht.

PC mit Musik

Beschreibbare Minidisks, die teilweise unsere althergebrachten Musikkassetten ablösen, arbeiten nach einem anderen Prinzip. Die Scheibe weist Rillen und eine magnetooptische Beschichtung auf. Während der Aufnahme fährt ein Laser über die Rillen und erwärmt einen Punkt nach dem anderen auf der Beschichtung bis knapp über den Curie-Punkt. Das ist die Temperatur, bei der ein magnetisierbares Material seine magnetische Ordnung verliert. Gleichzeitig richtet ein von einem Magnetkopf erzeugtes Magnetfeld auf der anderen Seite der Scheibe die magnetischen Dipole innerhalb des erwärmten Punktes aus. Beim anschließenden Abkühlen wird das Magnetfeld „eingefroren". Die Ausrichtung „nord" oder „süd" codiert hierbei für 0 und 1. Während der Wiedergabe läuft der Laser abermals über die Rillen, jedoch mit verminderter Energie. Die Daten werden abgelesen, indem Veränderungen in der Polarisierung des Laserlichtes – hervorgerufen durch dessen Wechselwirkung mit den magnetisierten Bereichen – gemessen werden.

Gigamania

Wie man sich gut am Beispiel der elektronischen Datenträger vergegenwärtigen kann, ersetzen Polymere heute nicht mehr – wie bisher – hauptsächlich andere Werkstoffe, sondern sie werden zunehmend für existierende oder sogar geplante Anwendungen maßgeschneidert. Produktweiterentwicklungen sind nur möglich, wenn parallel an den Eigenschaften des eingesetzten Werkstoffes gedreht wird. Die Zykluszeiten für die Herstellung einer CD lagen anfänglich bei über 20 Sekunden, inzwischen konnten sie unter 3,5 Sekunden gedrückt werden. Gleichzeitig stiegen die Anforderungen an die Reinheit des Materials – nicht nur, weil man die Ausschussrate weiter minimieren wollte, sondern natürlich auch weil neue Datenträgergenerationen mit höherer Speicherkapazität wesentlich anfälliger für kleinste Fehler werden. Polycarbonat konnte bisher mit den gestellten Anforderungen mithalten. Und so steht den Polycarbonatscheiben auf dem Gebiet der optischen Datenspeicherung noch eine interessante Zukunft bevor.

Der nächste Entwicklungsschritt sieht zunächst die Nutzung der zweiten Plattenhälfte der DVDs (Dual-Layer) vor. So will man bis zu 8,5 Gigabyte Speichervermögen (ca. drei Millionen Schreibmaschinenseiten oder über vier Stunden Video) erzielen. Die Silberscheibe muss dabei nicht einmal umgedreht werden, da der Laserstrahl sich selbsttätig fokussiert und seine Brennweite ändert. So kann das Licht den Halbreflektor durchdringen und die zweite Informationsebene von außen nach innen ablesen – innerhalb weniger Millisekunden. Aber auch damit ist das Ende noch nicht erreicht. In der Entwicklung sind Datenträger mit mehreren Speicherschichten – bis zu einer Kapazität von 17 Gigabyte.

Selbst damit ist das Potenzial der Polycarbonatscheiben noch lange nicht ausgereizt. Mit fotoadressierbaren Polymeren beschichtet sollen sie in einigen Jahren 30 Gigabyte Speicherplatz offerieren. Ein polarisierter Laserstrahl richtet beim Speichervorgang die ungeordneten Seitenketten eines Spezialpolymers dauerhaft aus (Abb. 3), mit einem schwächeren Laserstrahl kann diese Information später wieder abgetastet werden. Über

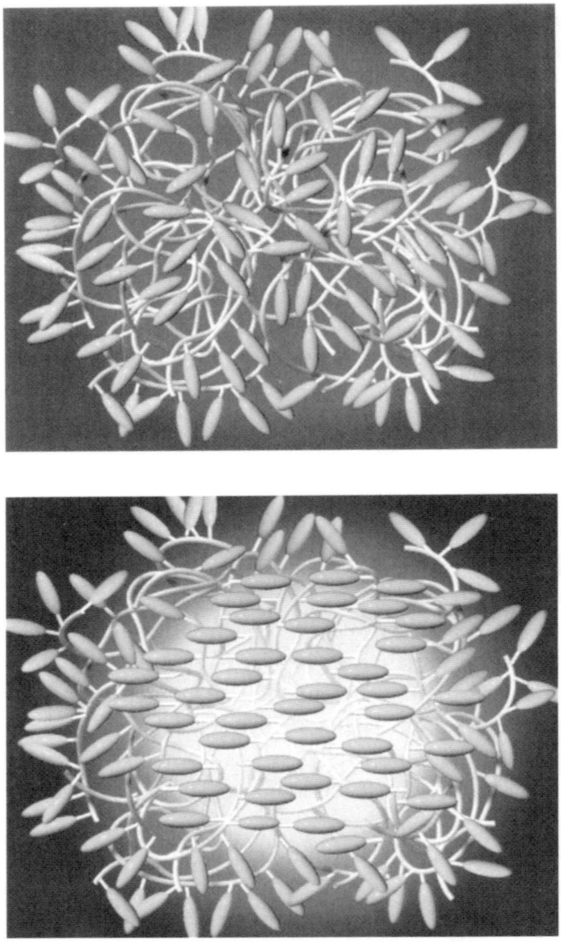

Abb. 3. Die Seitenketten eines photoadressierbaren Polymers sind zunächst ungeordnet (oben). Mit polarisiertem Laserlicht werden sie in der bestrahlten Region dauerhaft ausgerichtet (unten).

die Intensität des Lichtstrahls können dabei gezielt unterschiedliche Ordnungsgrade der Seitenketten erreicht werden.

Aber die Forscher denken noch weiter: Bis zu 1000 Gigabyte Speicherplatz soll die so genannte Holo-CD bieten, die auf einem holografischen Prinzip basieren wird. Informationen sollen als zweidimensionale Datenseiten aus winzigen hellen und dunklen Feldern gespeichert werden. Allerdings hinkt der Vergleich zu einem holografischen

Bild, das in Abhängigkeit vom Blickwinkel verschiedene Perspektiven des abgebildeten Objektes zeigt, ein wenig: Bei der Holo-CD wird mit jeder Winkeländerung des eingestrahlten Lichtes eine ganz neue Datenseite angelegt. Auf diese Weise soll die aus unserer heutigen Sicht gigantisch erscheinende Speicherkapazität erreicht werden.

Haftklebstoffe – die unterschätzten Helfer im Alltag

Ralf Fink

Stellen Sie sich vor, Sie stehen früh morgens unter der Dusche. Ihre noch leicht verquollenen Augen haben sich noch nicht an das allzu grelle Licht der Badezimmerleuchte gewöhnt. Sie tasten nach dem Handtuch. Doch anstelle des Handtuchs am Haken an der Wand ist dort nur ein kleiner, klebriger Fleck, während das Handtuch auf dem Boden liegt. Sie haben diese oder ähnliche Situationen sicher schon einmal erlebt und sich über das Versagen eines sogenannten Haftklebstoffs geärgert. Das muss nicht sein!

Vom Harz zum Haftklebstoff

Unter Haftklebstoffen versteht man dauerklebrige Verbindungen – oder wissenschaftlicher ausgedrückt – polymere Verbindungen. Die wohl bekannteste Anwendung dieser Klebstoffe sind die Tesafilme, die den Traum eines jeden Werbestrategen erfüllt haben: Kein Mensch spricht von Klebefilmen, denn der Markenname Tesa(film) hat sich als Oberbegriff eingebürgert. Heute gibt es viele ähnliche Produkte und zwar „Spezialisten" für jeden Zweck. Ein Beispiel sind selbstklebende Etiketten, die entweder permanent verkleben (Preisschilder), oder aber rückstandsfrei wiederabziehbar sein sollen wie auf Glas- und Porzellanartikeln. Dass das manchmal nicht klappt, liegt nicht unbedingt am Klebstoff. In solchen Fällen wurde schlicht und einfach der falsche „Spezialist" zum Einsatz gebracht. Neben den Etiketten sind Klebebänder ein weiteres wichtiges Produktsegment. Dazu zählen die braunen Verpackungsklebebänder oder auch die Schutzfolien, die jeder Häuslebauer zunächst auf seinen neuen Fensterscheiben vorfindet.

Die Entwicklung von den ersten selbstklebenden Materialien (einfachen Baumharzen) bis zu den heutigen ausgemachten „Spezialisten" für viele unterschiedliche Anforderungen war und ist auch heute noch rasant. Die ersten permanent klebrigen Substanzen kamen gegen Ende des 19. Jahrhunderts zum Einsatz und sind aus heutiger Sicht fürchterlich stinkende Mischungen aus Kautschuk, Terpentin, Fichtenharz, Bleioxid und Cayenne-Pfeffer. Bis in die zwanziger Jahre hinein waren ausgerechnet medizinische Pflaster für die Wundversorgung die Hauptanwendung für solche abenteuerlich anmutenden Gemische! In Deutschland experimentierte der Hamburger Apotheker P. Beiersdorf als erster mit derartigen Kautschuken und Harzen und stellte recht bald ebenfalls Wundpflaster daraus her. Beiersdorf warb in dieser Zeit für „Cito", das „Sport-Heftpflaster für Radfahrer, Reiter und Touristen", aus dem das heutige „Hansaplast" entstand. Bis Anfang der siebziger Jahre erhöhte sich zwar die Anzahl an Haftklebstoffprodukten für die unterschiedlichsten Anwendungsgebiete deutlich, allerdings dominierten immer noch die natürlich gewonnenen Kautschuke und Harze, gelöst in organischen Lösungsmitteln wie Toluol, Xylol oder Aceton, als Klebstoffkomponente. Das waren allerdings keine „idealen Klebstoffe", denn durch Lösungsmittelanteile von bis zu 70 Prozent wird die Verarbeitung ohne aufwendige und damit teure Abluft- und Lösungsmittel-Auffanganlagen zu einer großen Belastung für Mensch und Umwelt. Im Rahmen der langsam einsetzenden Umweltdiskussion in diesen Jahren begann man umzudenken und nach umweltverträglicheren Alternativen intensiv zu suchen.

Synthetische Haftklebstoffe

Mit dem Siegeszug der Kunststoffe kamen auch zwei neue, synthetische Haftklebstoffklassen auf den Markt: die Schmelzhaftklebstoffe und die wässrigen Dispersionen. Der große Vorteil von Schmelzhaftklebstoffen auf Basis der chemischen Bausteine Styrol und Isopren (SIS-Hotmelts) ist, dass man bei ihrer Herstellung vollständig auf ein Lösungsmittel verzichten kann. Ähnlich umweltfreundlich werden Dispersionen produziert, denn hier wird Wasser als Lösungsmittel verwendet. Die auch heute noch für

Klebebänder eingesetzten SIS-Systeme können gegenüber den Lösungspolymeren, aber auch den Dispersionen, enorm schnell beschichten, da kein Lösungsmittel und kein Wasser verdampft werden muss. Leider haben auch diese Polymere Nachteile: Sie müssen bei Temperaturen von mehr als 180 °C verarbeitet werden – damit lassen sich temperaturempfindliche Materialien kaum direkt beschichten. Auch altern sie schnell unter Licht- und Lufteinfluss, d. h. sie vergilben stark, verspröden und versagen letztendlich. Deshalb färbt man Verpackungsklebebänder braun ein. Dies bietet einen UV-Schutz, aber verbirgt auch den unansehnlich werdenden Klebstoff vor dem Kunden.

Die heute marktdominierenden Haftklebstoffdispersionen auf Basis von Acrylaten wurden schon in den sechziger Jahren entwickelt. Sie galten jedoch zunächst als Außenseiter und mussten – wie jede neue Idee – gegen „Lehrmeinungen" ankämpfen. Zwar war bekannt, dass Dispersionen umweltfreundlich und Acrylate sehr alterungsbeständig sind. Man glaubte aber, dass Dispersionen mit ihrem typischen Wassergehalt von ca. 50 Prozent zum einen bestenfalls so schnell verarbeitet werden können wie Lösungspolymere und zum anderen auf unpolaren (silikonisierten) Folien keine homogene Beschichtung ergeben. Die ständige Verbesserung der Produkteigenschaften und vor allem der gleichzeitige Fortschritt in der Beschichtungstechnik ermöglichte den Durchbruch der Dispersionen. Bald war nicht mehr die Beschichtung von 60 Meter pro Minute der Standard, nein, 80, 150, 300 und heute mehr als 600 Meter pro Minute werden erreicht. Dadurch konnte man Dispersionen als Klebstoff erstmals bei einem Massenartikel – bei Papieretiketten – einsetzen. Bis dato war dies dem Kautschuk vorbehalten. Wie so oft bei technischen Neuentwicklungen zeigten sich im Laufe der Entwicklung noch ganz andere, unerwartete Vorteile. Alte Beschichtungsanlagen musste man nicht verschrotten; sie ließen sich so umbauen, dass sie auch wässrige Dispersionen verarbeiten konnten, sogar mit weit weniger Aufwand als befürchtet.

Trotz dieser Vorteile und des hieraus resultierenden Markterfolges sind es doch immer wieder die Nachteile, die die ständige Suche nach Verbesserungen und Optimierungen beflügeln. So macht etwa das „funktionslose" Wasser, das zu einem hohen Transportvolumen und Gewicht führt und auch die Beschichtungsgeschwindigkeit begrenzt, hochkonzentrierte Dispersionen mit Feststoffgehalten von 70 Prozent besonders attraktiv. Nun kann man aber bei der Herstellung dieser Klebstoffe Wasser nicht einfach weglassen. Betrachtet man eine wässrige Dispersion bei starker Vergrößerung, so zeigt sich ein für den Naturwissenschaftler herrliches Bild von großer Harmonie: Man erkennt kugelrunde, gleichgroße Dispersionskügelchen, die – wenn man ihnen mehr und mehr das sie umgebende Wasser entzieht, also die Dispersion immer höher konzentriert – sich in der Dispersion immer näher kommen. Dadurch erhöht sich die Viskosität solcher Dispersionen mit Feststoffgehalten über 50 Prozent stark, wodurch sie nicht mehr genauso schnell verarbeitet werden können. Um nun hochkonzentrierte Dispersionen mit niedriger Viskosität herzustellen, mussten sich die

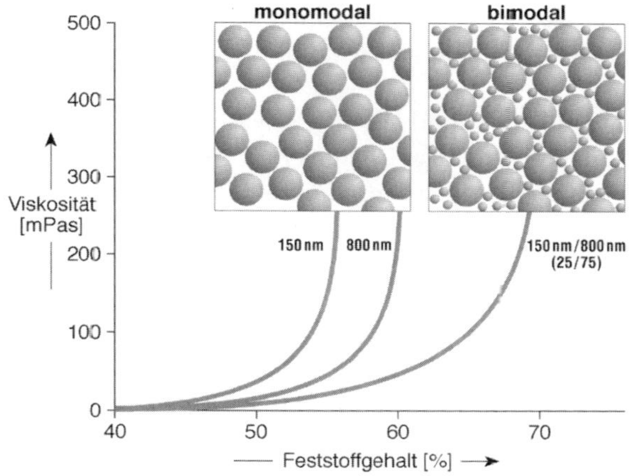

Abb. 1. Die Viskosität einer Dispersion ist eine Funktion der Teilchengrößenverteilung.

Forscher einen Trick einfallen lassen: Sie erzeugten nicht nur einheitlich große, sondern gezielt kleine und große Teilchen. Die kleinen Kugeln belegen die freien Plätze zwischen den großen, wodurch die Viskosität bei erhöhtem Feststoffgehalt nicht stark ansteigt (Abb. 1).

Ein weiterer Nachteil der Dispersionen ist das sogenannte „Weißanlaufen" der so hergestellten Filme, wenn sie längere Zeit feucht gelagert werden. Das liegt an den eingesetzten Emulgatoren und anderen wasserliebenden (hydrophilen) Substanzen. Solche sich eintrübenden Filme sind bei Papieretiketten unwichtig, da man dort durch das Papier nicht erkennen kann, ob der Film klar oder trüb ist. Hingegen bei transparenten Folien für teure Hautcremes mit sogenannter „Non-label"-Optik – also einem Etikett, das man als solches nicht wahrnimmt – ist das natürlich nicht akzeptabel.

Die nächste Generation

Wie sieht nun ein für den Anwender idealer Haftklebstoff aus? Natürlich muss er mindestens so gut haften wie ein herkömmlicher Lösungs- oder Dispersionshaftklebstoff. Er sollte aber kein Lösungsmittel und kein Wasser enthalten, also ein 100-Prozent-System sein, um höchste Beschichtungsgeschwindigkeiten zu gewährleisten. Er sollte aber auch nicht an Licht und Luft vergilben sowie bei moderaten Temperaturen verarbeitbar sein, so dass auch temperaturempfindliche Folien direkt beschichtet werden können. Außerdem muss er für Mensch und Umwelt verträglich sein – am besten so verträglich, dass er selbst im direkten Kontakt mit Lebensmitteln eingesetzt werden kann. „Das kann es nicht geben!", war bis vor kurzem die bekannte Lehrmeinung.

Eine neue Generation der Haftklebstoffe zeigt diese extrem anmutende Kombination von Eigenschaften. Ein findiger Chemiker der BASF war es, der Ende der achtziger Jahre einen Geistesblitz hatte: Er kombinierte die bisher unterschiedlichen Denkrichtungen miteinander. Die Idee war zum einen, die hohe Alterungsstabilität der in Dispersionen eingesetzten Acrylate mit der Lösungsmittelfreiheit der „Standard"-Hotmelts zu verbinden (Abb. 2). Dass dies allein nicht die Lösung ist, war allen klar, denn eine lösungsmittelfreie Polyacrylatmasse ist schon bei sehr geringen Molekulargewichten so zäh, dass sie auch bei hoher Temperatur nur schwer zu verarbeiten ist. Hohe Molekulargewichte sind jedoch für gute Klebeeigenschaften unabdingbar. Zu dieser Zeit beschäftigten sich Forscher auch mit „strahlungshärtenden Systemen", beispielsweise bei Lacken. Hier wurden UV-aktive Verbindungen, sogenannte Fotoinitiatoren, die eine Polymerisation durch UV-Licht initiieren können, in Polymerharze eingemischt, auf eine Oberfläche aufgetragen und mit UV-Licht auspolymerisiert (Abb. 3). Leider neigen diese Fotoinitiatoren dazu, aus dem Polymer „auszuschwitzen". Dadurch kann man ein solches Haftklebstoffpolymer nicht auf der Haut oder bei Lebensmittelkontakt einsetzen. Der entscheidende Schritt war, einen copolymerisierbaren Fotoinitiator zu verwenden, der damit chemisch an die Polymerhauptkette fest angebunden ist und somit nicht aus dem Polymer herauswandern kann.

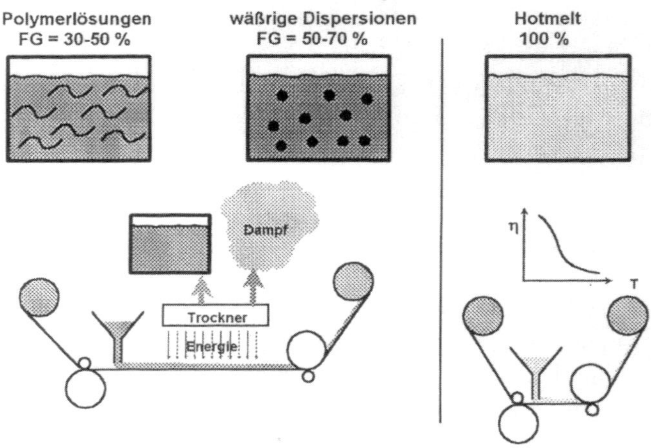

Abb. 2. Haftklebstoffapplikation (η = Viskosität der Schmelze).

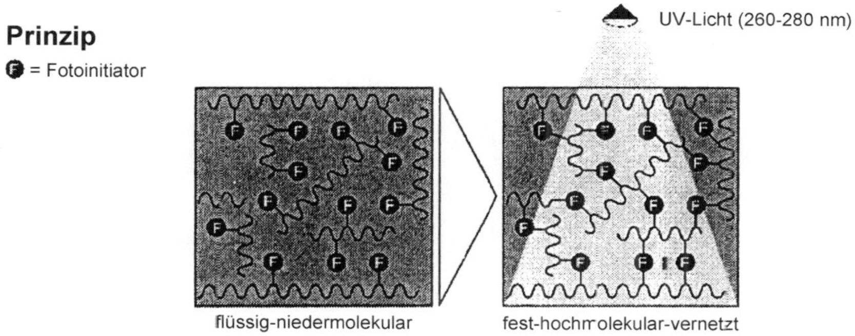

Abb. 3. Strukturprinzip von Klebstoffen, die mit Hilfe von Fotoinitiatoren hergestellt werden.

Hierdurch wird man geradezu in idealer Weise dem Anspruch eines umweltfreundlichen Klebstoffs gerecht, der selbst den strengen gesetzlichen Bestimmungen für den direkten Kontakt mit Lebensmitteln genügt. Mehr noch, über die eingestrahlte „Dosis" an UV-Licht kann der Klebstoffverarbeiter selbst das Molekulargewicht seines Klebstoffs bestimmen und somit in gewissem Maße auch die Eigenschaften für eine bestimmte Anwendung optimieren. Und mit einem „eingebauten" Fotoinitiator erreicht man erheblich höhere Vernetzungsausbeuten bei gleicher UV-Dosis als wenn man lediglich eingemischte Fotoinitiatoren verwendet.

Auch ein „idealer" Klebstoff hat Schwächen: Ein Klebstoffverarbeiter, der bisher Standard-Hotmelts verarbeitet hat, muss seine Beschichtungsanlage mit UV-Lampen ausrüsten, um solche Produkte zu verarbeiten. Er kann nun aber bei deutlich niedrigeren Temperaturen (120–140 °C) temperaturempfindliche Oberflächen direkt beschichten. Eine Anlage, auf der Dispersionen verarbeitet werden, ist jedoch nicht für die Verwendung von Schmelzhaftklebstoffen umzurüsten. Für Verarbeiter, die in diese neue Technologie investieren möchten, kommt nur eine neue Anlage in Frage. Und natürlich bieten heute auch andere Firmen – nicht nur die BASF – Klebstoffe mit „strahlenhärtbaren Systemen" an, die zum Teil auf anderen Synthesebausteinen basieren.

Dass Klebstoffe, insbesondere Haftklebstoffe, wichtige Produkte sind, belegen – neben Tesa, Scotch und Konsorten – die „Zahlen": 1998 wurden – nur in Europa – ca. 173 000 Tonnen Klebrohstoffe produziert, Tendenz weiterhin stark steigend. Hiervon werden ca. 79 000 Tonnen auf Basis wässriger Dispersionen und – aus heutiger Sicht überraschend – immer noch ca. 59 000 Tonnen als lösungsmittelhaltige Klebstoffe verarbeitet. Danach folgen die Standard-Hotmelt-Systeme mit ca. 35 000 Tonnen. In diesem Gesamtkonzert spielen zur Zeit die UV-vernetzenden Klebstoffe noch keine Rolle. Die vielen Vorteile, die sie bieten, werden dieses Bild in den nächsten Jahren nachhaltig wandeln. Ob es in der nächsten Generation Haftklebstoffe geben wird, die die bisherigen Spezialisten durch Alleskönner ersetzen, bleibt die spannende Frage. Mit Alleskönnern hinge Ihr Handtuch auf jeden Fall immer am richtigen Fleck …

Der Nobelpreis aus dem Einmachglas

Stefan Albus

Dies ist eine Geschichte über den Zufall und darüber, wie er einem Forscher helfen kann, wenn er ihn denn ins Labor lässt – und zu deuten versteht. Die Geschichte hat zu tun mit einem besonders neugierigen Wissenschaftler namens Karl Ziegler und mit einem zu sorgfältig geputzten Reaktor. Sie spielt in einem malerisch gelegenen Forschungsinstitut in Mülheim an der Ruhr, dem Max-Planck-Institut für Kohlenforschung. Dessen Gebäude liegen auf einem kleinen Hügel im westlichen Ruhrgebiet, der von den Mülheimern liebevoll „Institutsberg" genannt wird. Wer sich vom Mülheimer Bahnhof aus auf den Weg dorthin macht, durchquert zunächst ein paar Gässchen im Stadtinnern und passiert dann einen kleinen Park, über dessen Baumwipfeln nach einiger Zeit das Laborhochhaus des Instituts aufragt, das sich die Mülheimer Forscher unter anderem aus Patenteinnahmen gebaut haben – denn diese Geschichte hat auch zu tun mit dem Kunststoff Polyethylen (abgekürzt PE) und seinem engen chemischen Verwandten Polypropylen (PP) und dem Markt, den sich diese Materialien in den letzten Jahrzehnten erobert haben.

Jeder dürfte diese Kunststoffe schon mal nach Hause getragen haben: Rund jedes zweite Plastikprodukt, das im Jahr 2000 die Lagerhallen verlässt, wird aus Polyethylen oder Polypropylen sein; im Jahr 2003 werden voraussichtlich etwa 50 Millionen Tonnen Polyethylen in Form von Flaschen, Kanistern, Eimern, Blumenkästen und Folien in den Geschäften landen. In diesem Jahr werden die Chemiefirmen der Welt auch rund 30 Millionen Tonnen Polypropylen herstellen. Dieser Kunststoff tut heute in Gehäusen, beispielsweise für Haushaltsgeräte, in Folien und Fasern Dienst, aber auch in exotischeren Anwendungen, etwa als Schaumstoff im Innern von Autostoßfängern, wo er im Falle eines Aufpralls Energie absorbiert. Der Polypropylen-Markt wächst sehr dynamisch: Dabei galt dieses Material noch vor Jahrzehnten als völlig „out", weil plötzlich Spezialkunststoffe auf dem Markt erschienen, die das Polyolefin-Geschwisterpaar in vielen Aspekten in den Schatten stellen konnten, indem sie zum Beispiel stabiler waren oder Hitze besser vertrugen. Allerdings hatten die Marktexperten hier offenbar im falschen Kaffeesatz gelesen: PP und PE gehen derzeit ihrem zweiten Frühling entgegen; davon später mehr.

Was heute kaum jemand weiß: Polypropylen und Polyethylen stammen nicht aus den High-Tech-Labors irgendeines amerikanischen Chemiemultis, sie erblickten das Neonlicht der Welt nicht in einem chromglänzenden Hochsicherheitstrakt, sondern in einem kleinen Labor in eben jenem Max-Planck-Institut für Kohlenforschung im beschaulichen Mülheim an der Ruhr – zumindest in der Form, in der wir sie heute kennen. Als ihren Vater sieht man heute den Chemiker Karl Ziegler an – und zu dem Zeitpunkt, an dem wir die Geschichte beginnen, wäre sie fast schon zu Ende gewesen, denn als dieser Karl Ziegler in den vierziger Jahren an die „Kohlenforschung" berufen wurde, mochte er zunächst gar nicht auf den Institutsberg. Warum auch: Dieser Mann hatte sich bereits an den Universitäten Heidelberg und Halle einen guten Namen gemacht und nicht die geringste Lust, sich seine Forschungsinteressen diktieren zu lassen – und sich den Rest seines Lebens den Kopf ausgerechnet über Kohle zu zerbrechen. Ziegler war eine Art „chemisches Wunderkind", ein Mozart der Naturwissenschaften: Als er zehn Jahre alt war, fiel ihm ein Physiklehrbuch in die Hände, das er „pausenlos verschlang". Als Jugendlicher, in dem Alter, in dem andere noch – à la „Feuerzangenbowle" – ihre Chemielehrer foppten, begann er eigene Experimente zu machen. Als er im Jahr 1916 sein Chemiestudium in Marburg antrat, erklärte er seinen staunenden Professoren, dass er den Stoff der ersten beiden Semester schon komplett drauf hatte. Auch danach machte er Nägel mit Köpfen und zog sein Studium so schnell durch, dass manchem Bildungspolitiker heute die Tränen kommen würden: Nach nur dreieinhalb Jahren war er fertig, inklusive Promotion, die er vier Monate vor seinem zweiundzwanzigsten Geburtstag abschloss.

Allerdings – und trotz all der Paukerei: Irgendwann muss Ziegler auch Pokern gelernt haben. Als man ihn an die Ruhr rief, verhandelte er zäh, und bald erlaubte man ihm, alles zu bearbeiten, wozu er Lust hätte, wenn er nur endlich nach Mülheim ginge – solche Traumjobs dürften auch heute noch selten sein.

Die Dinge, zu denen Ziegler Lust hatte, das waren zu der Zeit bestimmte Substanzen, die vielen Zeitgenossen – um es vorsichtig auszudrücken – als ein wenig eigenwillig galten: Chemische Verbindungen aus organischen Molekülen und Metallen, sogenannte „metallorganische Verbindungen". Sie waren damals in eingeweihten Kreisen zwar schwer in Mode, galten aber als völlig nutzlos. Ziegler sah das übrigens selbst so: „Dreißig Jahre hätte ich jeden ausgelacht, der mir prophezeit hätte, im vierten Jahrzehnt würde das, was ich trieb, wichtige technische Konsequenzen haben." Chemie zum Schieflachen? Wir werden sehen.

Das Labor, in dem Ziegler damals seine Mülheimer Arbeiten begann (Abb. 1), wird heute noch benutzt: Hohe Decken, hohe Fenster, durch die man ins Grüne blicken kann. Die Tische und Wandschränke, die man über eine kleine Treppe erreicht, die Abzüge mit ihren Sicherheitsglasfenstern, hinter denen die Chemiker ihre Versuche machen, bestehen aus Holz, das mit der Zeit dunkel geworden ist. In dem Labor schwenken heute junge Doktoranden und Laboranten Glaskolben und halten sie gegen

Abb. 1. Karl Ziegler in seinem Mühlheimer Laboratorium.

das Licht, um ihren Inhalt zu prüfen. Der Professor, dessen Team die Räume heute bevölkert, bietet Gästen zuweilen den ehemaligen Schreibtischsessel Zieglers als Platz an: ein mit dunklen Lederpolstern beschlagener Lehnstuhl, ein eher spartanisches Möbel.

Aber wie kam es nun zum Polyethylen? Durch welche Pforten trat der Zufall in Zieglers chemischen Hobbyraum? Wenn Sie erlauben, dass ich etwas aushole, fange ich ein wenig früher an, damit wir alles genau verfolgen können. Also: Nach Ende des Zweiten Weltkriegs vibrierte in der chemischen Fachwelt die Luft: Die Professoren erzählten einander von einer eigenartigen Verbindung namens ‚Butyllithium'. Diese Substanz ähnelt Butan – eine gasförmige organischen Verbindung, die für Campingkocher genutzt wird –, allerdings sitzt an einem Ende dieses Moleküls ein Lithiumatom an Stelle eines Wasserstoffs. Lithium ist ein Metall, Butyllithium mithin eine „metallorganische" Verbindung. Eine Art „chemischer Cyborg" – also genau die richtige Zierde für Zieglers Raritätenkabinett. Das geheimnisvolle Butyllithium war allerdings vertrackt zu reinigen. Wenn man versuchte, es zu destillieren, also zu erhitzen und den aufsteigenden Dampf wieder zu verflüssigen, zerfielen die Butyllithium-Moleküle sogar unter den Händen der geschicktesten Mitarbeiter. Immerhin – in den Bruchstücken erkannten die Chemiker damals zwei interessante Substanzen: Lithiumhydrid, eine Verbindung aus Lithium und Wasserstoff, und Buten, also praktisch Butan, dem zwei Wasserstoffatome fehlen (für Leser mit Chemie-Führerschein: Buten enthält eine Doppelbindung).

Manchmal gelingt in der Chemie, was im Leben nicht ganz so einfach ist: Zum Beispiel Reaktionen wie die, die das Butyllithium beim Destillieren zerbrechen lässt, umzukehren, indem man die Bruchstücke wieder mischt und unter Druck setzt – so als könne man die Scherben einer Kaffeetasse in eine Dose packen und müsse nur schütteln, bis wieder eine Tasse entsteht. Die Natur folgt im Kleinen eben anderen Regeln. Ziegler dachte sich: Wenn man das Lithiumhydrid nimmt und mit anderen Substanzen mischt, die ähnlich sind wie das Bruchstück Buten, entstehen daraus vielleicht neue Verbindungen aus Lithium und organischen Molekülen – Verwandte des Butyllithiums, die man noch nicht kennt. Eine gute Idee! Aber sie füllte Zieglers metallorganischen Setzkasten nicht: Wie Zieglers Mitarbeiter die Sache auch drehten und wendeten, es wollte nicht hinhauen. Als letzten Versuch startete Zieglers Team eine Reaktion mit einer neuen Substanz, von der die Mülheimer kürzlich – das war im Jahr 1947 – aus Amerika gehört hatten: „Lithium-Aluminium-Hydrid", eine Verbindung, die – wenn man den Namen vorsichtig liest, ahnt man es – Lithiumhydrid enthielt. Zwar war da auch Aluminium drin, aber immerhin, das würde mit etwas Glück nicht stören. Zieglers Kollegen krempelten die Ärmel hoch, füllten einen Druckreaktor mit dieser Substanz, pressten das Gas Ethylen – den einfachsten Verwandten des Butens – hinein und warteten ab. Und genau hier schlug der Zufall das erste Mal zu.

Als die Forscher ihren Druckreaktor öffneten, muss ein Raunen durch Zieglers Labor gegangen sein: Das Ethylengas war weg, stattdessen blickten die Forscher auf eine ölige Flüssigkeit. Kein Zweifel: Irgendetwas war mit dem Ethylen passiert. Ob Schaumwein geflossen ist, ist nicht bekannt – das wäre auch etwas voreilig gewesen. Denn bei dem Öl handelte es sich, wie die Forscher bald enttäuscht feststellen mussten, nicht um die ersehnten neuen Lithiumverbindungen, sondern um Moleküle, die durch Aneinanderreihen von Ethylenmolekülen entstanden waren. Als Ziegler seine Doktoranden ins Labor schickte, um die Reaktion genauer unter die Lupe zu nehmen, kam obendrein heraus, dass nicht mal das Lithiumhydrid für das Geschehen im Kolben verantwortlich gewesen war. Das ließ nur einen Schluss zu: Offenbar hatte das Aluminium im Reaktor die Regie geführt.

Das war der erste Schritt. Wer genau aufgepasst hat, dem wird vielleicht nicht entgangen sein, dass Ziegler beim Blick in den Reaktor praktisch dem Großvater des Plastiktütenkunststoffs Polyethylen ins Antlitz geblickt hatte – denn Polyethylen ist eigentlich nichts anderes als eine Kette aus nahezu endlos aneinandergereihten Ethylenbausteinen. Diesmal waren die Ketten aber noch viel zu kurz, um einen ordentlichen Kunststoff abzugeben. Trotzdem: „Dranbleiben!" möchte man Ziegler zurufen …

Ziegler blieb dran. Zufall Nummer zwei: Lithiumaluminiumhydrid war damals ein recht kostbares Material. Also versuchte Zieglers Crew, diesen Stoff durch eine Reihe ähnlicher Verbindungen zu ersetzen. Auf der Liste stand auch eine Substanz namens „Triethyl-Aluminium", ein ziemlich unangenehmer Stoff, eine Flüssigkeit, die man besser nur hinter dickem Glas aufhebt: Triethylaluminium explodiert, wenn es mit Wasser in Berührung kommt, brennt an Luft und entwickelt dabei einen dicken Rauch, der in schwarzgrauen Flocken zu Boden rieselt. Kein Wunder, dass diese chemische Schimäre bis dahin auf einem sicheren, aber ruhigen Plätzchen im chemischen Kuriositätenkabinett Staub ansetzte. Dennoch war sie – vorsichtig eingesetzt – der Stein der Weisen: Denn damit ging die Reaktion auch, sogar besser! Triethylaluminium „brannte" förmlich darauf, Ethylen zu kurzen Ketten zusammenzusetzen. Das war nun wirklich ein Grund zu feiern: Die neue Reaktion bekam einen Namen, man taufte sie „Aufbaureaktion", und bald füllte Ziegler die Tafeln des Instituts mit der neuen Reaktionsgleichung: Triethylaluminium plus Ethylen gibt Ethylenketten, die allerdings erst einmal am Aluminium verankert blieben. Es war aber kein Problem, sie später abzulösen.

Das Kratzen der Kreide lockte andere Chemiker auf den Institutsberg. Waschmittelproduzenten entdeckten zum Beispiel, dass sie aus den kurzen Ethylenketten, mit denen sich die Aluminiumatome umgaben, biologisch abbaubare Waschmittel herstellen konnten. Andere Industrieabgesandte spielten ein wenig mit der neuen Reaktion und entdeckten bald, dass man damit auch Isopren herstellen kann, wenn man das Triethylaluminium mit dem Gas Propylen statt mit Ethylen füttert. Das dürfte vor allem die Automobilisten erfreut haben: Die Reifenindustrie schrie förmlich nach Isopren. Jedes Jahr landeten rund 100 000 Tonnen dieser Substanz in der Pneuproduktion.

Aber vergessen wir diese Nebeneffekte. Ziegler und sein Team haben jetzt schon ein gutes Stück des Weges zu Plastiktüte, Computer- und Kaffeemaschinengehäuse zurückgelegt – wenn sie davon auch noch nichts geahnt haben dürften: Die kurzen Molekülketten, die die Mülheimer mit ihrem Triethylaluminium knüpfen konnten, waren immer noch nicht lang genug, um sich zu Kunststoffen zu verwirren. Folgen wir Ziegler & Co also auch auf ihrer letzten Etappe, zu Zufall Numero Drei.

Eines Tages gab es dicke Luft in Mülheim: Die Aufbaureaktionen waren inzwischen längst Routine geworden. Dennoch ging plötzlich eine davon schief. Als ein junger Mülheimer Chemiker mit Namen Erhard Holzkamp zum X-ten Male seinen Reaktor öffnete, pfiff ihm lediglich ein Gas entgegen, das nur aus zwei Ethylenbausteinen bestand: Keine Spur von den inzwischen gewohnten flüssigen Ethylenketten. Der vermeintlich Schuldige war schnell gefunden: Ein junger Mitarbeiter Zieglers gab zu, das verwendete Triethylaluminium – ohne Erlaubnis (!) – nach einem neuen Rezept gebraut zu haben. Ziegler zog ihm – gewissermaßen und natürlich nur verbal – die Ohren lang. Wie sich später herausstellte, war der Meister mit seinem Ärger hier allerdings ein wenig voreilig: Als Ziegler und seine Kollegen versuchten, dem Versagen des „neuen" Triethylaluminiums auf den Grund zu gehen, fanden sie eine ganz andere Ursache: Die handgemachte Verbindung war völlig okay, die Lösung des Problems war dagegen ein mit zuviel gutem Willen gereinigter Reaktor: Jemand hatte dieses Druckgefäß, in dem Holzkamp seine Aufbaureaktion durchführen wollte, zuvor versehentlich mit Salpetersäure ausgespült. Nun, was sogar Kupfer und Silber auflöst, lässt natürlich auch Stahl ein wenig alt aussehen. Der Reaktor bestand nun aus einem nickelhaltigen Stahl. Offenbar hatte die Salpetersäure eine winzige Menge von Nickelionen aus der Wand des Gefäßes gelöst; diese mussten – wenn man eins und eins zusammenzählt – das Aluminium an seiner Arbeit gehindert haben. Dieser Befund rauschte später als „Nickeleffekt" durch den Blätterwald der chemischen Journale, und der junge Mitarbeiter, der zunächst Zieglers Ärger auszuhalten hatte, wurde rehabilitiert.

Aber wieso können ein paar Nickelionen fast das ganze Ethylen zu Zweierketten verkuppeln, während das träge Aluminium keine Chance hat, seiner gewohnten Arbeit nachzugehen? Wie machen die Nickelionen das? Und: Wenn Nickel das kann – gibt es noch andere Metalle, die das auch können? Und vielleicht noch andere, die ganz andere Dinge mit Ethylen tun? Zieglers historische Leistung bestand darin, den danebengegangenen Versuch nicht wegzugießen und abzuhaken, sondern genau diese Fragen zu stellen. Nickel ist ja nur eines unter vielen Metallen. Chemiker kennen neben Eisen, Nickel, Kupfer, Gold und Zink noch eine ganze Familie verschiedenster anderer. Mir fallen auf Anhieb Chrom, Kobalt, Silber und Titan ein (Sie kennen vielleicht noch andere), aber das Periodensystem der Elemente füllen auch Exoten wie Ruthenium, Osmium, Zirkonium, Palladium und so weiter. Zieglers Leute probierten sie alle aus.

Zuerst stürzten sie sich auf die Metalle, aus denen die Stahlwand des kaputtgereinigten Reaktors bestand: Kupfer, Kobalt waren da drin, natürlich Eisen und auch Chrom. Beim Eisen gab es nichts ungewöhnliches zu vermelden, aber als Heinz Breil, der Mann, dem Ziegler das Element Chrom anvertraut hatte, einen Reaktor mit Chromsalzen füllte und Ethylen aufpresste, erlebte er eine Überraschung: Innerhalb kürzester Zeit stieg die Temperatur in dem Druckgefäß um 80 Grad. Zum Glück hielt der Stahlmantel – in Mülheim ist auch der Bohrkern einer Wand zu besichtigen, in die sich Splitter eines explodierten Reaktors zentimetertief gebohrt hatten. Aber Breil hatte Glück: Nach dem Aufschrauben fand er ein festes Material, das er mit Hammer und Meißel herausbrechen musste. Mit einem starken Messer konnte er es noch weiter verkleinern und aus den so erhaltenen Krümeln sogar dünne Folien pressen. Deren Analyse ergab: Es war Polyethylen: Die Jagd war eröffnet!

Jetzt kamen andere Metalle auf den Steckbrief – die Mülheimer probierten sich quasi quer durch das Periodensystem. Beim Zirkonium und beim Titan erreichte die Jagd ihren Höhepunkt: Wenn man diese Metalle mit Triethylaluminium zusammenbringt, so stellten Ziegler und seine Kollegen fest, entstehen daraus besonders gut besonders lange Polyethylenketten. Welchen Fortschritt die verschwisterten Elemente Titan und Zirkonium brachten, sieht man an den Bedingungen, unter denen der Kunststoff nun entstand: Zieglers Mitarbeiter konnten bald ihre schweren Stahlreaktoren im Schrank stehen lassen – die sogenannte „Polymerisierung" von Ethylen lief mit Hilfe der nützlichen Metalle unter normalem Druck und sogar bei Raumtemperatur ab, in normalen Glasgefäßen, im Prinzip sogar in einem Einmachglas. Tatsächlich hat Ziegler viele dieser Reaktionen sogar in solchen durchgeführt: Auf der Suche nach einem möglichst großen Kolben muss er einst auch die Küche seiner Frau Maria durchstöbert haben; die Zieglers hatten einen großen Garten, Maria Ziegler kochte viel Obst ein, da boten sich die großen Fünf-Liter-Einmachgläser geradezu für Experimente an. Dazu ein selbstgebastelter Rührer, notdürftig dichte Gasleitungen – fertig war der Low-cost-Reaktor.

Die neuen Metallverbindungen, die Ziegler entdeckt hatte, sind waschechte „Katalysatoren" – so nennt man Verbindungen, die die Herstellung einer anderen Verbindung einleiten, ohne dabei selbst verändert zu werden. Ungefähr wie ein Tanzlehrer: Der bringt auch Paare zusammen, zeigt ihnen, wie sie sich aneinander festhalten müssen, und holt sich dann das nächste Paar von der Wartebank um mit ihm ebenso zu verfahren. Wenn alle Pärchen tanzen, sieht der Tanzlehrer noch genauso aus wie früher.

Die Geschichte von der Entdeckung des Polyethylens hat allerdings noch ein paar Nebenkapitel – dass sich Ziegler für seinen Fund bald den Nobelpreis abholen konnte, ist nur eins davon, eins der bekannteren obendrein. Auch hier zeigt sich übrigens, dass der Leib- und Magen-Forscher Ziegler durchaus mit beiden Beinen auf der Erde stand: Er verstand, dass das weiße Pulver, das seine Doktoranden aus ihren Einmachgläsern schabten, eine große Zukunft hatte, und legte die Unterlagen über sein neues Verfahren eigenhändig auf dem Schreibtisch eines Patentspezialisten. Von den Millionen, die die Patenteinnahmen seinem Institut in den nächsten Jahrzehnten brachten, bauten sich die Mülheimer das Eingangs erwähnte schmucke Laborhochhaus mit allem Drum und Dran, zu dem manche Professoren heute noch pilgern wie Motorfans zum Nürburgring. Aus den höheren Etagen dieses Hauses hat man übrigens einen exzellenten Blick in das Ruhrtal – aber das nur nebenbei.

Die Suche nach dem besten Katalysator förderte auch einige eher skurrile Ergebnisse zu Tage. Eins davon war die Entdeckung, wie man grünen Kaffeebohnen schonend ihr Koffein entziehen kann. Kurt Zosel, einem weiteren Mitarbeiter Zieglers, fiel eines Tages auf, dass immer dann, wenn er überschüssiges Ethylen aus dem Reaktor ablassen musste, auch gewisse Mengen Triethylaluminium herausgeblasen wurden, obwohl diese Flüssigkeit normalerweise einen deutlich höheren Siedepunkt hat und bei Raumtemperatur alles andere als ein Gas ist. Ein paar Jahre nach den hektischen Zeiten am Institut erinnerte er sich wieder daran, experimentierte mit anderen Gasen und untersuchte, ob man damit auch andere Stoffe aus Mischungen herausholen konnte. Zu Beginn der siebziger Jahre hatte die Tüftelei endlich Erfolg: Zosel extrahierte mit seiner Methode Koffein aus Kaffeebohnen – mit Hilfe von verflüssigtem Kohlendioxid. Allerdings musste er dem etwas Wasser beimischen, sonst klappte es nicht. Ziegler hielt von all diesen Forschungsarbeiten übrigens überhaupt nichts (Nobelpreisträger haben nicht immer Recht!): Zosel musste das Patent auf sein Verfahren auf eigene Rechnung einreichen – zuerst in Österreich. Die Beharrlichkeit gab ihm bekanntlich Recht: Heute wird das Verfahren im 100 000-Tonnen-Maßstab angewendet. Wenn unsere Großmütter beim Kaffeekränzchen ihren entkoffeinierten Kaffee genießen, profitieren sie gewissermaßen von der Entdeckung des Polyethylens!

Zu Anfang war auch noch von einem Stoff namens Polypropylen die Rede. Und der wird uns – wenn Sie wollen – noch ein wenig beschäftigen. Dafür müssen wir aber neue Akteure auf die Bühne lassen. Giulio Natta zum Beispiel, einen italienischen Chemiker, auch ein brillanter Mann, mit dem sich Ziegler – wie man heute in jedem Lexikon lesen kann – seinen Nobelpreis teilte. Natta kam kurz nachdem Ziegler seine Entdeckung in der Fachwelt bekannt gemacht hatte, auf die Idee, Zieglers Katalysatoren mit einem weiteren Gas zu „füttern" – mit Propylen nämlich. Propylen ist gewissermaßen ein naher Verwandter des Ethylens: Propylenmoleküle sehen fast genauso aus, enthalten aber ein Kohlenstoffatom mehr. Aufmerksame Leser werden ahnen, worauf dies hinauslief: So wie aus Ethylen Polyethylen wird, entstand in Nattas Weckgläsern – wenn er denn auch welche benutzt hat – Polypropylen.

Die Umstände dieser Entdeckung sind allerdings nicht ohne eine gewisse Pikanterie. Denn zu der aufregenden Zeit, als in Mülheim die Ziegler-Katalysatoren entdeckt wurden, befanden sich zufällig auch drei Italiener am Institut: Roberto Magri, Paolo Chini und Giancarlo Crespi – zwei davon Mitarbeiter Nattas. Hat einer davon zum

Telefon gegriffen? Man weiß es nicht. Was man aber weiß, ist, dass Natta, nachdem er es mit Propylen probiert hatte, bei Ziegler anrief und ihn fragte: „Geht das auch damit?“ Ziegler wusste es damals nicht genau. „Eher nicht“, soll er gesagt haben. Warum Ziegler sich nicht sicher war, das allerdings weiß man heute: Breil hatte es durchaus auch einmal mit Propylen probiert, die Idee lag ja nahe, allerdings hatte er die Reaktion in dem organischen Lösungsmittel Toluol ausgeführt – und ausgerechnet in dieser Flüssigkeit löst sich Polypropylen auf, ohne Spuren zu hinterlassen. Als Breil seinen Reaktor aufschraubte, fand er nur eine klare Flüssigkeit – die muss er enttäuscht weggegossen haben. Als Ziegler und Breil ihren Fehler später einsahen, war es zu spät: Natta hatte das Polypropylen-Patent ganze 14 Tage früher eingereicht.

Feinde wurden Ziegler und Natta deswegen nicht. Sie arbeiteten auch später noch zusammen. „Dass Natta ein schlechtes Gewissen gehabt haben muss, sehen Sie daran, dass Ziegler die deutschen Lizenzeinnahmen aus dem Polypropylen-Geschäft bekam, obwohl Natta doch das Patent hatte,“ erzählt man Besuchern heute auf dem Institutsberg. Unbestreitbar sei auch, dass Ziegler bei Prozessen in Amerika die Priorität auf das Polypropylen-Patent zugesprochen wurde. Außerdem weist man darauf hin, dass Natta selbst die – wie Ziegler etwa ironisch schrieb – „besondere Liebenswürdigkeit“ besessen hat, die in Mülheim gefundenen Substanzen „Ziegler-Katalysatoren“ zu nennen. Trotzdem heißen diese Katalysatoren heute immer noch vielfach „Ziegler-Natta-Katalysatoren“. Ein Faktum, das von den Mülheimer Forschern heute sehr verschnupft aufgenommen wird.

Wie dem auch sei: Natta brachte immerhin einen neuen Begriff ins Spiel, der zu erklären nicht ganz einfach ist, der uns aber später nützen wird: „Taktizität“. Hierfür brauchen wir zunächst ein wenig Chemie. Zieglers Katalysatoren reagieren nämlich nicht einfach so mit allen Verbindungen, die man zu ihnen in einen Kolben schüttet: Die Metallatome brauchen eine Art Henkel, an dem sie das Molekül packen und mit einem anderen verbinden können. Dieser Henkel ist eine sogenannte Kohlenstoff-Kohlenstoff-Doppelbindung, im Prinzip eine besonders dichte Elektronenwolke zwischen zwei Kohlenstoffatomen. So etwas kommt in sehr vielen organischen Molekülen vor. Im Ethylen, das aus zwei Kohlenstoffatomen besteht, sind beide über eine Doppelbindung verbunden, im Propylen, das aus drei Kohlenstoffen besteht, nur die ersten beiden. Das dritte Atom ist „übrig“ (oder besser: mit einer Einfachbindung angeheftet).

Das war's eigentlich schon an Chemie. Denn Polyethylen und Polypropylen entstehen, wenn ein Katalysator die Doppelbindungen der Gase Ethylen und Propylen knackt und dann deren gewissermaßen lose Enden mit den losen Enden weiterer Ethylen- und Propylenmoleküle verbindet. Beim Polyethylen entsteht dabei eine lange, gerade Kette. Beim Polypropylen ist die Lage anders: Das „übrige“ Kohlenstoffatom wird nicht in die Kette eingebaut, sonders steht gewissermaßen seitlich ab. Während man sich Polyethylen wie eine Art Spaghetti vorstellen kann, sähe Polypropylen unter einem extrem starken Mikroskop eher aus wie eine Spaghettinudel mit „Seitentrieben“.

Diese Seitentriebe beeinflussen das Verhalten des Riesenmoleküls ganz erheblich. Zum einen können die Polypropylenmoleküle nun nicht mehr einfach aneinander vorbeigleiten wie Nudeln auf dem Teller. Zum anderen können die Seitentriebe absolut regelmäßig – etwa „alle auf der linken Seite“ oder zickzack – oder auch völlig chaotisch angeordnet sein. Alle diese Varianten gibt es, und sie sorgen dafür, dass man heute ganz unterschiedliche Polypropylentypen machen kann: Liegen alle Seitentriebe auf einer Seite, nennt man das Produkt „isotaktisches Polypropylen“. Folgen sie in einem regelmäßigen Zickzack-Muster aufeinander, nennt man diese Anordnung „syndiotaktisch“. Diese Anordnungsvarianten beschreibt man mit dem Begriff „Taktizität“. Sie ist auch der Grund für das enorme Wachstum des Polypropylen-Marktes: Die Kettenmoleküle des isotaktischen Polypropylens ordnen sich gerne parallel zueinander an, das macht diese Kunststoffvariante sehr steif und verleiht ihr einen hohen Schmelzpunkt. Aus isotaktischem Polypropylen kann man zum Beispiel Gehäuse für Rasierer und Fernseher, Stoßfänger und Auto-Innenraumverkleidungen machen.

Das syndiotaktische Polypropylen hingegen hat deutlich andere Eigenschaften – offenbar verknäueln sich seine Kettenmoleküle leichter ineinander. Diese Variante ist deutlich weniger steif und hart, dabei aber transparenter und wesentlich zäher als sein geordneter Verwandter – obwohl es sich bei beiden Varianten im Prinzip um dasselbe Material handelt. Aus syndiotaktischem Polypropylen – von jetzt an sagen wir „sPP“ – kann man daher besonders reißfeste Folien herstellen – oder dünnere, die trotzdem so reißfest sind wie das dickere Material von früher. Ist Ihnen auch aufgefallen, dass man Plastikverpackungen in letzter Zeit schwerer aufreißen kann als vor wenigen Jahren? Mir scheint es jedenfalls so.

Denn sPP gibt es noch gar nicht so lange. Bei Nattas ersten Versuchen entstand größtenteils der isotaktische, geordnete Kunststoff – und eine öl- bzw. wachsartige Masse, die aus dem völlig ungeordneten, ataktischen Verwandten bestand. Es kostete früher viel Zeit und Nerven – und Geld –, dieses ungewünschte Nebenprodukt abzutrennen. Heute verwendete Ziegler-Katalysatoren produzieren aber nur noch rund zwei Prozent dieser lästigen Variante.

Dass die Produktion und der technische Einsatz von sPP einmal mehr als ein Hirngespinst sein könnte, dämmerte den Chemikern erst Anfang der achtziger Jahre, und auch hier war zunächst Neugier das Motiv. Das ist fast eine neue Geschichte, bei der aber mehr Fleiß und Intuition als Zufall im Vordergrund standen. Zieglers Katalysatoren haben nämlich den Nachteil, dass sie zwar fleißig Kettenmoleküle machen, selbst aber nur schwer zu erforschen waren. Chemiker tappten lange im Dunkeln, wenn sie ergründen wollte, wie diese Katalysatoren funktionieren. Wer wissen wollte, wie sie – im atomaren Maßstab – aussahen, war auf Hypothesen oder gar Spekulationen angewiesen. Manchen Chemikern war das übrigens ganz Recht: Bei einem Besuch in einem Industrieunternehmen, das mit Ziegler-Natta-Katalysatoren viel Geld verdient, wurde einmal ein leitender Chemiker gefragt, ob man denn noch Grundlagenforschung betriebe, um mehr über die Wirkungsweise des Katalysators zu erfahren. Nein, war die Antwort, die Reaktion funktioniere ja, und solange man oben ein Gas einfülle und unten das gewünschte Produkt herauskomme, gäbe es keinen Anlass, an der Reaktion zu drehen.

Der Grund dafür, dass lange Zeit niemand den Ziegler-Natta-Katalysatoren die Maske vom Gesicht reißen konnte, war, dass es sich dabei um Feststoffe handelte, um Pulver, auf deren zerklüfteter Oberfläche hier und da ein sogenanntes „aktives Zentrum" sitzt, das gut in den Poren verborgen fleißig seine Polymerketten macht. Festkörperoberflächen, zumal porenreiche, lassen sich nur sehr schwer untersuchen: Die Suche nach der Nadel im Heuhaufen ist nichts im Vergleich zur Suche nach „aktiven Zentren" im Durcheinander einer Festkörperoberfläche – erst recht, wenn diese in einer Flüssigkeit schwimmt, die in Kontakt mit Wasser explodiert und an Luft brennt.

Aber die Chemiker wussten sich zu helfen. Ihr Kniff bestand darin, einzelne Titan- oder Zirkoniumatome in eine Hülle aus organischen Molekülen einzupacken, in der man gerade eben genug Raum ließ, damit in einer genau ausgetüftelten Lücke gerade das Ende einer Polyethylenkette und ein einzelnes Ethylenmolekül Platz finden. Diese Moleküle ließen sich endlich im Detail untersuchen; tatsächlich konnten einige dieser chemischen Verbindungen sogar Polyethylen produzieren. Die Chemiker lernten eine Menge von diesen molekülgroßen Kunststoffproduzenten: Bald waren die wesentlichen Schritte der Kettenaufreihung verstanden. Theoretiker stellten auf Tagungen Bildschirme neben die Tafeln, über die computerberechnete Videofilme flimmerten, die zeigten, wie die Metallatome in ihrem Molekülpanzer ihre Polymerketten knüpfen: Sie fischen sich jeweils ein Propylenmolekül aus der Umgebung; dieses „wackelt" an diesem Metallatom herum, bis es zwischen das Metall und die ebenfalls daran gebundene, im Entstehen begriffene Polymerkette rutscht. Dadurch wird der Platz des Propylenmoleküls wieder frei, und das Metall holt sich ein neues aus der umgebenden Lösung heran.

Besonders Entdeckungen der Chemiker Ewen und Brintzinger – letzterer lehrt und forscht übrigens in Konstanz – brachten die Gilde der Polypropylenforscher weiter: Sie drechselten sich besonders trickreich konstruierte Hüllen für Zirkoniumatome zurecht, die noch starrer und noch weniger flexibel waren als die bis dahin verwendeten. Damit konnten sie erstmals auch den Weg, den ein Propylenmolekül zum Metallatom nimmt, vorbestimmen und genau planen, in welcher Orientierung es dort ankommt – bzw. wie man es dazu bringt, so zu „wackeln", dass es nur in einer festgelegten Orientierung in die wachsende Polymerkette rutschen kann. Das ist wichtig, denn diese Orientierung bestimmt, in welcher Richtung das „überflüssige" Kohlenstoffatom – der „Seitentrieb" – des einfliegenden Propylens in die Kette eingesetzt wird. Ewens Katalysator machte reines syndiotaktisches (also „rechts-links“-) Polypropylen, Brintzingers reines isotaktisches. Einige der neuen Katalysatoren sind obendrein ungeheuer rege: Ein Gramm Zirkonium, Atom für Atom clever eingepackt, produziert bis zu eine Tonne Polypropylen pro Stunde. Mit Ewens Meisterstück konnten zum ersten Mal größere Mengen des zähen sPP hergestellt und auf ihre Eigenschaften hin untersucht werden. Daher sind ein paar Gramm dieses Katalysators wertvoller als Gold: Ewen soll von Exxon rund 60 Millionen Mark für seine Entdeckung bekommen haben.

Damit begannen die neuen Katalysatoren in gewisser Weise den natürlichen Enzymen zu ähneln – auch in diesen molekularen Maschinen, die die Bausteine alles Lebendigen aus einfachen Grundstoffen zusammensetzen, sitzen häufig Metallatome als „molekulare Heiratsvermittler“, die aus der Umgebung anfliegende Moleküle miteinander verknüpfen. Auch hier ist die Hülle, in die sie eingebettet sind, extrem wichtig: Ohne diese täten sie ihre Arbeit völlig wahllos und würden im Extremfall aus den umherschwimmenden Molekülen einen großen Wust unbrauchbarer Substanzen herstellen. Erst eine ausgeklügelte Hülle aus Aminosäuren, die die Natur um diese Metallatome gelegt hat, sorgt dafür, dass die zu verknüpfenden Teilchen nur in einer ganz bestimmten Orientierung an das Metallatom gelangen können – so, als würde man einem blinden Mechaniker seine Werkstücke in einer genau geplanten Weise vor die Schraubenschlüssel legen, so dass er diese nur noch in einer vorher abgesprochenen Weise drehen muss, um die Werkstücke zu montieren.

Im Prinzip war es also quasi solide Bildhauerarbeit, die die Chemiker da im Kleinsten geleistet haben, um ihren neuen Katalysatoren das richtige Häkelmuster für die perfekte Polymerkette beizubringen. Neue Katalysatoren, die erst im letzten Jahrzehnt das Licht der Laboratorien erblickten, arbeiten noch effizienter, produzieren längere Ketten und machen weniger Fehler beim Einbau der Grundbausteine. Auch das isotaktische Polypropylen, gewissermaßen der PP-Urgroßvater, konnte so verbessert werden: Die neuesten Produkte sind steifer und härter als die alten und enthalten weniger kurze Kettenmoleküle, die entstehen, wenn sich der Katalysator „verhaspelt“ und den Aufbau der Polymerkette zu früh abbricht. Das ist sehr wichtig: Diese kurzen Polymerschnipsel sind nämlich so beweglich, dass sie durch Flüssigkeiten oder Wärme aus der Folie herausgelöst werden. Das konnte man früher als glücklicher Besitzer eines Neuwagens beobachten: Die erste Sommerhitze führte dazu, dass diese „verunglückten“ Moleküle förmlich aus der Plastikummantelung des Armaturenbretts herausgekocht wurden und sich als eine Art „Schmier“ oder „Nebel“ auf der kühleren Windschutzscheibe absetzten. Heute legen Autohersteller sehr viel Wert darauf, dass dieses „Fogging“ (von englisch fog, also Nebel) bei den verwendeten Kunststoffen unterbleibt. Die Polymerschnipsel können einem Kunststoff sogar einen gewissen Geschmack verleihen. Bei großen Polypropylenherstellern soll es sogar „Polymerschmecker“ geben, die die Qualität eines Kunststoffs am Geschmack erkennen können – aber das nur am Rande.

Im Prinzip ist also alles ganz simpel: Seitentrieb links, Seitentrieb rechts – aber diese simple entweder/oder beschäftigt heute Heerscharen von Forschern. Manche Arbeitsteams präsentierten in den letzten Jahren Katalysatoren, die nur jeden zweiten Propylen-Baustein nach einer festgelegten Regel einbauen (zum Beispiel so, dass nur jeder zweite „Seitentrieb" nach links zeigt), die dazwischenliegend sich aber nach dem Zufallsprinzip ausrichten. Andere stellten Polymere vor, in denen sich längere Blöcke aus „links-" oder „rechts-PP" abwechseln. Auch diese Kettenmoleküle zeigen wieder Eigenschaften, die sich von denen des i- und sPP unterscheiden.

Von den Möglichkeiten, die diese inzwischen zum Groß-Clan herangewachsene Polypropylenfamilie bietet, schwärmen mittlerweile Materialwissenschaftler von Los Angeles bis Canberra. Der Grund: Ingenieure sind häufig auf extrem belastbare, besonders zugfeste Kunststoffe angewiesen. Die setzen sie zum Beispiel dann ein, wenn Stahl zu schwer oder Keramik zu brüchig ist. Derartig superstabile und dabei extrem leichte Kunststoffbauteile kann man konstruieren, wenn man verschiedene Kunststoffe und Materialien kombiniert. Zum Beispiel, indem man Kohlefasern in einen Kunststoff einschäumt. Diese Fasern nehmen dann die Zugkräfte auf. Andere Techniker versuchten, für jede Anwendung einen neuen Spezialkunststoff zu entwickeln. Alles das brachte natürlich Probleme mit dem Recycling mit sich: Zum einen sind zusammengeklebte Bauteile aus verschiedenen Kunststoffen nur schwer wieder von einander zu trennen, zum anderen macht die Fülle verschiedener Kunststoffe dem Recyclingfachmann das Leben spätestens beim Sortieren zur Hölle.

Das „neue" Polypropylen erscheint den Fachleuten daher als die ideale Lösung: Die vielen Polypropylenvarianten haben alle unterschiedliche Eigenschaften, als wären es verschiedene Kunststoffe, dennoch handelt es sich dabei letztlich doch immer nur um Polypropylen. So ist es bereits möglich, aus Polypropylen durch „lang ziehen" Fasern herzustellen, die ähnlich zugfest sind wie Glasfasern. Wenn man die in „normales" Polypropylen einbettet, erhält man enorm feste Bauteile, die kaum zu zerbrechen sind – Beispiel Angelrute. Auch sind Polypropylen-Produkte denkbar, deren Härte sich über die Länge des Bauteils ändert: Links weich, rechts hart. Früher hätte man so was aus zwei Kunststoffen konstruiert. Um das zu Beginn erwähnte Karl-Ziegler-Zitat auf diese Situation abzuwandeln: „Hätte jemand vor dreißig Jahren gesagt, dass man aus Polypropylen einmal ganze Flugzeuge bauen würde, wäre er ausgelacht worden." Heute ist diese Vision für viele Ingenieure in greifbare Nähe gerückt. Die Geschichte, die damals in Mülheim angefangen hat, ist also streng genommen immer noch nicht zu Ende.

Zum Schluss nur noch ein Wort zum Nickel – diesem Metall, das unsere ganze Polypropylen-Geschichte ins Rollen gebracht hat, dann aber zur Seite treten musste, steht möglicherweise doch noch eine goldene Zukunft bevor. Zwar sind Polyethylen und seine Verwandten heute ziemlich billige Massenkunststoffe. Ihre Herstellung ist dennoch vergleichsweise aufwendig, und das liegt an der enormen Empfindlichkeit der Ziegler- und Brintzinger-Katalysatoren. Denn die Doppelbindungen des Ethylens und des Propylens sind bei weitem nicht das Lieblingsfutter für Titan- und Zirkoniumkatalysatoren. Viel lieber noch reagieren sie mit Sauerstoff aus der Luft, mit Wasser oder anderen sauerstoffhaltigen Verbindungen – allerdings nur einmal, denn bei diesen Reaktionen werden die Katalysatoren zerstört: Der Sauerstoff setzt sich quasi in die fein austarierte Lücke, die die Chemiker eigentlich für das einfliegende Propylen vorgesehen hatten, und ist daraus nicht mehr zu entfernen. Die Rohstoffe, aus denen später Kunststoffe werden sollen, müssen daher peinlichst gereinigt und von jedem noch so winzigen Tröpfchen Wasser ferngehalten werden.

Dies gilt erstaunlicherweise nicht für Verbindungen des Metalls Nickel, die beim Ölmulti Shell bereits seit langem zur Herstellung kleinerer Ketten aus Ethylen herangezogen wurden, ähnlich denen, die in Mülheim aus Triethylaluminium entstanden: Diese robusten Nickelkatalysatoren kann man in Alkohol und Aceton – beide enthalten Sauerstoff – geradezu baden, ohne dass sie Schaden nehmen. Eine Forschergruppe vom Caltech in Pasadena, USA, hat diese Substanzen nun in jahrelangen Versuchen so hoch gezüchtet, dass auch sie Polyethylen produzieren, und das, ohne dass sie sich ähnlich empfindlich gerieren wie ihre Zirkonium- und Titan-Geschwister. Mit Nikkel fing alles an – vielleicht trägt dieses Metall die Kunststoffe nun sogar noch weit in dieses Jahrtausend.

Die Einmachgläser, in denen Ziegler die ersten Versuche mit seinen neuen Katalysatoren durchgeführt hat, gibt es übrigens noch: Eins davon steht in einem Schaukasten in dem Hörsaalgebäude, in dem Karl Ziegler seine Adepten in das Geheimnis seiner Katalysatoren eingeweiht hat. Das Gebäude liegt zwischen den historischen Bauten und dem neuen Laborhochhaus der Kohlenforschung. Direkt neben dem Einmachglas ist auch eine Vitrine in die Wand eingelassen, in der die Nobelpreisurkunde Zieglers liegt. Ein zweites Glas aus Maria Zieglers Küche hat es immerhin ins Deutsche Museum geschafft – dort steht es jetzt in illustrer Gesellschaft, unweit des Tisches, auf dem Otto Hahn die Kernspaltung entdeckt hat. Der mit Salpetersäure geschrubbte Reaktor, mit dem alles anfing, gilt allerdings als verschollen. Trotzdem: Wer sich das berühmte Weckglas ansehen möchte, der sollte sich – nach Absprache natürlich, und nicht vergessen, es heißt „Ziegler-Katalysatoren" – im Frühling auf den Weg zum Institutsberg machen. Wer mit dem Auto zur „KoFo" fährt, muss nämlich eine Allee aus Kirschbäumen passieren, die zu dieser Jahreszeit blühen. Allein das lohnt schon die Reise.

Kunststoff macht Druck – fotopolymere Druckplatten

Jürgen Kaczun

Lange bevor das zunehmend genutzte Internet sowie Fernsehen und Radio zur Informationsübermittlung zu Verfügung standen, waren Druckprodukte über Jahrhunderte die einzigen Träger von Informationen, also von Nachrichten, Gedanken und Ideen. So waren es gedruckte Medien, die als erste Kultur und Gesellschaft beeinflussten, und viele Entwicklungen der Vergangenheit erst möglich machten. Aber auch heute im Zeitalter der elektronischen Kommunikation spielen Druckerzeugnisse eine große Rolle bei der Verbreitung von Informationen. Sie brauchen dazu nur in Ihren Briefkasten zu sehen, der neben der Tageszeitung oft eine Vielzahl an bunten Werbebeilagen und Broschüren enthält. Oder denken Sie an die unüberschaubare Zahl an Zeitschriften, Magazinen und Bücher. Aber nicht nur beim Lesen dieses Buches halten Sie ein Druckerzeugnis in der Hand, auch bei Ihrem täglichen Einkauf sind Druckerzeugnisse in Form von Tragetaschen, Wellpappe, Verpackungen aus Papier- und Kunststofffolien, Kartons, Getränkedosen, Zahnpastatuben, CDs, Geschenkpapiere, Etiketten, Tellern und Servietten – um nur einige zu nennen – allgegenwärtig.

Dass es diese Vielfalt an qualitativ hochwertigen Druckerzeugnissen heute gibt, ist auch der Verpackungs- und Druckmaschinenentwicklung nach dem 2. Weltkrieg zu verdanken. Dass in der Druckkunst und der Druckverfahrensentwicklung in den letzten 50 Jahren mehr Innovationen zu verzeichnen sind als in den 500 Jahren davor, verdanken wir im Besonderen einer Entwicklung im Bereich der Chemie: Druckplatten aus Kunststoff. Diese erst ermöglichten in Verbindung mit der Entwicklung der Computer- und Reproduktionstechnik eine schnelle, kosteneffiziente und variable Herstellung der Druckformen für die unterschiedlichsten Zwecke jenseits von Gutenbergs Bleisatz.

Drucken – ein Handwerk

Als Kind haben Sie sicher schon einmal mit einem Messer aus einer Kartoffel einen Stempel geschnitzt, mit Wasserfarbe eingefärbt und auf ein Stück Papier gepresst. Diese Form des Druckens, auch Hoch- oder Buchdruck genannt, ist das älteste bekannte Druckverfahren und wird heute vor allem beim Druck von Etiketten, Bechern, Dosen, Tuben oder Geldscheinen eingesetzt. Eine Variante des Hochdrucks, der in den zwanziger Jahren des 20. Jahrhunderts entwickelte Flexodruck, hat sich seit den fünfziger Jahren zu einem wesentlichen Druckverfahren für die Verpackungsindustrie entwickelt, das bei Tapeten, Wellpappe, Servietten oder flexiblen Kunststoffverpackungen aller Art eingesetzt wird.

Beim Hochdruckverfahren werden die höher liegenden Bildteile einer Druckform eingefärbt, und die Farbe durch Kontakt mit dem zu bedruckenden Material auf dieses übertragen. Mit diesem Verfahren wurden bereits im 7. Jahrhundert in China, lange vor Gutenberg, Bücher hergestellt indem man in einem Holzstock die Schriftzeichen seitenverkehrt herausschnitzte, einfärbte und die Farbe durch Abstempeln auf das Papier übertrug. Ab dem 11. Jahrhundert versuchte man Seiten aus einzelnen Druckstempeln aus Keramik, Kupfer, Blei oder Messing aufzubauen, indem man die Stempel in einer Form zu ganzen Texten anordnete und mit Wachs fixierte. Nach dem Drukken schmolz man das Wachs und konnte die Stempel wieder verwenden. Historisches Recycling! Aufgrund der hohen Komplexität der chinesischen Schriftzeichen konnte sich dort der Druck mit beweglichen Lettern gegenüber den geschnitzten Holztafeln bis zum Ende des 19. Jahrhunderts nicht durchsetzen. Da unser Alphabet mit nur 26 Buchstaben und einigen Sonderzeichen alle Worte darstellen kann, hatte Gutenberg in Europa mehr Glück.

Kernstück seiner Erfindung war der Guss der benötigten Schriftzeichen mit einer Matrize aus Messing und einer Legierung aus Blei, Zinn und Antimon. Damit konnten alle benötigten Schriftzeichen vergleichsweise schnell erzeugt werden. Der Setzer montierte die Schriftzeichen in einem Rahmen zu einer kompletten Seite, färbte sie ein und brachte sie in einer Druckpresse mit dem Papier in Kontakt. Nach dem Druck wurden die einzelnen Zeichen wiederverwendet oder zum Guss neuer Zeichen eingesetzt. Gegenüber dem Holzdruck ist der Buchdruck nicht nur sehr viel schneller, auch die Druckqualität steigerte sich enorm durch die besonders gleichmäßige Übertragung des Druckbildes. Trotz der Weiterentwicklung der Druckmaschinen und der teilweisen Automatisierung des Handsatzes änderte sich seit dem 15. Jahrhundert am Prinzip des Bleisatzes bis weit ins 20. Jahrhundert nichts. Wie hoch Gutenbergs Leistung noch heute eingeschätzt wird, zeigt das Jahr 2000 – das Gutenberg-Jahr.

Vor etwa 200 Jahren wurde von Alois Senefelder ein weiteres Druckverfahren entwickelt: der Flachdruck oder die Lithographie. Senefelder suchte nach preisgünstigen Alternativen zum Hochdruck, da er sich keine eigene Hochdruckpresse leisten konnte, und fand sie. Er nutzte einen natürlichen Vorgang, und zwar dass Wasser und Fett sich abstoßen. Er präparierte eine Steinplatte, indem er das Druckbild seitenverkehrt mit fetthaltiger Kreide oder Tusche direkt auf den Stein auftrug, anschließend mit Wasser befeuchtete und fetthaltige Farbe aufbrachte. Die Farbe haftete nicht auf dem nassen Stein, aber im Bereich der fetthaltigen Regionen. Da druckende und nichtdruckende Bereiche fast in einer Ebene liegen, spricht man auch vom Flachdruck. Mit diesem Verfahren kann man – gegenüber dem Hochdruck – die Druckformen viel schneller erzeugen. Im 19. Jahrhundert wurde die Steinplatte durch eine Zinkplatte ersetzt, die auch in gebogener Form, in den damals entwickelten Rotationsdruckmaschinen eingesetzt werden konnte. Um 1905 wurden dann erstmals Druckmaschinen konstruiert, bei denen die eingefärbte Druckplatte die Farbe zunächst auf ein Gummituch „absetzt" (to set off), das wiederum die Farbe auf den Bedruckstoff überträgt. Der industrielle Offsetdruck war geboren. Mit diesem Trick kann man effektiv hohe Auflagen und auch raues Papier (be-)drucken. Der Offsetdruck setzte sich bald durch, so dass heute etwa 60 Prozent aller Druckerzeugnisse mit diesem Verfahren produziert werden.

Neben dem Hoch- und Flachdruck gibt es ein weiteres wichtiges Druckverfahren, den Tiefdruck. Bei diesem aus dem Kupferstich hervorgegangenen Druckverfahren, dessen industrielle Anfänge ebenfalls im letzten Drittel des 19. Jahrhunderts liegen, sind die farbführenden Bereiche in der Druckplatte tiefer als die nichtdruckenden. Überschüssige Farbe wird nach dem Einfärben abgetragen, so dass nur die Farbe in den Vertiefungen auf den Bedruckstoff übertragen wird. Als Druckformen werden auch heute verchromte und verkupferte Stahlzylinder eingesetzt, in die das Druckbild entweder geätzt oder mechanisch graviert wird. Heute kommt dieses Verfahren vor allem bei Zeitschriften, Katalogen, aber auch hochwertigen Verpackungen zum Einsatz.

Vom Fotosatz zum Fotopolymer

Nun aber zum Beitrag der Chemie, der einen Innovationsschub in der Druckkunst bewirkte. Auch hier müssen wir ein wenig zurückblicken: Dass man durch Sonnenlicht chemische Reaktionen auslösen kann, war schon den Ägyptern vor mehr als 3000 Jahren bekannt. Sie nutzten die härtende Wirkung des Sonnenlichts bei der Mumifizierung, indem sie mit Asphalt und etherischen Ölen getränkte Grabtücher zur Härtung der Sonne aussetzten. Im Jahr 1832 entdeckte Gustav Suckow, dass man eine Gelatineschicht durch Bestrahlung mit UV-Licht wasserunlöslich machen kann, wenn man bestimmte Chromsalze als Sensibilisator zugibt (Fotohärtung). Durch die UV-Bestrahlung in Gegenwart der Chromsalze werden die einzelnen Gelatinemoleküle zum Teil oxidiert und durch Wechselwirkung mit dem positiv geladenen Chrom zu einem dreidimensionalen Netzwerk verknüpft. Unbestrahlte Bereiche der Gelatineschicht blieben hingegen wasserlöslich.

Kombiniert man die Fotohärtung mit der nur wenige Jahre später erfundenen Fotografie, so kann man Druckformen ohne den zeitaufwendigen Handsatz herstellen, indem man ein fotografisches Negativ auf eine Druckform mit lichtempfindlicher Kopierschicht legt, belichtet und die nicht gehärteten Bereiche herauswäscht. Schon gegen Ende des 19. Jahrhunderts experimentierte man mit dieser Technik, aber erst nach dem 2. Weltkrieg beschäftigte man sich ernsthaft mit dem „Fotosatz" bei der Druckformherstellung.

Für den Hochdruck sah das Verfahren etwa so aus: Man beschichtet eine Zinkplatte mit einer sensibilisierten Gelatinelösung, legt ein fotografisches Negativ auf die so erzeugte lichtempfindliche Schicht und belichtet mit UV-Licht. Die Gelatineschicht ist dadurch an den durchsichtigen Stellen des Negativs unlöslich, während die unbelichteten Stellen mit einer wässrigen Entwicklerlösung ausgewaschen werden. Die so behandelte Zinkplatte wird in ein salpetersäurehaltiges Ätzbad gelegt, um die nicht durch Gelatine geschützten Bereiche der Zinkplatte aufzulösen; die Bereiche mit der gehärteten Gelatinebeschichtung bleiben unangegriffen. Ätzt man lange genug, erhält man ein positives Relief in der Zinkplatte. Danach entfernt man die nun unnötig gewordene Gelatineschicht sowie mechanisch etwaige Metallrückstände. Die so hergestellte Zinkplatte kann direkt als Hochdruckplatte genutzt werden oder als „Originalvorlage" für ein Duplikat. Bei der Duplikatherstellung, die vor allem für hohe oder wiederkehrende Auflagen nötig war, wird die Originalplatte zunächst in einer „Prägemasse", ein mit Phenolharz getränktes Pappmachée (Mater), durch Druck und Temperatur abgebildet, und diese wiederum mit einer Bleilegierung ausgegossen, um so die endgültige Druckplatte zu erhalten. Beim Flexodruck benötigt man eine sehr flexible Druckplatte; hier füllt man die Mater nicht mit Blei, sondern mit Gummi und erzeugt durch Vulkanisation eine Druckplatte – doch dazu später mehr.

Die ursprünglich verwendeten Chromsalze sind aufgrund ihrer Toxizität sehr bedenklich; außerdem härtete bei den lichtempfindlich beschichteten Platten bei Lagerung, auch ohne UV-Licht, die Gelatine oft aus. Mit dem Fortschritt der Chemie wurden im Laufe der Zeit Substanzen entwickelt, die eine Fotohärtung mit UV-Licht, aber keine Dunkelreaktion zeigten. Auch Verbindungen, die im Gegensatz zur chromhaltigen Gelatine durch UV-Licht zersetzt werden und sich somit im Entwickler lösen, während die nicht belichteten Bereiche unlöslich bleiben, kamen zum Einsatz. Selbst die lange Zeit als Bindemittel häufig verwendete Gelatine wurde mit der Entwicklung und Verbreitung der Kunststoffe seit Anfang der dreißiger Jahre des letzten Jahrhunderts durch synthetische Polymere wie Polyvinylalkohol ersetzt.

Dieses Verfahren lässt sich auch auf die Herstellung der für den Offsetdruck benötigten Flachdruckformen übertragen, nur dass die Kopierschicht nach dem Entwikkeln als farbannehmende Schicht auf der fertigen Platte verbleibt. Trotz des Fortschritts durch die Verwendung von fotografischen Filmen und lichtempfindlichen Beschichtungen blieb jedoch sowohl die Herstellung der Filmvorlagen als auch die der Druckplatten sehr zeitaufwendig. So gab es keine schnellen, vollautomatischen Satzgeräte für die Filmherstellung, die Plattenätzung war ein oftmals langwieriger, mehrstufiger Prozess und auch die Materung war zeitaufwendig und ließ keine schnellen Vorlagenwechsel zu. Die zunehmende Informations- und Verpackungsflut machte es aber immer dringlicher, schnellere Verfahren zur Herstellung von Druckformen zu entwikkeln, um die von den Verbrauchern geforderten Druckerzeugnisse zu Verfügung stellen zu können.

Der Durchbruch des „Fotosatzes“ der die Druckwelt revolutionierte, gelang erst Anfang der sechziger Jahre des 20. Jahrhunderts. Erstmals wurden leistungsfähige Fotosatzgeräte für die Druckvorlagenherstellung angeboten, die leicht zu bedienen und auch für kleinere Betriebe erschwinglich waren. Außerdem waren erstmals „fotopolymere“ Druckplatten aus Kunststoff für den Hochdruck verfügbar, die sich im Vergleich zu den damals üblichen Zinkplatten viel schneller verarbeiten ließen. Bald verdrängten diese Platten sowohl den Bleisatz als auch die geätzten Zinkplatten aus den meisten Druckereien.

Die Idee der Fotopolymerplatte bestand darin, das Prinzip der fotografischen Kopierschicht direkt auf die Druckplatte selbst zu übertragen. Es musste „nur“ ein Material gefunden werden, das noch bei Schichtdicken von bis zu zwei Millimetern durch UV-Licht strukturierbar ist, und zudem die mechanischen und qualitativen Anforderungen des Druckverfahrens erfüllt sowie gegen die verwendeten Farben beständig ist.

Die Fotopolymerisation

Als im Jahre 1922 Hermann Staudinger den Begriff „Makromoleküle“ prägte, hatte er erkannt, dass viele natürlich vorkommende Verbindungen wie Gelatine oder Cellulose aus langen Ketten, gleicher oder ähnlicher Bausteine aufgebaut sind. In der Folgezeit beschäftigten sich viele Chemiker in Industrie und Forschung erfolgreich mit der Synthese von „künstlichen“ Makromolekülen, den Kunststoffen. Kunststoffe kann man „polymerisieren". Dabei wird ein geeigneter Ausgangsbaustein, das Monomer, mit Hilfe eines Startermoleküls in einer sehr schnellen Kettenreaktion zu einem langkettigen Polymer verknüpft, das oft aus mehreren tausend Monomerbausteinen besteht. Mitte der vierziger Jahre schlug erstmals von William Gates vor, eine Polymerisation durch Bestrahlung mit UV-Licht auszulösen. Eine wichtige Voraussetzung für Kunststoffe zur Druckformenherstellung war, dass Schichten bis zu mehreren Millimetern Dicke in kurzer Zeit gehärtet werden konnten. Dies gelingt am besten mit langwelligem UV-A-Licht, mit dem wir uns auch im Sonnenstudio bräunen. Da UV-A-Licht nicht mehr energiereich genug ist, um eine Polymerisationsreaktion starten zu können, muss man eine zusätzliche Startverbindung zugeben, den sogenannten Fotoinitiator, der bei UV-A-Bestrahlung zerfällt, und die schnelle Kettenreaktion der Monomere auslöst. Um eine möglichst schnelle Härtung zu erreichen, verwendet man üblicherweise Monomere mit mehreren polymerisationsfähigen Stellen im Molekül. Dadurch werden die Polymerketten räumlich vernetzt, das Polymer ist fest und löst sich kaum. Für die Druckplattenentwickler erwiesen sich Monomere auf Basis der Acryl- und Methacrylsäure dafür am besten geeignet. Leider sind die Monomeren flüssig, d. h. nur mit ihnen lässt sich keine gut handhabbare Druckplatte herstellen.

Man erinnerte sich an Gelatine als Bindemittel, ersetzte sie aber durch besser geeignete synthetische Polymere wie Polyamide oder Polyvinylalkohol, mischte diese mit geeigneten Monomeren, dem Fotoinitiator und brachte die lichtempfindliche Schicht, meist mit Hilfe einer speziellen Haftschicht, auf einen Träger aus Aluminium, Stahl oder Polyester auf. Damit man das Negativ auch ohne Beschädigung wieder von der Oberfläche der fotopolymeren Reliefschicht entfernen konnte, wurde zusätzlich noch eine dünne „Entklebeschicht" auf der Reliefschicht aufgebracht (Abb. 1).

Um aus dieser „Rohplatte" eine fertige Druckplatte zu erzeugen, musste man ein fotografisches Negativ auf die Platte legen, mit UV-Licht belichten und danach mit einem für das jeweilige Bindemittel geeigneten „Entwickler", meist Alkohol, Wasser oder verdünnte Lauge, die unbelichteten Teile auswaschen. Die ausgewaschene Druckplatte wurde anschließend getrocknet und nochmals UV-belichtet, um die Vernetzung

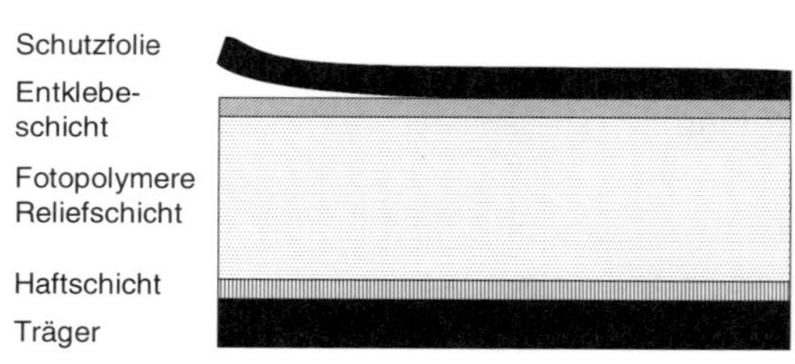

Abb. 1. Aufbau einer fotopolymeren Hochdruckplatte.

zu verbessern und die Haltbarkeit zu erhöhen. Die UV-Belichtung musste unter Luftausschluss erfolgen, da die Polymerisationsreaktion durch Luftsauerstoff behindert wurde. Auch durfte die gesamte Verarbeitung nicht bei Sonnenlicht, das ja auch Anteile an UV-A-Licht enthält, erfolgen, sondern nur unter gelber Raumbeleuchtung. Mit diesem Verfahren kann man eine Hochdruckplatte in einem Arbeitsschritt innerhalb einer halben Stunde herstellen. Da die so hergestellten Platten auch billiger und haltbarer als die Metallplatten waren, war der Siegeszug der fotopolymeren Hochdruckplatte nicht mehr aufzuhalten.

Wie bereits erwähnt hatte sich im Verpackungsdruck der Flexodruck, vor allem mit dem zunehmenden Einsatz von Kunststoffen als Verpackungsmaterial nach dem 2. Weltkrieg, stürmisch entwickelt. Im Unterschied zum klassischen Hochdruck verwendet man hier flexible Gummidruckformen sowie dünnflüssige, lösungsmittelhaltige Druckfarben (im Hochdruck und im Offsetdruck setzt man sehr zähflüssige, ölhaltige Druckfarben ein). Durch die weiche Druckform kann man mit Flexodruck auch sehr raue und druckempfindliche Papiere wie Wellpappe oder Servietten bedrucken. Daneben ermöglichte die sehr große Variabilität der verwendeten Binde- und Lösungsmittelkombinationen der Druckfarben das Bedrucken der unterschiedlichsten Kunststofffolien wie Polyethylen, Polypropylen, PVC, Cellophan, Polyester und Polyamid. Allerdings war die Qualität der Druckerzeugnisse bei weitem schlechter als bei den anderen Druckverfahren. Viele Drucker sprachen sogar vom „Klecksodruck". Die Herstellung der Gummidruckplatte war durch den vielstufigen Materprozess nicht nur sehr zeitaufwendig, sondern auch die Qualität der Platten war begrenzt. Die hohe Punktauflösung des Hoch- und Offsetdrucks konnte mit diesem Verfahren nicht erreicht werden.

Nach dem Erfolg der fotopolymeren Hochdruckplatte lag es nahe, geeignete fotopolymere Flexodruckplatten herzustellen. Allerdings waren dafür die Polymere, die bei Hochdruckplatten eingesetzt wurden, nicht geeignet. Diese waren zum einen nicht gegen die organischen Lösungsmittel der Flexodruckfarben beständig; deshalb quollen die belichteten Bereiche in den Lösungsmitteln stark an. Zum anderen waren die Platten auch viel zu hart und spröde. Man musste also nach anderen Polymeren suchen, die ähnlich Gummi sehr elastisch, gegen die verwendeten Farben beständig und mit UV-Licht bis zu Dicken von sieben Millimetern strukturierbar sind. Geeignete Polymere fand man in der Schuh- und Reifenindustrie. Dort werden unter anderem thermoplastische Elastomere eingesetzt. Diese sind in der Wärme formbar, bei Raumtemperatur – ähnlich wie Gummi – kautschukelastisch und auch vernetzbar. Vor allem sogenannte Blockcopolymere aus Styrol und Isopren oder Butadien (SIS- bzw. SBS-Kautschuke) erwiesen sich als besonders geeignet. Kombiniert man diese Polymere mit geeigneten Monomeren und Fotoinitiatoren, kann man ebenfalls mit UV-Licht fotostrukturierbare Druckformen herstellen. Die einzelnen Verarbeitungsschritte wie Belichten, Auswaschen, Trocknen und Nachbelichten waren dabei mit denen der

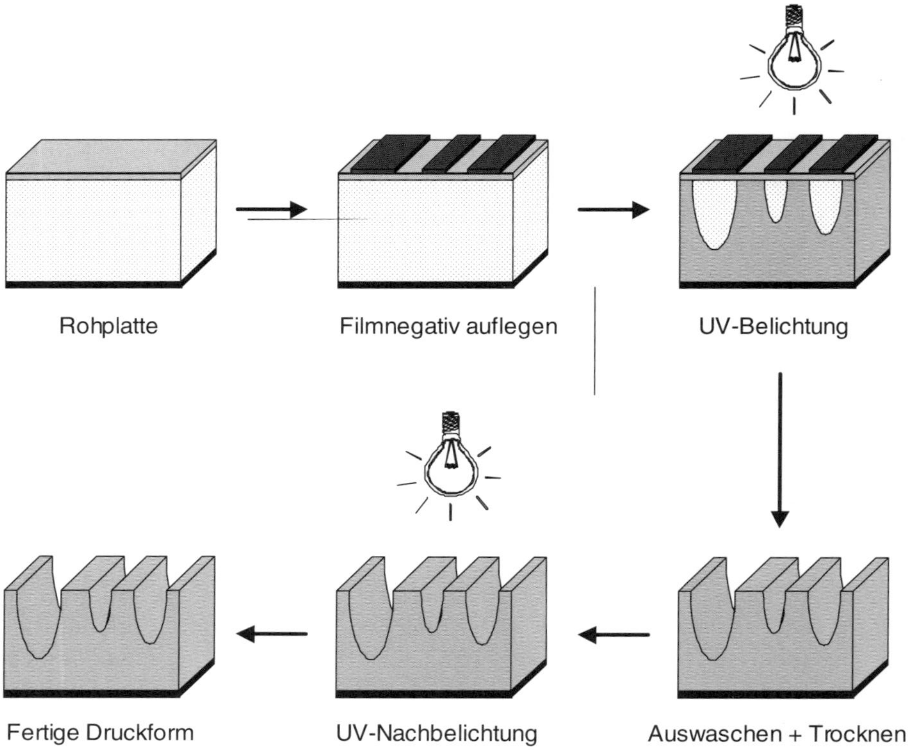

Abb. 2. Verarbeitung einer fotopolymeren Hoch- und Flexodruckplatte.

Hochdruckplatten identisch, man musste lediglich andere Auswaschmittel wie Kohlenwasserstoffgemische anstatt Alkohol oder Wasser verwenden. Die ersten fotopolymeren Flexodruckplatten kamen etwa zehn Jahre nach den Hochdruckplatten auf den Markt. Durch die einfache Herstellung, die höhere Druckqualität, aber auch durch die größere Auflagenbeständigkeit, die mit den fotopolymeren Flexodruckplatten erzielt wird, wurden die gematerten Gummiplatten im Verpackungsdruck nahezu vollständig verdrängt (Abb. 2).

Bei den Hoch- und Flexodruckplatten wird aufgrund der benötigten Schichtdicke des Reliefs ausschließlich die Fotopolymerisation zur Fotostrukturierung eingesetzt. Bei der Offsetplattenherstellung, bei der nur maximal 2–3 Mikrometer dicke Schichten (weniger als ein tausendstel der beim Hochdruck benötigten Dicke!) erzeugt werden müssen, haben sich neben der Fotopolymerisation auch andere Verfahren der Fotohärtung, aber auch der Fotozersetzung etabliert. Bei der Fotohärtung beruhen jedoch auch hier alle Verfahren darauf, dass bei der Bestrahlung mit Licht sich die Moleküle in der lichtempfindlichen Schicht chemisch vernetzen, ihre Größe dadurch stark zunimmt und ihre Löslichkeit im Entwickler abnimmt.

Direkt auf die Platte

Um gegen elektronische Konkurrenzprodukte bestehen zu können, musste sich die Drucktechnik und damit auch die Druckplattentechnologie der Schnelligkeit der elektronischen Medien anpassen. Im Flexodruck forderten insbesondere die Markenartikelhersteller eine zunehmende Qualität bei der Gestaltung der Verpackung. Durch Einführung der „Computer-to-plate"-Technik Mitte der neunziger Jahre gelang beides – die Beschleunigung des Herstellprozesses der Druckform und die Steigerung der Druckqualität. Bei diesem Verfahren wird kein Filmnegativ mehr belichtet, sondern die Daten aus dem Computer direkt auf eine Druckplatte gegeben. Die Flexodruckplatte trägt auf der Oberfläche eine für Infrarotlicht empfindliche Maskenschicht, in die mit einem IR-Laser die Bildinformation „geschrieben" wird. Die Stellen, die vom Laserstrahl getroffen werden, verdampfen und legen die darunterliegende lichtempfindliche Schicht frei – man erzeugt so ein Negativ direkt auf der Druckplatte. Nun kann die Druckplatte wie eine herkömmliche Platte belichtet und ausgewaschen werden. Durch dieses Verfahren wird einerseits die gesamte Filmherstellung obsolet, zum anderen kann man höhere Druckauflösungen erreichen, da bei der Belichtung kein UV-Licht am Negativ gestreut wird, und Streulicht generell die Punktauflösung verringert. Damit liefert der Flexodruck heute eine ähnlich hohe Druckqualität wie der Offsetdruck.

Im Offsetdruck ermöglicht die viel dünnere Druckplatte eine wesentlich leichtere bildmäßige Belichtung durch einen geeigneten Laser, ohne dass eine Maskenschicht zur Negativerzeugung notwendig wäre. Durch Einsatz geeigneter Sensibilisatoren und Polymere ist hier sowohl eine fotoinduzierte Vernetzung als auch eine Fotopolymerisation direkt durch das Laserlicht möglich. So gibt es heute schon Offsetdruckmaschinen, bei denen die Druckplatte in der Druckmaschine durch Bebilderung mit einem Laserstrahl erzeugt wird.

Was bringt die Zukunft?

Obwohl die Anfänge der Drucktechnik schon viele Jahrhunderte zurückliegen, haben die wesentlichen Veränderungen erst vor weniger als 40 Jahren durch Einführung des

Fotosatzes und der fotostrukturierbaren Druckplatten stattgefunden. Sie haben einen ganzen Industriezweig revolutioniert. Heute stehen die konventionellen Druckverfahren im Wettbewerb mit den neuen digitalen Verfahren wie Tintenstrahldruck oder den elektrofotografischen Verfahren, die ganz ohne permanente Druckform auskommen. Noch ist deren Wirtschaftlichkeit auf Kleinauflagen beschränkt, jedoch ist auch hier mit einer rasanten Weiterentwicklung zu rechnen. Eine der Aufgaben bei der Weiterentwicklung der polymeren Druckformen ist deshalb neben einer kontinuierlichen Qualitätsverbesserung und Anpassung an Markterfordernisse, vor allem eine weitere Verringerung der Verarbeitungszeit vom Layout des Designers bis zur fertig montierten Druckform in der Maschine. Hier spielt auch die Chemie der Druckform wieder eine entscheidende Rolle: Neue wasserauswaschbare Materialien verkürzen die Verarbeitungszeit ebenso wie Polymere, die direkt mit einem Laser strukturiert werden können. Die Zukunft wird für Gutenbergs Erben sicher noch viel Neues bereithalten!

Biologisch abbaubare Kunststoffe

Kristin Mädefessel-Herrmann

Der Rennsteiglauf in Thüringen. Alljährlich quälen sich mehr als 10 000 Läufer über die 168 km des größten Crosslaufes Europas. Für die Schaulustigen gibt es Fritten, Würstchen und manch andere Leckereien, kalte und heiße Getränke, die von hungrigen und durstigen Mündern dankbar und – entsprechend dem Publikumsaufkommen von etwa 70 000 Menschen – in riesigen Mengen konsumiert werden. Tausende von Plastikbechern, -tellern und -besteckteilen fallen an. Zusammen mit den verbliebenen Essensresten treten sie ihre letzte Reise an … in eine Kompostierungsanlage.

Horrorszenario einer widerwärtigen Umweltsünde? Nein! Eine Zukunftsvision, die helfen könnte, unser Müllproblem zu lindern. Denn bei dem Einweggeschirr handelt es sich nicht um herkömmliche Plastikteile. Teller, Tassen und Besteck bestehen aus einem speziellen biologisch abbaubaren Kunststoff, der extra für die Verrottung im Kompost ausgelegt wurde. Dieses Abfallkonzept für den Lauf wurde als Ergebnis einer wissenschaftlichen Studie im Auftrag der Thüringer Landesanstalt für Umwelt an der Fakultät Bauingenieurwesen, Professur Abfallwirtschaft, der Bauhaus-Universität Weimar vorgeschlagen.

Zerfall auf Befehl

War die Industrie bisher darauf geeicht, den Slogan „unsere Kunststoffe halten ewig" zu verwirklichen, und Haltbarkeit der daraus gefertigten Gegenstände oberstes Prinzip, hat inzwischen ein gewisser Paradigmenwechsel eingesetzt. Entsprechend der Leitlinie des produktintegrierten Umweltschutzes wird heute vielfach versucht, bereits beim Design eines neues Produktes die Frage seines Verbleibs nach Nutzung mit einzubeziehen.

Eine enorme Herausforderung für die Forscher! Galt es doch, Werkstoffe zu entwerfen, die einerseits unter den normalen Lager- und Gebrauchsbedingungen stabil bleiben – andererseits aber im Kompost rasch, rückstandsfrei und völlig umweltneutral zerfallen. Eine Gratwanderung zwischen aus Anwendersicht geforderter Stabilität und anschließendem Abbau, denn letztendlich sind die für die biologische Abbaubarkeit benötigten Mikroben allgegenwärtig. Erst ihre große Anzahl und die Bedingungen in den Kompostieranlagen machen den entscheidenden Unterschied aus.

Dazu sollten die kompostierbaren Kunststoffe in ihren Verarbeitungs- und Gebrauchseigenschaften konventionellen Kunststoffen vergleichbar sein. Leider sind aber genau die Eigenschaften, die eine gute Verarbeitbarkeit eines Kunststoffes ausmachen (z. B. hohe Kristallinität, lange Ketten), kontraproduktiv, was den biologischen Abbau angeht.

Natur als Vorbild

Ein Kunststoff ist ein Polymer, d. h. er setzt sich aus langen kettenförmigen Molekülen aus sich wiederholenden Bausteinen zusammen. Der größte Polymerproduzent ist Mutter Natur, die so verschiedene Polymere wie Proteine, Stärke und Cellulose in ihrem Repertoire hat. Warum also nicht einmal mit diesen – mehr oder weniger schnell – abbaubaren Materialien als Ausgangsbasis herumexperimentieren?

Leider sind diese natürlichen Materialien oft nicht oder nur sehr schlecht zu verarbeiten und erfüllen nicht das gewünschte Eigenschaftsprofil, etwa hinsichtlich ihrer Stabilität oder Feuchtigkeitsbeständigkeit. Eine chemische Modifizierung oder die Zumischung anderer, synthetischer Bestandteile ist daher unabdingbar, wenn die neuen Werkstoffe mit herkömmlichen Kunststoffen konkurrieren sollen. Ein Zuviel oder die falsche Modifizierung kann dann allerdings die Abbaubarkeit wieder zunichte machen.

Was also entscheidet – abbaubar oder nicht? Zunächst einmal die Art der chemischen Bindung, mit der die einzelnen Bausteine (Monomere) miteinander zum Polymer verknüpft sind. Diese Bindung muss von den Enzymen der im Kompost oder in der Erde enthaltenen Pilze und Bakterien geknackt werden können. Cellulose, egal ob natürlich gebildete oder chemisch synthetisierte, ist biologisch abbaubar und kompostierbar. Wird sie mit Essigsäure zu Cellulosemonoacetat umgesetzt, wird also im Mittel eine Acetatgruppe pro Monomer gebunden, lässt die Abbaubarkeit bereits deutlich nach. Zu Cellulosetriacetat verestert, ist sie gar nicht mehr abbaubar, obwohl die in diesem Molekül enthaltenen Bindungstypen – Acetal- und Esterbindungen – an und für sich gut durch Mirkoorganismen spaltbar sind. Offenbar sind die Bindungen im Triacetat für die Enzyme räumlich nicht mehr zugänglich. Die räumliche Struktur der Moleküle spielt also ebenfalls eine wichtige Rolle.

Die Spaltung der Polymere in ihre einzelnen Bausteine reicht aber noch nicht aus. Auch die Monomere selber müssen den Mikroorganismen des Komposts „gut schmecken" – dann werden sie „aufgefressen" (Abb. 1). Zurück bleiben nur Kohlendioxid, Wasser und Biomasse. Unter Biomasse versteht man die abgestorbenen und die lebenden Mikroorganismen. Biomasse ist ein Wertstoff des Kompostes, der den Boden verbessert.

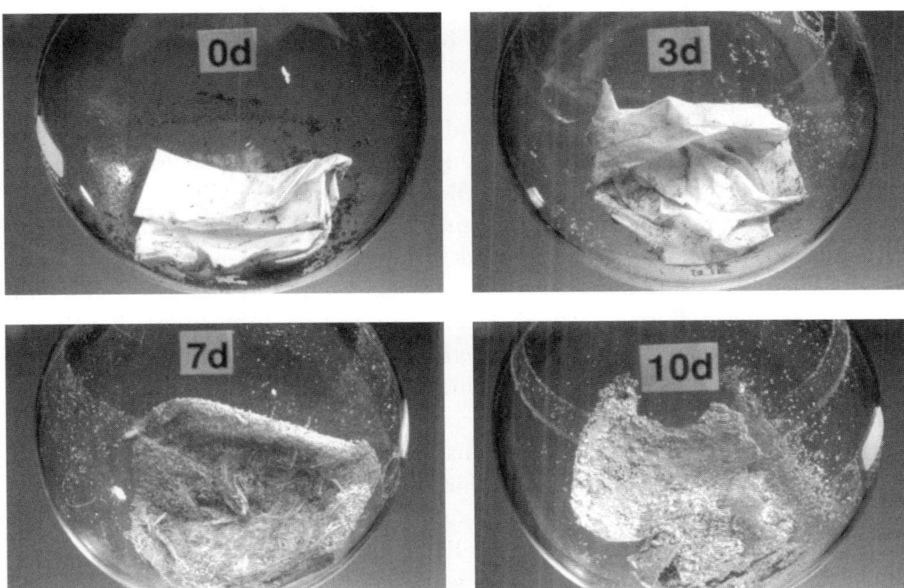

Abb. 1. Eine cellulosehaltige Folie stellt ihre Abbaubarkeit unter Beweis: Nach und nach wird sie von Mikroorganismen aufgefressen. Innerhalb von zehn Tagen ist sie weitgehend zu Kohlendioxid, Wasser und Biomasse verstoffwechselt.

Die richtige chemische Struktur

So wie die modifizierten natürlichen Stoffe nicht unbedingt abbaubar sein müssen, wie wir am Beispiel der Cellulose gesehen haben, gilt umgekehrt auch, dass petrochemische Rohstoffe nicht automatisch die Nichtabbaubarkeit des erzeugten Kunststoffes implizieren! Schon seit längerem ist bekannt, dass eine Reihe von konventionellen Kunststoffen sogar gegen mikrobiellen Abbau stabilisiert werden muss, etwa bestimmte Polyurethane. Warum also nicht aus der Not eine Tugend machen? Den umgekehrten Weg gehen und von konventionellen Kunststoffbausteinen ausgehend ein Polymer kreieren, das für Mikroorganismen „lecker" ist? Alte Vorurteile sind mittlerweile eindeutig widerlegt: Die Herkunft des Polymers – natürlich oder synthetisch – hat nichts mit der Eigenschaft der biologischen Abbaubarkeit zu tun, einzig und allein entscheidend ist der charakteristische Aufbau der Substanz.

Genauso wie bei der Modifikation natürlicher Produkte wie der Cellulose reicht auch bei Polymeren auf petrochemischer Basis das Wissen um die prinzipielle Abbaubarkeit der Bindungstypen sowie der Monomere nicht aus, um für die Abbaubarkeit des Endproduktes zu garantieren. Jedes individuelle Produkt muss getestet werden, sonst kann es (böse) Überraschungen geben.

Anhand des Beispiels Polyesteramid sei gezeigt, wie die genaue Zusammensetzung die Abbaubarkeit des Polymers beeinflusst: Bei der Bayer AG wurde zunächst geklärt, dass die in einem Polyesteramid enthaltenen Bindungstypen – Ester- und Amidbindungen – prinzipiell von Bakterien und Pilzen geknackt und sämtliche Spaltprodukte verstoffwechselt werden. Die Ausgangsstoffe (Aminocapronsäure, Adipinsäure und Butandiol) wurden dann in verschiedenen Mengenverhältnissen umgesetzt, so dass Polyesteramide mit verschiedenen prozentualen Ester- und Amidanteilen entstanden. Erstaunliches trat bei der Untersuchung der Abbaubarkeit dieser verschieden zusammengesetzten Polymere zutage: Bis zu einem Esteranteil von 30 Gewichtsprozent findet im betrachteten Zeitraum von 65 Tagen so gut wie kein Abbau statt. Bei 40 Prozent Esteranteil ist der Abbau dagegen bereits beträchtlich (Abb. 2). Aufbauend auf diesen Ergebnissen konnten bei Bayer mehrere vollständig kompostierbare Polyesteramid-Typen entwickelt werden, die sich für unterschiedliche Verarbeitungsverfahren eignen und unter dem Markennamen BAK auf dem Markt sind.

Eine ganze Reihe weiterer Herstellerfirmen hat Produkte auf synthetischer Basis auf den Markt gebracht, andere setzen weiter auf natürliche Rohstoffe oder auf Mischungen (so genannte Blends) aus natürlichen Rohstoffen und petrochemischen Komponenten. Die Tabelle stellt eine Auswahl der wichtigsten Hersteller bioabbaubarer Werkstoffe und ihrer Produkte zusammen.

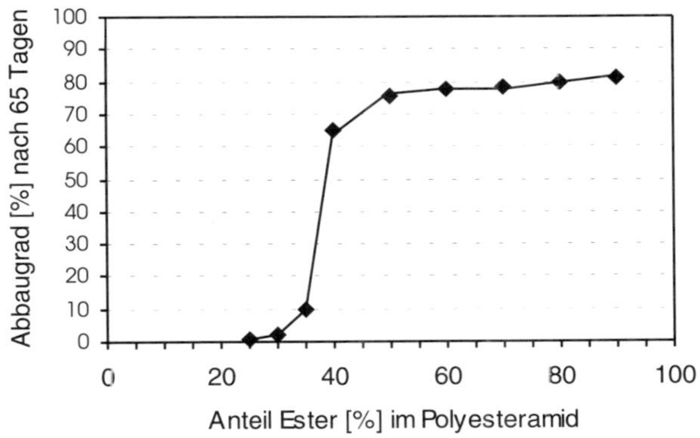

Abb. 2. Die Abbaubarkeit von Polyesteramiden hängt entscheidend vom Ester- und Amidanteil ab.

Hersteller	**Handelsname**	**Verbindungstyp**	**Rohstoffe**
BASF	Ecoflex	Copolyester	synthetisch
Eastman Chemical	Eastar Bio	Copolyester	synthetisch
Union Carbide	Tone Polymer	Polycaprolacton	synthetisch
Solvay	CAPA	Polycaprolacton	synthetisch
Showa Highpolymer	Bionolle	Polybutylensuccinat	synthetisch
Bayer	BAK	Polyesteramid	synthetisch
Monsanto	Biopol*	Polyhydroxyalkanoat	nachwachsend
Courtaulds		Zellglas	nachwachsend
Mazzucchelli	Bioceta	Cellulose-2,5-acetat	nachwachsend
Cargill Dow Polymers	Nature works	Polymilchsäure	nachwachsend
Mitsui Chemicals	Lacty	Polymilchsäure	nachwachsend
Novamont	Mater-Bi	Stärkeblends	nachwachsend/synthetisch
Biotec	Bioplast	Stärkeblends	nachwachsend/synthetisch

* nicht mehr am Markt

Die Neuen sind vielseitig

Viele der heutigen biologisch abbaubaren Polymerwerkstoffe lassen sich in gleicher Weise wie ihre herkömmlichen „Kollegen“ verarbeiten, teilweise sogar mit denselben Maschinen. Ähnliches gilt für ihre Anwendungseigenschaften. Manche kompostierbaren Werkstoffe weisen ein ähnliches Eigenschaftsprofil auf wie Polyethylen oder auch

Polystyrol. Andere sind den gängigen Materialien im Bereich von bestimmten Spezialanwendungen deutlich überlegen, weil sie gerade die hier geforderten Eigenschaften zu bieten haben. So ergibt sich ein weites Spektrum möglicher Einsatzgebiete für die „Neuen" – nicht nur das eingangs erwähnte Plastikgeschirr.

Lohnen wird sich der Umstieg allerdings nur in den Fällen, in denen die Abbaubarkeit einen wirklichen Zusatznutzen bringt – der wegen der bisher geringen Produktmengen heute noch höhere Preis der kompostfähigen Kunststoffe spricht sonst einfach dagegen.

Vom Müllsack bis zu Schrotkugeln

Wo also finden sich sinnvolle Anwendungen? Kompostierbare Müllbeutel könnten die getrennte Sammlung von Biomüll für Privathaushalte angenehmer gestalten, der Ekelfaktor würde deutlich reduziert, die Tonne damit sicher intensiver genutzt. Das gerade in heißen Sommern auftretende Hygieneproblem (Schimmelbildung, Maden) ließe sich lindern, wenn der Abfall in geschlossenen Beuteln in die Tonne geworfen würde.

Einweggeschirr und Besteck (Abb. 3) ist gerade bei Großveranstaltungen eine feine Sache: Keine zersplitternden Gläser, deren Scherben erhebliche Verletzungsgefahr bedeuten, keine Messer, die von Hooligans als Waffe zweckentfremdet werden können. Vor allem aber kein Hygieneproblem durch unzureichendes Abspülen. Pappteller und -becher müssen mit Kunststoff beschichtet werden, sonst weichen sie schnell

Abb. 3. Besteck aus dem kompostierbaren Kunststoff BAK.

durch. Und das Recycling von verschmutztem konventionellem Plastikgeschirr ist sehr aufwendig, teuer und verbraucht sehr viel Wasser für die Reinigung. Was liegt also näher, als für den Catering-Bereich kompostierbares Plastik einzusetzen? Besonders interessant und sinnvoll sollte auch der Bereich der Lebensmittelverpackungen sein. Trennung oder Reinigung ist nicht nötig: Zusammen mit den Essensresten ist der Komposthaufen dann die richtige Endstation.

Weitere sinnvolle Einsatzbereiche liegen im Bereich der Landwirtschaft und Pflanzenzucht. Abbaubare Pflanztöpfe können zusammen mit dem Wurzelballen in die Erde gegeben werden, wo sie langsam verrotten. So lassen sich die empfindlichen Wurzeln schonen. Abbaubare Mulchfolien kann der Bauer einfach unterpflügen – kostengünstiger als das aufwendige Einsammeln. Mit bestimmten Pigmenten eingefärbte Folien können sogar das Keimen von Unkräutern zwischen Kulturpflanzen verhindern, indem sie sie vom Sonnenlicht abschirmen. Pflanzensamen, z. B. Rasensamen, könnten direkt in abbaubare Folien eingebunden werden. Die fertigen Folien ließen sich dann, passend zugeschnitten, auf dem Grundstück ausrollen. Der keimende Grassamen wäre so gleichzeitig vor Vögeln und vor dem Austrocknen geschützt. Bis die Saat aufgegangen ist, wären die Folien zerfallen.

Einen interessanten Beitrag zum Umweltschutz werden vielleicht bald spezielle Schrotkugeln leisten, die die konventionelle Munition von Jägern und Hobby-Schützen ersetzen könnten. Konventionelle Schrotkugeln bestehen aus giftigem Blei. Bei Eintrag in ein Gewässer wirkt sich diese Bleibelastung ungünstig auf Fauna und Flora aus. Außerdem ist sicherlich ein bleifreier Sonntagbraten vorzuziehen. Die neuen Schrotkugeln bestehen aus einer Mischung des abbaubaren Polymers BAK mit Eisenpulver. Die Markteinführung ist in Vorbereitung.

Biologisch abbaubare Polymere können auch sehr direkt segensreich für Mensch und Umwelt sein. So arbeiten im Rahmen eines EU-Projektes Arbeitsgruppen der Universitäten Stuttgart und Karlsruhe an einer Einfachtechnologie zur Trinkwasseraufbereitung. Ein Schritt ist dabei die Entfernung von Nitrat durch Mikroorganismen. Damit sie diese Aufgabe auch erfüllen können, werden sie mit wasserunlöslichen, bioabbaubaren Polymeren als Kohlenstoffquelle versorgt. Als besonders geeignet hat sich Polycaprolacton (PCL, Hersteller: Union Carbide) erwiesen. PCL kann einfach immer wieder als Pulver zudosiert werden, daher wäre dieses Denitrifikations-Verfahren für einfache Brunnentechniken in der Dritten Welt sehr gut zu handhaben.

Harte Prüfung vor dem Gang zum Kompost

Bevor die Kompostierer ihre Anlagen für die neuen Plastikspezies öffnen, wollen sie natürlich sicher gehen, dass die Kunststoffteile auch wirklich in einer angemessenen

Zeit abgebaut werden, dass keinerlei Rückstände bleiben und dass der Kompost nicht in seiner Qualität beeinträchtigt wird. Hatte es doch bereits in den achtziger Jahren angeblich biologisch abbaubare Werkstoffe gegeben, die sich dann aber auf den Komposthaufen als Etikettenschwindel entpuppten. Skepsis war also angebracht.

Inzwischen wurde ein standardisiertes Testverfahren entwickelt und als Norm DIN 54 900 etabliert. Der Testkandidat muss auf einen strengen Prüfstand, will er das begehrte Zertifikat erringen. Zunächst wird der Kunststoff chemisch analysiert. Bestimmte Grenzwerte für Schwermetalle und für organische Schadstoffe dürfen nicht überschritten werden. Im zweiten Schritt wird dann die Abbaubarkeit des Materials im Labor unter die Lupe genommen. Referenzmaterial bei diesen Tests ist zumeist Cellulose.

Wie stellt man aber den Abbau fest? Die DIN lässt drei verschiedene Testvarianten zu. Mikroorganismen verstoffwechseln den Kohlenstoff des Kunststoffes zu Kohlendioxid und Biomasse. Bei diesem Vorgang wird Sauerstoff benötigt. Was liegt also näher, als den Verbrauch von Sauerstoff oder die Freisetzung von Kohlendioxid zu messen.

Bei Testvariante 1 und 2 wird in flüssiger Kultur gearbeitet. In gasdicht verschlossenen Flaschen werden Mikroorganismen mit dem gemahlenen Kunststoff als einziger Kohlenstoffquelle versorgt. Proben aus dem Gasraum über der Flüssigkeit werden analysiert, und entweder wird der Sauerstoff-Verbrauch (Test 1) oder die Kohlendioxid-Entwicklung (Test 2) ermittelt. Parallel kann die Zunahme der Biomasse über eine Biolumineszenz-Methode bestimmt werden. Der gelöste anorganisch und organisch gebundene Kohlenstoff lässt sich ebenfalls leicht mit modernen Analysengeräten bestimmen. Auf diese Weise erhält man eine Kohlenstoffbilanz, die zeigt, wo der Kohlenstoff aus dem Polymer abgeblieben ist.

Alternativ kann ein Controlled-Composting-Test durchgeführt werden (Test 3). Dazu wird der Kunststoff mit Kompost vermischt und in einem Reaktor zum Verrotten gebracht. Die freigesetzte Kohlendioxid-Menge wird bestimmt. Außerdem analysiert man, wie viel Restpolymer noch im Kompost vorhanden ist. Innerhalb von sechs Monaten muss der Kunststoff zu mindestens 90 Prozent abgebaut sein. (Wird nur eine einzelne Kunststoff-Komponente untersucht, muss ein Abbau von mindestens 60 Prozent erreicht werden.)

Aber diese Tests unter Laborbedingungen reichen noch nicht aus. Unser Kandidat muss seine Abbaubarkeit auch unter den Bedingungen einer Kompostierungsanlage unter Beweis stellen. Dazu gibt es Modell-Kompostierungsverfahren im Technikumsmaßstab. Hier herrschen ganz bestimmte, standardisierte Kompostierbedingungen: Temperatur, Feuchtigkeit und Durchlüftung sind wichtige Parameter, die den Rotteverlauf stark beeinflussen. Zumeist wird eine Reihe von Prüfkörpern verschiedener Dicke aus dem zu prüfenden Kunststoff hergestellt. Sie werden mit typischem Bioabfall vermischt, der bestimmte Standardvorgaben erfüllen muss, in die Kompostierung gegeben. Parallel läuft zum Vergleich ein Versuch mit Bioabfall ohne Zugabe des Testsubstrats. Der Test läuft über 12 Wochen.

Verschiedene Parameter werden nun für beide Kompostsorten ermittelt und verglichen, um den Kompostierungsverlauf zu verfolgen. Der Kunststoffzusatz darf all diese Parameter nur innerhalb eines bestimmten engen Fensters beeinflussen. Der Kunststoff selber muss zu mindestens 90 Prozent abgebaut werden. Sichtbare Bestandteile dürfen nicht übrig bleiben. Durch die Untersuchung von Prüfkörpern verschiedener Schichtdicke erhält man einen Grenzwert, der bei der Herstellung von Gegenständen später nicht überschritten werden darf.

Ist die Hürde des Technikumsversuchs erfolgreich genommen, kommt der Praxistest: Die Prüfung auf einer realen Kompostieranlage. Wiederum werden die verschiedenen zur Charakterisierung des Rotteverlaufs entscheidenden Parameter nach verschiedenen Zeiten kontrolliert. Hier kann der Beweis angetreten werden, dass der Abbau der Kunststoff-Prüflinge auch unter den Unbilden des täglichen Betriebes gesichert ist.

Der entstandene Kompost wird nun noch einer Pflanzenverträglichkeitsuntersuchung unterzogen. Im so genannten Gerstentest wird eine standardisierte Erdmischung mit dem zu prüfenden Kompost vermischt und Gerste darin ausgesät. Ihr Wachstum darf nicht beeinträchtigt werden.

Für die richtige Einstellung der Gebrauchseigenschaften eines Kunststoffes ist oftmals die Zugabe von Additiven, z. B. Weichmacher oder Gleitmittel, notwendig. Alle zugesetzten Stoffe müssen ebenfalls kompostierbar sein, damit das fertige Kunststoffteil eines Zertifikates für würdig befunden werden kann. Das zugehörige Logo zeigt eine stilisierte Pflanze als Kreislaufsymbol (Abb. 4).

Abb. 4. Kunststoffteile mit diesem Logo haben harte Tests erfolgreich absolviert.

Erste Erfahrungen

In der Schweiz drängen biologisch abbaubare Plastiksäcke auf den Markt. Sie sind für die Grüngutsammlung gedacht, stoßen aber noch auf eine gewisse Skepsis seitens der Sammeldienste und Verwerter – seitens der Konsumenten dagegen auf großes Interesse. Auf dem Schweizer Markt sind Biomüllsäcke, die die Prüfung nach DIN 54 900 geschafft haben und eindeutig durch einen vollflächigen weißen Rasterdruck gekennzeichnet sind, nunmehr zugelassen. Ein Praxistest 1997 (Federführung Firma Composto, 5000 Haushalte, vier Wochen, Sackmaterial Mater-Bi) ergab keinen messbaren Einfluss auf die Kompostqualität.

Ab in den Kompost!? Leider nicht so ohne weiteres

Am 1. Oktober 1998 trat in Deutschland die Bioabfallverordnung in Kraft. Sie regelt die Verwertung von Bioabfällen auf landwirtschaftlich, forstwirtschaftlich und gartenbaulich genutzten Flächen. In der aktuellen Fassung unterscheidet sie zwischen biologisch abbaubaren Werkstoffen auf der Basis nachwachsender Rohstoffe und auf der Basis fossiler Rohstoffe: Nur die landbauliche Verwertung der kompostierbaren Kunststoffe aus nachwachsenden Rohstoffen ist darin vorgesehen.

Eine von der Industrie angestrebte Novellierung der Bioabfallverordnung mit dem Ziel, eine Gleichstellung aller biologisch abbaubaren Werkstoffe – unabhängig von der Rohstoffbasis – zu erreichen, wurde durch Intervention des Bundesministeriums für Landwirtschaft gestoppt. Derzeit ist der Marktzugang für biologisch abbaubare Polymere auf Basis synthetischer Rohstoffe durch die Ungleichbehandlung der Rohstoffbasis in der Bioabfallverordnung behindert.

Ob überhaupt – und wenn ja, welche kompostierbaren Kunststoffe eigentlich in die Biotonne gegeben werden dürfen, darüber darf spekuliert werden. Denn leider ist die momentane Gesetzeslage in dieser Hinsicht sehr unklar. Die entsprechenden Formulierungen in der Bioabfall- und der Verpackungsverordnung lassen recht verschiedene Betrachtungsweisen zu. Diese Unsicherheit trägt mit dazu bei, dass die neuen Werkstoffe sinnvolle Anwendungsbereiche nur sehr schleppend erobern können.

Noch ein dorniger Weg

Kunststoffe stehen schon lange unter der Anklage, unsere Umwelt zu belasten. Anklagepunkt Nummer eins: Die Entsorgung von Kunststoffgegenständen trägt mit zum

Müllproblem unserer Zivilisationsgesellschaft bei. Kompostierbare Kunststoffe könnten helfen, es zu lösen. Eine Hürde ist ihr – im Vergleich zu den konventionellen Massenkunststoffen – (noch) recht hoher Preis. Ein Teufelskreis: Solange die Nachfrage nach abbaubaren Kunststoffen gering bleibt, bleibt der Preis hoch – und umgekehrt. Das erste „prominente" Opfer des Preisdilemmas ist inzwischen zu beklagen: Biopol, ein abbaubares Copolymer aus verschiedenen Polyhydroxyalkanoaten (PHA), wurde von Monsanto wieder vom Markt genommen, da kein konkurrenzfähiges Preisniveau erreicht werden konnte.

Es bleibt abzuwarten, ob sich ausgehend von den erwähnten Nischenanwendungen ein größerer Trend in Richtung der abbaubaren Werkstoffe entwickeln wird, der sich durch die sinkenden Preise dann selbst weiter verstärken würde. Insbesondere bleibt aber zu hoffen, dass die politischen Hürden, die dem breiten Einsatz der abbaubaren Werkstoffe derzeit im Wege stehen, in absehbarer Zukunft abgebaut werden.

Inzwischen gibt es für Biopol übrigens einen neuen Hoffnungsschimmer: Der aufwendigste Herstellungsschritt, die Fermentation der aus Pflanzenstärke gewonnenen Glucose, ließe sich einsparen, wenn die PHA direkt in der Pflanze gebildet würden. Bei Monsanto ist es Forschern nun gelungen, die gewünschten PHA in Blättern von Ackerschmalwand (*Arabidopsis*) und Samen von Raps zu erzeugen. Vier bakterielle Gene mussten dazu in die Pflanzen eingebaut werden, um in ihre Biosynthese von Fettsäuren und von Aminosäuren einzugreifen. Aber noch sind die Ausbeuten nicht hoch genug, um auch kommerziell interessant zu sein. Ob weitere genetische Modifikationen zum Ziel führen können, muss sich zeigen.

Keine voreiligen Schlüsse

Der zweite Anklagepunkt gegen unsere heutigen Kunststoffe lautet: Zur Herstellung von Kunststoffen werden fossile Rohstoffe verbraucht. Ein Lösungsansatz: Nachwachsende Rohstoffe als Basis für moderne biologisch abbaubare Massenkunststoffe. Aber Vorsicht, nicht alles, was das Etikett „grün" trägt, ist automatisch umweltfreundlich!

Bleiben wir bei unserem Beispiel, dem „grünen" Kunststoff PHA (Biopol). In der Natur kommen Polyhydroxyalkanoate (PHA) als Kohlenstoff- und Energiespeicher von Bakterien vor. PHA können großtechnisch durch Fermentation von Glucose zu biologisch abbaubaren Kunststoffen verarbeitet werden, die vom Eigenschaftsprofil her Polystyrol ähneln. Aber eine genaue Untersuchung des Herstellungsprozesses von PHA aus Maisstärke ergab inzwischen Ernüchterndes: Berücksichtigt man alle einzelnen Schritte von Anbau, Ernte und Transport des Mais inklusive Herstellung der benötigten Dünger, Insektizide und Herbizide über die Fermentation der Glucose bis zur Isolation der PHA aus den Bakterienzellen, werden insgesamt 19 mal mehr Elektrizität,

22 Prozent mehr Dampf und sieben mal mehr Wasser verbraucht als bei der Herstellung von Polystyrol!

Voreilige Schlüsse à la „natürlich = gut“ sind also unbedingt zu vermeiden. Stattdessen müssen für eine aussagekräftige Ökobilanz alle Einzelschritte sorgfältig miteinander verglichen werden. Nur so kann für jeden Einzelfall die richtige Entscheidung getroffen werden, welche Alternative für Mensch und Umwelt die sinnvollste Wahl wäre.

Molekulare Bäume im Trend: Dendrimere

Holger Frey

Bei einem Waldspaziergang im Frühling wird die Strukturvielfalt von Bäumen deutlich: Baumstämme teilen sich in Hauptäste, von denen Seitenäste abgehen; aus ihnen treiben Zweige, die sich immer weiter verästeln, und am Ende der Zweige sprossen junge, frische Triebe. Die Natur hat dieses Prinzip oftmals variiert, und man kann große Unterschiede zwischen den Baumsorten erkennen, sowohl im Ausmaß der Verzweigung als auch in der Länge der Äste zwischen den Verzweigungsstellen. Betrachtet man diese Strukturen mit den Augen eines Chemikers, so könnte man auf die Idee kommen, baumartige Moleküle zu entwerfen, in denen man an einer Ausgangsverbindung in ähnlicher Weise nacheinander Äste, Seitenäste und Zweige anfügt. Welche besonderen Eigenschaften könnten solche Moleküle haben? In den letzten 20 Jahren sind solche Baummoleküle dank der Kreativität von Chemikern tatsächlich Wirklichkeit geworden. Inzwischen werden sie in Hunderten von Laboratorien weltweit synthetisiert und auf ihre besonderen Charakteristika hin untersucht. Es ist ein ganz neuer „Zweig" der Chemie entstanden, der erste Früchte trägt und großes Potential für die Zukunft birgt.

Was unterscheidet solche Baummoleküle von herkömmlichen großen Molekülen – Polymeren – wie etwa Polystyrol (Joghurtbecher) oder Polyethylen (Plastiktüte)? Viele dieser Materialien bestehen aus langen, kettenförmigen Molekülen, die durch Aneinanderreihung derselben Bausteine, den „Monomer"einheiten, aufgebaut sind.

Wie muss man sich – im Gegensatz zu linearen Kettenmolekülen – nun molekulare Bäumchen vorstellen? Man nehme einen Kern mit mehreren Andockstellen, beispielsweise drei, wie in Abbildung 1. Diese Andockstellen nennen Chemiker Endgruppen. Nun wird an den Andockstellen die nächste verzweigte Monomereinheit als molekulare Verästelung angebracht, die zur Verdoppelung dieser Endgruppen führt. Auf diese Weise erhält man ein Molekül mit nunmehr sechs Endgruppen. Wiederholt man das gleiche Spiel und bringt wiederum an jedem Ende jeweils eine verzweigte Einheit an, so ist man bei zwölf Endgruppen angelangt, danach bei 24 und so weiter. Man sieht schnell, worauf dieses Prinzip hinausläuft: Es entsteht ein vollständig verzweigtes Baummolekül, das außen dicht verzweigt ist wie eine Baumkrone. Natürlich müssen sich die Endgruppen nicht immer verdoppeln; bei der Siliciumverbindung wächst die Zahl bei jedem Wachstumszyklus um das Dreifache (Abb. 1)! Makromoleküle mit dieser ungewöhnlichen Baumstruktur nennt man „Dendrimere", eine Wortschöpfung, die das griechische Wort für Baum („Dendron") mit „Polymer" verknüpft. Die Struktur dieser Moleküle hat auch etwas mit einem Familienstammbaum gemein, der ein ähnliches kaskadenartiges Anwachsen einer Stammlinie zeigen kann. Insofern verwundert es nicht, dass die einzelnen „Verzweigungsschalen" um den Kern der Dendrimere als „Generationen" bezeichnet werden.

Was geschieht, wenn ein Makromolekül – ausgehend von einem Verzweigungskern – in drei Dimensionen wächst? Man kann sich leicht vorstellen, dass mit der zunehmenden Verzweigung unweigerlich Platzprobleme auftreten müssen. Typisch für perfekte Dendrimere ist, dass eine sogenannte Grenzgeneration auftritt, d. h. in einer bestimmten Schicht ist schlicht und einfach kein Platz mehr für weitere verzweigte Endgruppen vorhanden. Dies lässt sich einfach nachvollziehen: Während beim Wachstum nach außen die für die Endgruppen zur Verfügung stehende Oberfläche mit dem Radius des Dendrimers quadratisch anwächst (Kugeloberfläche), nimmt die Zahl der Endgruppen mit der Generation exponentiell zu. Dadurch wächst die Besetzungsdichte der Oberfläche mit jeder Generation. Die Oberfläche des Dendrimers ähnelt zunehmend einer Kugel oder – anschaulicher beschrieben – einem Blumenkohl.

Ganz offensichtlich sind Dendrimere aufgrund ihrer perfekt verzweigten Molekülstruktur sehr ästhetisch. Mehr noch: Sie sind in ihrer Struktur einmalig! In der Natur gibt es keine vergleichbaren, perfekt verzweigten Strukturen. So sind Bäume eben nicht vollständig verzweigt und weisen lineare, teilweise verzweigte und hochverzweigte Äste auf. Wir werden jedoch später sehen, dass die Natur auf der Molekülebene das Verzweigungsprinzip durchaus kennt und gezielt und sehr nutzbringend einsetzt, wenn kompakte Strukturen mit hoher Endgruppenzahl benötigt werden. Auch diese Strukturen sind jedoch nicht perfekt verzweigt wie die synthetisch hergestellten Dendrimere. Für den Synthesechemiker hat die perfekt symmetrische Struktur der Dendrimere allerdings ihren Preis: Die Herstellung ist nur in präzisen, schrittweisen Prozeduren möglich, die zeitraubend und aufwendig sind.

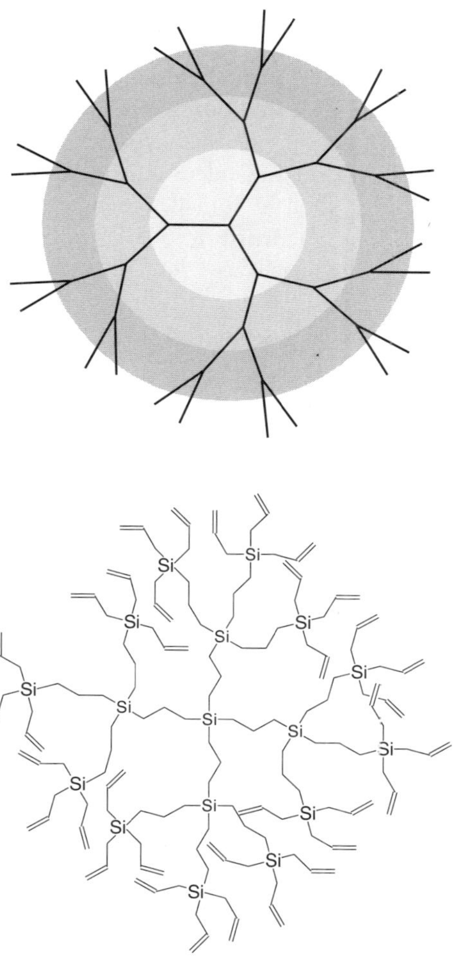

Abb. 1. Oben: Schematische Darstellung eines Dendrimers der dritten Generation mit 24 Endgruppen, die den generationsweisen Aufbau und die hochsymmetrische Struktur von Dendrimeren verdeutlicht. Die einzelnen Generationen sind in verschiedenen Grautönen dargestellt. Unten: Chemische Struktur eines siliciumhaltigen Dendrimers der zweiten Generation mit 36 Endgruppen.

Herstellung von Dendrimeren

Will man hochsymmetrische, exakt definierte Strukturen herstellen, muss man sich eine mathematisch geprägte Vorgehensweise zu eigen machen. Man benötigt Strategien, die die unkontrollierte Verzweigung verhindern und die Synthese von definierten Generationen erlauben. Zwei Synthesestrategien wurden bisher für die Herstellung von Dendrimeren entwickelt, die sogenannte „divergente" und „konvergente" Synthese. Die ersten Grundlagen für die Synthese von Dendrimeren legten 1978 Mitarbeiter von Fritz Vögtle (Universität Bonn). Sie suchten neue Verbindungen mit einer Vielzahl von Endgruppen, die mit Metallatomen wechselwirken sollten. Aus diesem Grund entwickelten sie eine „Kaskadenstrategie", die zu den ersten dendritisch verzweigten Molekülen führte. Donald Tomalia arbeitete wenig später ein ähnliches Konzept aus (Michigan Molecular Institute, USA) und erkannte, dass die hochverzweigten Produkte eine völlig neue Klasse von Polymeren sind. Tomalia schlug die Bezeichnung „Dendrimere" vor, die sich letztendlich durchgesetzt hat.

Sowohl Vögtle als auch Tomalia nutzten zum Aufbau „ihrer" Dendrimere die prinzipiell gleiche Synthesestrategie. Bei dieser *divergenten* Synthese beginnt die Herstellung am späteren Kern des Dendrimers (Abb. 2 oben). „Von innen nach außen" wird Verzweigungsschale um Verzweigungsschale angebracht, indem formal Einheiten der Struktur CA_2 angekuppelt werden. Jede neue Generation erfordert zwei Syntheseschritte: Durch Umsetzung mit Verzweigungseinheiten, die genau eine mit dem Kern kupplungsfähige Einheit und zwei (oder mehr) noch geschützte Kernfunktionen enthalten (CB_2), wird im ersten Schritt die Zahl der Endgruppen erhöht. In einem zweiten Schritt werden die geschützten Endgruppen wieder in die gewünschten A-Endgruppen zurückverwandelt („Entschützen", $CB_2 \rightarrow CA_2$), und man erhält die erste Generation des Dendrimers. Diese zwei Syntheseschritte werden in jeder der nachfolgenden Generationen durchlaufen. Will man ein Dendrimer mit fünf Generationen und einem bifunktionellen Kern aufbauen, benötigt man zehn Syntheseschritte, bis die 64 Endgruppen an den Kern angedockt sind!

Voraussetzung für ein perfekt verzweigtes Dendrimer ist, dass bei jedem Reaktionsschritt alle Endgruppen reagieren. Fehlerhaft verzweigte Moleküle lassen sich in der Regel nicht mehr von den ideal verzweigten abtrennen, da die Strukturunterschiede, etwa das Fehlen eines Ästchens mit zwei oder drei Endgruppen bei insgesamt mehr als 100 Endgruppen, sehr gering sind, d. h. die Moleküle sind mit den üblichen Trennmethoden nicht unterscheidbar. Es ist leicht einzusehen, dass einmal vorhandene „Baufehler" sich bei der divergenten Synthese in höheren Generationen vervielfachen. Dies führte zur Suche nach besseren Synthesestrategien. Man wurde schnell fündig, indem man mit der *konvergenten* Synthese genau die umgekehrte Vorgehensweise wählte: Statt von Innen nach Außen das Dendrimer aufzubauen, beginnt die konvergente Synthese nicht am Kern des Dendrimermoleküls, sondern an der späteren Dendrimerober-

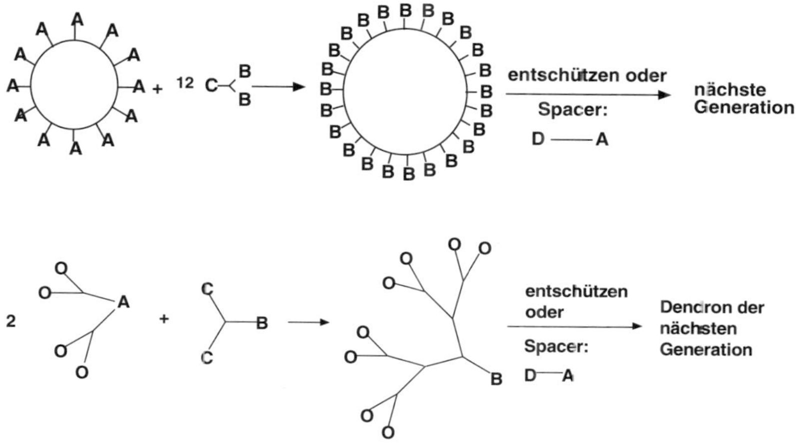

Abb. 2. Divergente (oben) und konvergente Strategie (unten) zum Aufbau von Dendrimermolekülen. Die divergente Strategie geht vom Kern nach außen vor; die konvergente Synthese verläuft von den Außenästen zum Kern.

fläche. Die Monomerästchen werden zusammengefügt, so dass ein Zweig entsteht. Mehrere solcher Zweige werden zu einem größeren Ast zusammengesetzt, bis man letztlich ein Segment eines Dendrimers mit der spitz zulaufenden Form eines Tortenstücks erhält (Abb. 2 unten). Im letzten Schritt fügt man lediglich mehrere dieser Tortenstücke, die man als „Dendrone" bezeichnet, zusammen, indem man sie an ihrer Spitze mit dem Kern verknüpft. So erhält man das fertige Dendrimermolekül. Diese Strategie wurde 1989 von Jean Fréchet (Cornell Universität, USA) sowie unabhängig von einer Arbeitsgruppe in den AT&T-Bell-Laboratorien (New Jersey, USA) entwikkelt.

Während die konvergente Synthese Dendrimere mit größerer struktureller Perfektion liefert, weil man fehlerhafte Zweige noch abtrennen kann, erhält man mit der divergenten Synthesesequenz Dendrimere, die in höheren Generationen meist nicht mehr völlig perfekt sind. Es ist jedoch auch schwierig, die sehr sperrigen Dendrimersegmente mit einem Kern bei der konvergenten Synthese im letzten Schritt zu verbinden, so dass hohe Generationen oft überhaupt nicht mehr hergestellt werden können. Welche Vorgehensweise man letztendlich wählt, hängt natürlich davon ab, welche Struktur man realisieren möchte.

Nach den ersten Dendrimersynthesen ging es Schlag auf Schlag: Viele Wissenschaftler erkannten, dass sich das Verzweigungsmuster der Dendrimere auf ganz verschiedene chemische Strukturen übertragen lässt, da es ein allgemeines Bauprinzip ist. Man benötigt lediglich nahezu perfekt funktionierende chemische Verknüpfungsreaktionen und etwas Geduld, um aus kleinen, verzweigten Bausteinen Dendrimere aufzubauen! Dies inspirierte Chemiker aller Fachrichtungen, und so wurde in den letzten zehn Jahren in Laboratorien auf der ganzen Welt eine große Bandbreite von Dendrimeren geschaffen. Darunter befinden sich fast alle denkbaren Verbindungsklassen: Amine, Amide, Ester und Ether sowie auch reine Kohlenwasserstoffe. Dendrimere, die nur aus aromatischen Ringen bestehen, wurden von Klaus Müllen und Mitarbeitern (Mainz, Deutschland) erstmals hergestellt; ihre verzweigten Strukturen sind extrem steif. Eine wichtige Rolle spielen auch Dendrimere, deren Verzweigungsstelle kein Kohlenstoff-, sondern ein Stickstoffatom ist. Auch mit Siliciumatomen als Verzweigungsstelle lassen sich Dendrimere herstellen, die in manchen ihrer Eigenschaften den Silikonen ähneln. Den Weltrekord halten derzeit phosphorhaltige Dendrimere, die in Bordeaux von Jean-Pierre Majoral und Mitarbeitern hergestellt wurden. Ihnen gelang die Herstellung einer zwölften Generation mit – zumindest theoretisch – der stattlichen Zahl von 12 288 Endgruppen! Hier lässt sich nicht mehr nachweisen, ob die Strukturen tatsächlich perfekt verzweigt sind.

Mit dem rapide anwachsenden Interesse an Dendrimeren wurden seit 1990 auch die ersten industriell produziert. Gegenwärtig kann man zwei Dendrimersorten kaufen: Polypropylenimin-Dendrimere mit Verzweigungsstelle am Stickstoffatom und dem phantasievollen Handelsnamen „Astramol®“ werden von der Firma DSM in den Niederlanden seit 1991 im technischen Maßstab hergestellt. Und Polyamidoamin-(PAMAM)-Dendrimere von der Firma Dendritech, gegründet vom Dendrimerpionier Donald Tomalia, sind kommerziell verfügbar. Zu ihren Anwendungen später mehr.

Eigenschaften der Dendrimere

Wenn man auf molekularer Ebene die Ursachen für die typischen Eigenschaften eines Kunststoffs kennt, ahnt man schon, wie sich baumartig verzweigte Polymere von gewöhnlichem Kunststoff unterscheiden und welche Eigenschaften man sich zunutze machen kann. Ein Material wie Polystyrol, das jeder in Form von Styropor kennt, würde bei extremer Vergrößerung wie frisch gekochte Spaghetti aussehen: Ein Gewirr langer, ungeordneter Fäden, die teilweise miteinander verschlungen und verknäuelt sind. Dies gilt nicht nur für Polystyrol, sondern auch für viele andere Kunststoffe.

Die charakteristischen Eigenschaften von Polymeren resultieren aus dieser spaghettiartigen Gestalt. Wie flexibel die Ketten sind und in welchem Ausmaß sie verknäueln und verschlaufen können, hängt wiederum sehr stark von der chemischen Struktur der Makromoleküle ab. Wie elastisch ein Kunststoff ist und wie gut man ihn verarbeiten kann, wird davon bestimmt, in welchem Ausmaß die Polymerketten miteinander verschlungen sind. Beispielsweise können Stoßdämpfer so lange und so gut Stöße unbeschadet überstehen, weil die Verschlaufungen zwischen den Polymerketten verhindern, dass das Material auseinander bricht.

Dass Dendrimere keine Verschlaufungen haben und kugelartig aufgebaut sind, hat entscheidende Konsequenzen für ihr Verhalten: Im Gegensatz zu den kettenförmigen Polymeren sind Dendrimere extrem spröde, da die Moleküle keinen großen Zusammenhalt untereinander haben. In Lösung kann man die Form der Dendrimerkugeln kaum verändern. Dies ist wichtig für die Verarbeitung: Dendrimerlösungen und -schmelzen sind sehr dünnflüssig! Eine weitere besondere Eigenschaft der Dendrimere hängt damit zusammen, dass verzweigte Moleküle schlecht kristallisieren: Bei linearen Polymeren bestimmt im Wesentlichen die Flexibilität und die regelmäßige Struktur der Ketten die Eigenschaften der Kunststoffe. Diese beiden Faktoren entscheiden, ob die Polymere kristallin oder ungeordnet, d. h. amorph wie Fensterglas, vorliegen. Kristallisation in der Polymerwelt bedeutet, dass sich die Molekülketten beim Festwerden parallel zueinander ausrichten müssen. Dies ist zwar bei „Spaghetti-Strukturen" möglich, aber bei stark verzweigten Dendrimerstrukturen nicht, da jede Verzweigung die notwendige regelmäßige Ordnung in die drei Raumrichtungen empfindlich stört.

Ein besonderes Charakteristikum der Dendrimere ist die große Zahl an Endgruppen, die sich auf der äußersten Schale der kompakt gebauten Moleküle befindet. Wie bereits angesprochen, können mehrere hundert Endgruppen vorhanden sein; der Chemiker nennt solche Moleküle „hochfunktionell". Es liegt nahe, an diesen Endgruppen andere Molekülbausteine mit besonderen Eigenschaften „aufzuhängen" wie Kugeln an einem Weihnachtsbaum. Dendrimere als Gerüst zu nutzen, birgt ein großes Potential – die Eigenschaften solcher Produkte sollten ein breites Spektrum aufweisen.

Anwendungsmöglichkeiten

Die faszinierende Ästhetik und perfekte Struktur von Dendrimeren begeistern den Chemiker nicht weniger als einen Kunstmaler, der mit Genugtuung sein gerade vollendetes Gemälde betrachtet, voll Freude über den gelungenen Duktus und Ausdruck seines Werks. Wahrscheinlich freut sich ein Chemiker ebenso sehr wie der Maler, wenn er ein neues Dendrimer der fünften Generation strukturperfekt hergestellt hat, und ihm dies die Analytikdaten beweisen. Wissenschaftliche Forschung ist eben nicht nur nüchternes Zerlegen und Verständlichmachen von Zusammenhängen, sondern oft enthusiastisches Betreten von Neuland! Nach einer gelungenen Synthese beginnt die Suche nach Anwendungen – es soll ja schließlich nicht das Prinzip l'art pour l'art gelten. Momentan ist die Herstellung von Dedrimeren sehr zeitaufwendig und teuer.

Deshalb sind die derzeit diskutierten Anwendungen von Dendrimeren in Bereichen, in denen man hochspezifische Materialien benötigt und deshalb deren Preis nur eine untergeordnete Rolle spielt.

Die gut zugängliche, hochfunktionelle Molekülоberfläche von Dendrimermolekülen in Kombination mit der definierten Molekülgröße und der kompakten Gestalt ist eine Voraussetzung für viele Anwendungen. Hauptsächlich werden Dendrimere als Träger für andere Substanzen, etwa Katalysatoren, eingesetzt. Viele technische Prozesse erfordern Katalysatoren, um effizient ablaufen zu können. Dies sind Stoffe, die selbst nicht während der chemischen Reaktion verändert werden, diese aber erst ermöglichen. In vielen Fällen sind Katalysatoren sehr teure Verbindungen, die Edelmetalle wie Palladium oder Platin enthalten und oftmals nach der Reaktion nicht wiederverwendet werden können. Eine niederländische Arbeitsgruppe um Gerard van Koten (Utrecht) zeigte 1994 erstmals, dass sich Dendrimere mit Siliciumatomen als Verzweigungspunkte als Träger für Katalysatoren eignen. Auf einer Dendrimeroberfläche lassen sich viele katalytisch wirksame Zentren anbringen, so dass zahlreiche Moleküle gleichzeitig mit deren Hilfe reagieren können. Katalysatoren auf Dendrimerträger vereinigen die Vorteile der löslichen (homogenen) und der unlöslichen (heterogenen) Katalysatoren: Homogene Katalysatoren sind zwar hochwirksam für viele Umsetzungen, lassen sich aber im Gegensatz zu heterogenen Katalysatoren auf Trägern oft nicht mehr von den Reaktionsprodukten abtrennen. An Dendrimere angebundene Katalysatoren sind meist klein genug, um im Reaktionsgemisch gelöst vorzuliegen. Aber sie sind auch groß genug, dass sie mit speziellen Filtern abgetrennt und wiederverwertet werden können. Die Verwendung von Dendrimerkatalysatoren könnte in Zukunft viele Prozesse billiger machen und kostbare Edelmetalle einsparen. In den letzten Jahren wurde eine Vielzahl verschiedener Katalysatoren auf diese Weise an Dendrimere gekuppelt. Man arbeitet intensiv an der Optimierung der Reaktoren für die Herstellung von Spezialverbindungen, beispielsweise von pharmazeutischen Wirkstoffen. So soll der Reaktionsraum mit einer Membran abgetrennt sein, die nur für das Produkt, nicht aber für den sperrigen Dendrimerkatalysator durchgängig ist.

Eine glänzende Zukunft wird Dendrimeren in der Medizin vorhergesagt, sowohl in der Therapie als auch in der Diagnostik. Dendritische Verbindungen können spezielle Funktionalitäten multiplizieren und so bei der Diagnostik höhere Empfindlichkeiten erreichen. Mit dem Kernspintomographen kann man Organe, Blutgefäße oder Gewebe im Inneren des menschlichen Körpers sichtbar machen, die mit Röntgenstrahlen nicht abgebildet werden können. Hierzu müssen dem Patienten geeignete Kontrastmittel injiziert werden. Oft werden dafür Salze des seltenen Metalls Gadolinium eingesetzt. Die bislang klinisch verwendeten Kontrastmittel haben den Nachteil, dass sie als niedermolekulare Verbindungen sofort nach der intravenösen Applikation aus dem abzubildenden Gewebe „verschwinden" können. Lineare Polymere, die als Träger für die Gadoliniumkomplexe verwendet wurden, sind dagegen zu groß und können nur schlecht über die Nieren wieder ausgeschieden werden. Kontrastmittel auf der Basis von Dendrimeren, an die Gadoliniumkomplexe angeheftet wurden, wurden von Schering entwickelt und befinden sich derzeit in der klinischen Testphase. Tierexperimente zeigen, dass sie komplett über die Niere ausgeschieden werden. Mit diesen Dendrimeren können selbst feinste Blutgefäße hochaufgelöst und kontrastreich sichtbar gemacht werden. Dies ist insbesondere für die Untersuchung der Herzkranzgefäße von großer Bedeutung und könnte in Zukunft eine verbesserte Herzinfarktvorsorge ermöglichen.

Andere, vielversprechende Anwendungen von Dendrimeren nutzen die im Molekülinneren vorhandenen Hohlräume, die sich sozusagen unter der „Baumkrone" befinden und normalerweise mit Lösungsmittelmolekülen gefüllt sind. Die Größe dieser Hohlräume hängt von der Art der Verzweigung, der Generation sowie Struktur der Baueinheiten ab. Die Größe der Hohlräume lässt sich vorausberechnen und in der Synthese einstellen. Die Hohlräume können entsprechend große Gastmoleküle aufnehmen. Es gibt zwei prinzipielle Möglichkeiten, solche Hohlräume in Dendrimeren für Gäste zu nutzen. Beim ersten Konzept setzt man die Gäste – nachdem man sie freundlich hereingebeten hat – im Dendrimerinneren gefangen. Dies funktioniert folgendermaßen: Man bringt nach dem Eindringen des Gastmoleküls in das Dendrimerinnere sperrige Einheiten an der Dendrimeroberfläche an, die für den Gast eine unüberwindbare Barriere sind. Danach hat man ein oder mehrere Gastmoleküle isoliert im Hohlraum eingesperrt. Eine solche „molekulare Nuss" mit harter, undurchdringlicher Schale und weichem Kern wurde erstmals von Bert Meijer und seinen Mitarbeitern (Eindhoven) 1994 hergestellt, sie fand große Beachtung als „dendritische Schachtel". Faszinierend an solchen hochverzweigten Molekülgefängnissen ist für den Chemiker, dass man hier die Eigenschaften einzelner Moleküle untersuchen kann.

Das zweite Konzept hat viel mit dem Wirkungsprinzip von Seifen zu tun: Moleküle, die aus zwei nichtmischbaren Segmenten bestehen, werden als Amphiphile („beides liebend") bezeichnet. Aufgrund ihrer Struktur bilden sie in wässriger Lösung Assoziate, die man „Mizellen" nennt. Der Kern dieser Mizellen ist wasserabweisend, die Schale ist wasserverträglich, und somit können solche Moleküle Fettteilchen in Wasser löslich machen. Jedes Spül- oder Waschmittel beruht auf diesem Prinzip. Wie die Mizellen haben Dendrimere deutlich unterschiedliche Kern- und Oberflächenbereiche. Somit lässt sich ein Dendrimer konstruieren, das sich wie eine Mizelle verhält, wenn man wasserunlösliche Dendrimere mit wasserlöslichen Endgruppen versieht. Eine wichtige Anwendung für solche Dendrimer-Mizellen ist die Züchtung extrem kleiner Metallpartikel. Hierzu gibt man ein Metallsalz zu einem Dendrimer in Lösung und sorgt durch das Design entsprechender Dendrimerstrukturen dafür, dass dieses Salz in die Dendrimerhohlräume wandert. Im Inneren des Dendrimers, das wie eine molekulare Kapsel wirkt, wird das Salz zum Metall reduziert. Dies funktioniert sehr leicht mit Palladium oder Gold, aber auch mit anderen Metallen. Durch die variablen Hohlräume lässt sich die Größe der resultierenden Metallpartikel einstellen. Diese sind nur wenige Nanometer (millionstel Millimeter!) groß und katalytisch hochaktiv.

Sowohl die „dendritische Schachtel" als auch die „Mizelle" können genutzt werden, um Arzneistoffe an einem definierten Wirkungsort im menschlichen Körper freizusetzen. Dies kann beispielsweise durch den gezielten, langsamen Abbau der Dendrimerhülle geschehen. Die Dendrimere könnten als Langzeitdepots dienen, die Medikamente nach und nach im Verlauf von Monaten freisetzen, oder als Speicher, der lokal begrenzt und gezielt den Wirkstoff abgibt. Beide Prinzipien spielen eine entscheidende Rolle in der Krebsbekämpfung, denn die hochtoxischen Cytostatika sollen nur lokal im Tumor wirken, aber den Gesamtorganismus möglichst wenig belasten.

Die Gentherapie ist ein aktuelles Forschungsgebiet der medizinischen Therapeutik. Hier wird erforscht, wie man schadhafte und krankheitsauslösende Erbanlagen im Zellkern austauschen kann Dazu werden geeignete Verbindungen gesucht, die als „Genfähren" gesundes Erbmaterial durch die Zellmembran transportieren und die Zellen auf diese Weise „umprogrammieren" und „reparieren" sollen. Auch hier können Dendrimere eingesetzt werden. Die PAMAM-Dendrimere erwiesen sich bereits als sehr effiziente Verbindungen für den Transport von genetischem Material in Zellen. So konnte man in einem Experiment Zellen zum Leuchten bringen, indem man das Luciferase-Gen, das Glühwürmchen zum Leuchten benötigen, mit diesen Dendrimeren in Zellen transportierte. Einschleusung des Gens in den Zellkern und dessen Funktionsfähigkeit wurden damit belegt.

Dass Dendrimere dünnflüssig sind, könnte sich möglicherweise für Verarbeitungshilfsmittel für andere Kunststoffe, neuartige Lacke und Beschichtungen, Klebstoffe und Zahnfüllkunststoffe nutzen lassen. Allerdings sind für diese Anwendungsfelder einfachere und effizientere Herstellungswege als die vielstufige Dendrimersynthese von entscheidender Bedeutung. Es stellt sich auch die grundsätzliche Frage, ob für die Anwendung überhaupt perfekte, höchst definierte Strukturen notwendig sind, oder ob möglicherweise auch fehlerhafte Baumstrukturen, die sich einfacher herstellen lassen, hinreichend sind. Bäume sind ja auch alles andere als perfekt verzweigte Strukturen! Verzweigte Polymermoleküle ohne perfekten Aufbau setzt die Natur in lebenden Organismen ein. Amylopektin beispielsweise, ein Bestandteil der Kartoffelstärke und des Mehls, besteht aus Zuckerbausteinen, und meist ist nur jeder zwanzigste Baustein weiter verzweigt.

Synthetisch lassen sich solche „zufällig verzweigten" Moleküle auch herstellen. Man bezeichnet sie als „hyperverzweigte Polymere" und erhält sie, indem man ein verzweigtes Monomer in einem einzigen Schritt polymerisiert. Das jüngst entwickelte, synthetisch hergestellte Polyglycerin ist ein solches hyperverzweigtes Material, sozusagen ein

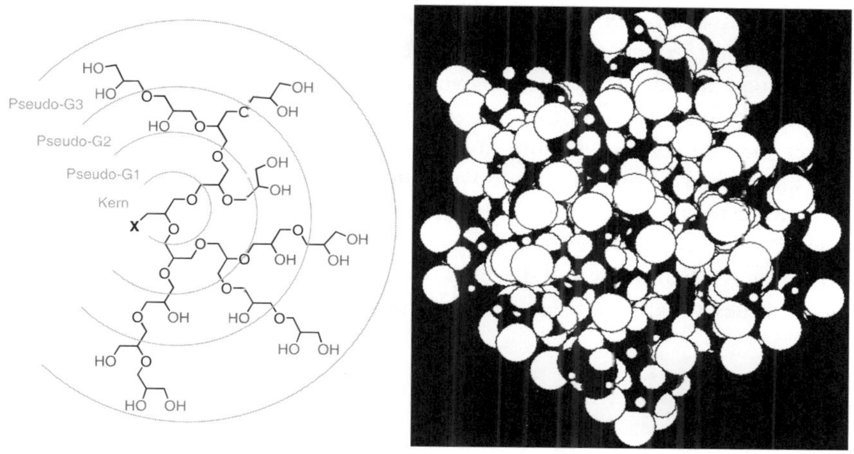

Abb. 3. Statistisch verzweigte Struktur von Polyglycerin (links) und räumliches Modell der Struktur (rechts). Deutlich ist die unregelmäßige Verzweigung zu erkennen; trotzdem resultiert ein kugelförmiges, den Dendrimeren ähnliches Molekül.

Kompromiss (Abb. 3). Es ist ein strukturell definiertes hyperverzweigtes Polymer, das aus dem biologischen Baustein Glycerin, der in nahezu allen natürlichen Fetten vorkommt, besteht. Deshalb sind Polyglycerine bioverträglich, gleichzeitig aber chemisch sehr robust und besitzen großes Anwendungspotential in der Medizin. Die Moleküle haben – ähnlich wie Dendrimere – bis zu 300 Endgruppen, die weiter umsetzbar sind. Aber Polyglycerin wird in einem Schritt hergestellt und das schnell und in großen Mengen!

Perspektiven

Chemiker haben in den letzten zehn Jahren ausgeklügelte Strategien entwickelt, um die hochsymmetrischen Dendrimere aufzubauen. Für Wissenschaftler, die sich mit diesen Materialien beschäftigen, ergibt sich ein Eldorado neuer Fragen und Herausforderungen, die in einer Vielfalt neuer Spezialanwendungen in der Medizin, Biochemie und Katalyse münden. Dieses Gebiet entwickelt sich in einem atemberaubenden Tempo in einem weltweiten Wettstreit der Kreativität vieler Wissenschaftler. Pro Jahr erscheinen über 700 Veröffentlichungen und Patente zur Thematik; Tendenz steigend. Ob letztendlich die Dendrimere mit perfekter Struktur oder die hyperverzweigten

Polymere in Anwendungen das Rennen machen, darüber kann derzeit nur spekuliert werden. Sicher ist jedoch, dass mit dieser noch sehr jungen Erweiterung der Vorstellungswelt von Chemikern auf hochverzweigte Moleküle viele Erwartungen verknüpft werden. Es ist noch Pionierluft zu spüren, die einem um die Nase weht, und es darf von einer Vielzahl von Anwendungen geträumt werden, insbesondere in Bereichen, die mit klassischen Kunststoffen nun wirklich nichts zu tun haben. Ob und in welchem Umfang im anbrechenden 21. Jahrhundert tatsächlich Dendrimere und hyperverzweigte Polymere nutzbringend eingesetzt werden, hängt von der schöpferischen Kreativität von Chemikern und der Risikobereitschaft von dynamischen Firmen ab, die sich auf dieses „verzweigte Gebiet" einlassen.

Der Feuerlöscher in der Babywindel: Superabsorber halten kleine Popos trocken

Axel Fischer

Schreiend, nass und wund – die Fernsehwerbung hat dieses Klischee längst überwunden: Babys sind heute immerzu nur glücklich und immerzu nur trocken. Ein paar Körnchen Wahrheit stecken durchaus in dieser TV-Botschaft, und diese kleinen weißen Körnchen heißen Superabsorber. Sie bestehen aus Polyacrylat, einem Kunststoff, einem funktionellen Polymer, das im Gegensatz zur landläufigen Vorstellung von Kunststoffen überhaupt nicht wasserabweisend, sondern geradezu wasserbegeistert ist: Wenn das Netzwerk aus Polyacrylatketten ein Wassermolekül (oder einen ganzen Schwall davon) einmal gepackt hat, lässt es die Feuchtigkeit so schnell nicht mehr los – auch nicht unter Druck. Seit knapp fünfzig Jahren gibt es Einwegwindeln, die Eltern den Umgang mit den anrüchigen Geschäften ihrer Sprösslinge erleichtern, und dabei den Jüngsten inzwischen so viel Komfort bieten, dass diese erst Monate später als frühere Generationen die Windel endgültig aufgeben wollen.

Bestimmt hätte früher oder später auch jemand anders die Höschenwindel erfunden. Aber bei Procter & Gamble in Cincinnati ist Vic Mills, Direktor der Forschungsabteilung und frisch gebackener Großvater, schon 1956 nasse Babywäsche und schmutzige Stoffwindeln leid. Als er nach einigen Tagen des Babysittings wieder ins Labor kommt, beauftragt er einige seiner fähigsten Mitarbeiter, sich zunächst nebenbei um praktikable Einmalwindeln zu kümmern. Ein Jahr später bemüht sich schon eine eigene Arbeitsgruppe um das Problem.

Doch die ersten Versuche scheitern kläglich. Das ursprüngliche Konzept, eine saugfähige, gefaltete Einlage zusammen mit einem besonderen Plastikhöschen, fällt bei Verbrauchertests in Dallas durch. Bei Temperaturen über 30 Grad Celsius schwitzen die Babys in der Plastikhose und werden wund. Das nächste Modell sieht vielversprechend aus: weicher, noch saugfähiger und mit einer verbesserten „Feuchtigkeitsbarriere" zwischen dem Kind und der nassen Einlage.

1959 gibt es noch keine Maschinen, die das neue und bis dahin einzigartige Konzept – drei Lagen verschiedenen Materials – realisieren können: eine undurchlässige Rückseite, die saugfähige Einlage und eine poröse, aber Wasser abweisende Oberseite im Zickzack falten und miteinander zu verkleben. Die ersten 37 000 Windeln werden noch von Hand zusammengelegt, gleichzeitig wird die Fertigungsstraße aufgebaut. „Das war wohl das komplizierteste Verfahren, vor dem die Firma jemals stand", sagt ein Ingenieur. Bei den Prototypen tropfte der Klebstoff und staubte der Zellstoff. Zusammen entstanden klebrige Klumpen, die die Anlage verschmierten – nach wenigen Minuten musste sie angehalten und gereinigt werden.

1961 gelangten endlich diese ersten maschinell hergestellten „Pampers" auf einen Testmarkt im Städtchen Peoria im US-Staat Illinois. Doch wieder geht der Test in die Hose – Pampers sind mit zehn Cent pro Windel zu teuer. Sechs Cent, das zeigen Verbrauchertests, wären akzeptabel. Die einzige Möglichkeit, auf diesen Preis herunter zu kommen, ist eine enorme Steigerung der Produktion. Die Nachfrage übersteigt schließlich alle Erwartungen, heute werden Pampers in mehr als 75 Ländern der Erde verkauft – und wie jedes erfolgreiche Produkt auch in den unterschiedlichsten Varianten kopiert.

Windeln und Mathematik

Mit atemberaubende Geschwindigkeit schießen in der Windelfabrik die fertigen Windeln aus der Maschine. Die Produktion läuft vollautomatisch und hygienisch ab. Auf einer rotierenden Siebtrommel sind die Schablonen für vier Windeln aufgeschraubt. Der Zellstoff, fein verkleinert, wird zusammen mit dem Superabsorber in diese Schablonen geblasen, die Luft aus dem Inneren der Trommel abgesaugt. Ein spezielles Verfahren steuert dabei den Saugvorgang und damit die Verteilung des Superabsorbers. Früher gab es auf diese Weise etwas mehr Superabsorber am Beinabschluss für die „Girl"-Windeln, etwas mehr im Bauchbereich bei den „Boy"-Windeln – dort wo mehr Flüssigkeit zu erwarten ist, wurde mit mehr Saugkraft vorgesorgt. Heute herrscht Gleichbehandlung, moderne Technik macht's möglich.

Kaum ist das Superabsorber-Zellstoff-Gemisch auf einer Lage Tissue gelandet, kommt von unten die Innenseite der zukünftigen Windel, das Polypropylenvlies mit der Auslaufsperre, von oben die Polyethylen-Folie, das Äußere der Windel. Computergesteuerte Maschinen bringen die einzelnen Bestandteile in die richtige Position übereinander, dann wird gefaltet, geklebt und geschnitten, mit elastischen Bändchen versehen und verpackt.

Dahinter stehen enorme Ingenieurleistungen: Die Messer, die in jeder Minute einige hundert Mal den runden Beinausschnitt schneiden, hielten anfangs nur wenige Tage. Deutlich längere Standzeiten wurden dadurch erreicht, dass per Computer mit mathematischen Modellen die Spannungen simuliert wurden, die in den einzelnen Regionen des Messers herrschen – und Schuld sind an erhöhtem Verschleiß und Materialermüdung.

Heißleim verbindet die Tragfolie mit den übrigen Teilen – Wärmedetektoren überprüfen die millimetergenaue Positionierung. Optische Detektoren wären hierfür nicht mehr ausreichend, da die Unterschiede zwischen den einzelnen Schichten zu gering sind, um noch erkannt zu werden.

Jetzt muss die Auslaufsperre absolut dicht mit dem Polypropylenvlies verschweißt werden. Ultraschall mit hoher Energiedichte erreicht die beiden Kunststoffe, die einen ähnlichen Fließpunkt haben, so weit, dass die Materialien untrennbar miteinander verschmelzen.

Selbstlernende Sensoren überwachen den gesamten Prozess. Was Ausschuss ist, entscheidet allein der Computer – menschliche Entscheidungen wären zu subjektiv, um bei der Geschwindigkeit der Fertigung die zwei Windeln unter Tausenden herauszufinden, bei denen sich eine kleine Macke möglicherweise zu einem größeren Malheur entwickeln könnte.

Woraus besteht eine Windel?

Höschenwindeln bestehen im wesentlichen aus drei Teilen: dem Innenvlies aus Polypropylen, das den Urin sehr schnell durchlässt, dem Saugkissen, das ihn aufnimmt und fest hält und aus der wasserundurchlässigen Außenfolie. Dazu kommen elastische Bündchen an den Beinen, wieder verschließbare Klebebänder und eine Auslaufsperre am Bund.

Der saugfähige Kern enthält Zellstoff-Flocken, eine oder mehrere Lagen Tissue und den Superabsorber, Körnchen des Wasser bindenden Polyacrylats. Das Innenvlies, das unmittelbar mit der Babyhaut in Berührung kommt, wird aus Polypropylen oder Polyester gefertigt. Die Außenseite der Windel besteht aus Polyethylen – früher glatt wie eine Plastiktüte, heute durch ein spezielles Verfahren atmungsaktiv und angenehmer anzufassen: Die Folie lässt Luft durch, aber kein Wasser, damit Kleidung und Bett trocken bleiben.

High-Tech-Pulver hält den Babypopo trocken: Superabsorber

Vor 15 Jahren enthielten Babywindeln lediglich Zellstoff als Wasserspeicher – damals begann die Krefelder Stockhausen GmbH (heute ein Unternehmen der Degussa-Hüls AG) als weltweit erster Großproduzent, Superabsorber herzustellen. Die Mengenverhältnisse haben sich inzwischen geändert. Der Superabsorber hat sich vom High-Tech-Gimmick zur entscheidenden funktionalen Komponente gewandelt.

Bekannt waren die wasserspeichernden Kunststoffe schon eine Weile: Sie waren für die amerikanische Landwirtschaftsbehörde entwickelt worden, im Rahmen eines Programms, das bei der Erschließung trockener Gebiete helfen sollte, Wasser zu sparen. In Krefeld zerbrach sich in den siebziger Jahren ein mit einem Chirurgen befreundeter Forscher den Kopf, wie man Menschen mit künstlichem Darmausgang helfen könnte, die damals noch unbefriedigende Ausgangssituation zu verbessern. Bis der Krefelder Forscher mit den feuchtigkeitsabsorbierenden Polymeren für die Erwachsenenhygiene auf den Plan kam, hatte die Medizin schon bessere Lösungen als den ersten Anus praeter gefunden. Mittlerweile hatten findige Japaner schon die Anwendung in der Windel entdeckt.

Kurz nach der ersten Anlage in Krefeld lief die erste von zwei Produktionsanlagen in den USA in Stockhausen-Lizenz an. Damals war die Wasseraufnahme das wichtigste Kriterium für die Anwendung: Es galt, möglichst viel Feuchtigkeit zu speichern. Zwei Gramm Superabsorber nahmen damals schon 40 Prozent dessen auf, was das Baby an Flüssigkeit von sich gab, die umgebenden in 50 Gramm Zellstoff nahmen die übrigen 60 Prozent auf. Zellstoff wirkt dabei wie ein Schwamm: Die Fasern binden das Wasser physikalisch, das heißt, sie geben es unter Druck auch wieder ab. Nicht so der Superabsorber – das Polymerknäuel (Abb. 1) quillt und fixiert dabei das Wasser chemisch im Molekül, und auch bei längerem Sitzen bleibt das zarte Hinterteil trocken.

In den vergangenen 15 Jahren wurde beständig am Polymermolekül gebastelt, um dessen Eigenschaften weiter zu verbessern. Die Polyacrylate der zweiten Generation konnten auch unter Druck mehr Flüssigkeit aufnehmen und halten. Dann verbesserten die Forscher die Aufnahmegeschwindigkeit: Sie mussten dazu eine an sich positive Eigenschaft des Superabsorbers überlisten. Beim Quellen verwandelt sich das Polyacrylat-Pulver nämlich in ein festes Gel und damit in eine Barriere gegen weitere Flüssigkeiten. Der Trick waren Abstandshalter im Molekül, die die wasserbindenden Einzelstränge gerade soweit auf Distanz halten, dass zwischen dem gebundenen Was-

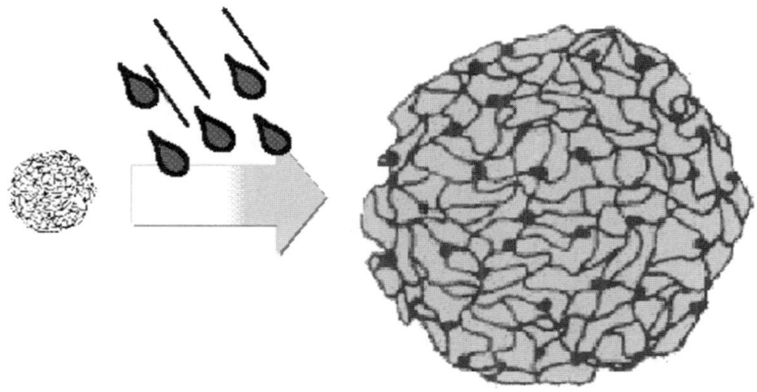

Abb. 1. Ein Superabsorber kann – je nach Flüssigkeit – das 30-fache, bei entsalztem Wasser sogar das 500-fache seines Volumens an Wasser speichern. (Grafik: Stockhausen)

ser weitere Flüssigkeit rasch wie durch kleine Tunnel in die Weiten und Tiefen der Windel vordringen kann.

Diese Technik, die Flüssigkeitsverteilung zu optimieren, bedeutete auch das Ende der Boy- und Girl-Ära. Galt es früher noch, mit dem saugfähigen Material zum Zeitpunkt des feuchten Ereignisses gleich an der richtigen Stelle parat zu sein, um ein Übertreten auf benachbarte Gewebe möglichst zu verhindern (und die Anatomie kleiner Buben und Mädchen legte dafür unterschiedliche Windelpartien nahe), so ist die moderne Windel an jeder Stelle gleich leistungs- und aufnahmefähig – die Flüssigkeit wird ja ohnehin innerhalb kürzester Zeit großflächig weitergeleitet. Dies bedeutete allerdings auch, dass Kleinkindern auch mit drei Jahren manchmal noch die bequeme, trockene und weiche Windel der harten und kalten Klobrille vorziehen.

Heute haben sich Zellstoff- und Polyacrylatgehalt aneinander angenähert (Abb. 2), das Gesamtgewicht einer Windel hat deutlich abgenommen, die Windeln sind deutlich dünner und die Packung nur noch halb so groß wie noch vor zehn Jahren: Etwa 18 Gramm Zellstoff stehen heute 15 Gramm Superabsorber gegenüber, und die Windel kann insgesamt mehr als 400 Gramm Flüssigkeit fest an sich binden, ohne beim aus der Fernsehwerbung bekannten Löschpapiertest zu versagen (für TV-Abstinente: Gießt man die gleiche Menge Flüssigkeit auf je eine Windel aus Zellstoff ohne und mit Superabsorber und presst anschließend ein Blatt Löschpapier darauf, so erhält man ohne Polyacrylat einen großen nassen Fleck, mit dem Polymer allenfalls eine kleine feuchte Stelle dort, wo noch Feuchtigkeitsreste am Deckgewebe hängengeblieben sind).

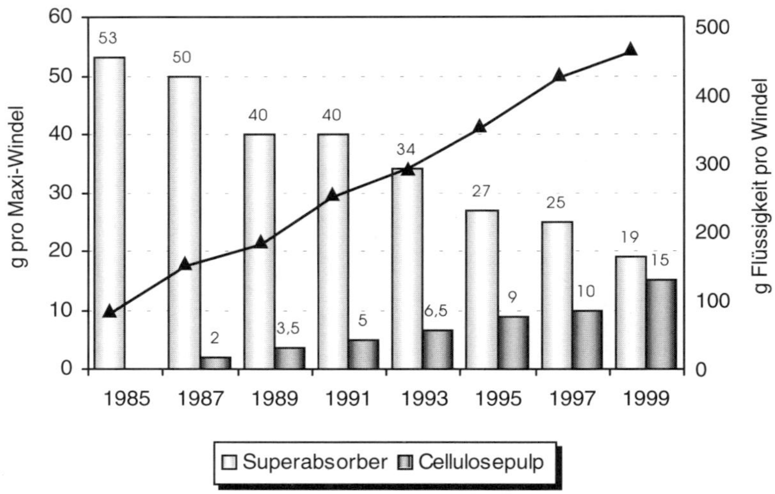

Abb. 2. Windeln wurden in den letzten 15 Jahren immer leichter und können trotzdem immer mehr Flüssigkeit speichern. (Grafik: Stockhausen)

Die Windel von der Rolle

Bisher wird der Superabsorber in Form feiner Kügelchen in die Zellstoffschicht der Windel eingearbeitet. Schon länger dachten Forscher bei Stockhausen darüber nach, wie sich dieser aufwendige Schritt vereinfachen ließe. Die neueste Technik wurde ursprünglich für dünne Damenbinden erdacht: Der Superabsorber wird mit Zellstoff zu einer dünnen Matte verbunden, die als Meterware nur noch zugeschnitten und in die Windel eingelegt zu werden braucht – das könnte die Technik der Windeln von morgen werden.

Windelfabriken sind zwar heute die wichtigsten Abnehmer für Superabsorber, doch daneben haben sich nicht weniger spannende Anwendungen entwickelt. In unterirdisch verlegten Kabeln dienen sie als Barriere gegen eindringendes Wasser: Wird ein Kabel in der Erde beschädigt, dringt Wasser ein und kriecht durch die Kapillarwirkung bis zu Hunderten von Metern in die Zwischenräume zwischen den einzelnen Adern. Superabsorber quillt hier auf und dichtet die Schadensstelle ab, der Wassereinbruch bleibt lokal begrenzt. Auch bei Verpackungen können Superabsorber Flüssigkeiten binden, so etwa bei Fisch, Fleisch oder Geflügel. Mit dem austretenden Wasser bindet der Superabsorber auch Keime – das Lebensmittel bleibt länger frisch. Das gleiche Prinzip wird für Schnittblumen oder Kühlelementen genutzt.

Der Superabsorber kann einmal gespeichertes Wasser aber auch langsam wieder abgeben, so an die Wurzeln frisch gepflanzter Bäume. Wenige Gramm Polyacrylat im Bereich der Wurzeln helfen Pflanzen auch über längere Trockenperioden – das Wasser versickert nicht einfach ungenutzt im Boden. Superabsorber-Tabletten können als Träger auch Wirkstoffe wie etwa Pflanzenschutzmittel kontrolliert über einen längeren Zeitraum freisetzen.

Wasser effizient einsetzen – das will auch die Feuerwehr: Löschwasser mit zugesetztem Superabsorber bildet ein feuerhemmendes Gel, das sich wie kühlender Pudding auf die Glut legt. Das Wasser verdampft langsamer, der Brand wird sofort erstickt. Weil so der Wasserverbrauch drastisch sinkt, bleiben auch die Folgeschäden geringer als beim Löschen mit Wasser und Schaum: Unerwünschte Überschwemmungen halten sich in Grenzen, gleichzeitig fällt auch weniger verunreinigtes Löschwasser an.

Stoff kontra Zellstoff: Sind Baumwollwindeln umweltfreundlicher?

Pampers, Papierwindeln, Wegwerfwindeln – bei allem Komfort haben viele Eltern ein schlechtes Gewissen: Sie betrachten die bequeme Lösung als umweltbelastend; Baumwollwindeln halten sie für umweltfreundlicher, denn sie können nach dem Waschen ja wieder benutzt werden.

Eine genaue Analyse zeigt allerdings, dass keine der beiden Windelarten die Nase vorn hat, wenn sämtliche Umweltaspekte berücksichtigt werden – also Rohstoffbedarf, Abfälle, Abwässer, Abluft und Energiebedarf. Den Weg eines Produkts von der Wiege bis zum Grab genau zu analysieren und in Zahlen zu fassen ist das Ziel von Umweltbilanzen, wie sie Pampers-Hersteller Procter & Gamble am Institut von Professor Karl Thomé-Kozmiensky von der Technischen Universität Berlin entwickeln ließ.

Summiert man die Abfälle, mag die Baumwollwindel noch Vorteile für sich verbuchen –1 bis 2,8 Prozent des Hausmülls von durchschnittlich 300 Kilogramm pro Kopf und Jahr in Deutschland sind Windeln, je nach dem, ob man den trockenen oder feuchten Zustand zum Vergleich heranzieht.

Betrachtet man allerdings die Luftschadstoffe, kehrt sich das Bild um: Etwa zwei Kochwäschen pro Woche benötigen nicht nur erhebliche Mengen an Wasser und

Waschmittel, sondern vor allem Strom. Stickoxide (NO_x) und Schwefeldioxid (SO_2) entstehen, wenn aus fossilen Brennstoffen wie Öl oder Gas Strom erzeugt wird. Auch in Sachen Abwasser kann die Höschenwindel Pluspunkte verbuchen: Die gesamte Abwassermenge liegt für Baumwollwindeln zwar etwas niedriger, der Wasserverbrauch bei der Zellstoffherstellung macht sich hier bemerkbar. Dafür ist sowohl der chemische wie der biologische Sauerstoffbedarf (CSB und BSB) des Abwassers mehr als doppelt so hoch – die Windelwäsche hinterlässt ihre Spuren.

Nicht gerechnet werden kann in solchen Bilanzen die Arbeit oder der Freizeitgewinn durch die eine oder andere Wickeltechnik. Viele Mütter – und Väter! – können es sich heute nicht mehr vorstellen, während der ersten zwei Lebensjahre ihres Kindes knapp über viertausend Mal nasse und verschmutzte Stoffwindeln zu waschen. Berechnen lässt sich dieser Aufwand nicht. Wie will man schon eine Stunde Windelwaschen am Tag bewerten?

Teil 3:
Die Guten ins Töpfchen, die Schlechten ins Kröpfchen – die analytische Chemie

Ein kleiner Unterschied macht's möglich: die kernmagnetische Resonanz

Martin Ilg

Ich liege auf dem Rücken auf einer Liege, die langsam in eine Röhre hineingleitet. Der Hohlraum ist etwas breiter als meine Schultern. Als die Liege im Innern der Röhre stoppt, lasse ich in Gedanken die Ereignisse der letzten Tage Revue passieren. „Ich überweise Sie zur Kernspintomographie", hatte mein Arzt gesagt. „Nach den Aufnahmen können wir ganz sicher sein, dass Ihr Unfall keine Schäden am Gehirn verursacht hat. Sie werden erstaunt sein, wie scharf die Bilder sein werden." Und in einem solchen Gerät liege ich jetzt, die beruhigende Musik im Kopfhörer bricht plötzlich ab und mein Arzt sagt: „Gleich geht's los. Bitte bleiben Sie ganz ruhig liegen."

In einer Pause zwischen zwei Messungen fasse ich an das warme Plastik der verkleideten Röhre. Wenn ich mich recht an mein Biochemiestudium erinnere, herrscht nur wenige Zentimeter von meinem Finger entfernt eine Temperatur knapp über dem absoluten Nullpunkt: Ich liege im Innern eines riesigen, mit flüssigem Helium gekühlten Magneten. Der Effekt, mit dessen Hilfe mein Arzt heute die Diagnose stellt, ist die kernmagnetische Resonanz, kurz NMR (nuclear magnetic resonance) genannt. Diese kennt jeder Naturwissenschaftler in einem anderen Zusammenhang, denn sie wird bei der NMR-Spektroskopie als mächtigstes Hilfsmittel bei der Aufklärung von

Molekülstrukturen genutzt. (Die Mediziner sprechen in der Regel von MRI, Magnetic Resonance Imaging, meinen aber im Prinzip das gleiche Phänomen.)

Das Phänomen und wie alles anfing

In den zwanziger Jahren diskutierten Wissenschaftler zum ersten Mal darüber, ob Atomkerne kleine Magnete sind – oder wissenschaftlicher ausgedrückt – ein magnetisches Moment, einen Kernspin, haben. Der experimentelle Nachweis dieses Kernspins gelang 1946 unabhängig voneinander F. Bloch und E. Purcell, die gemeinsam für diese Entdeckung 1952 den Nobelpreis für Physik erhielten. Die beiden Wissenschaftler haben sich damals sicherlich nicht einmal in ihren kühnsten Träumen ausmalen können, welche Anwendungen ein halbes Jahrhundert später aus ihrer Entdekkung hervorgegangen sind.

Die beiden wichtigsten Anwendungen der kernmagnetischen Resonanz sind die *NMR-Spektroskopie*, mit deren Hilfe Wissenschaftler herausfinden können, aus welchen Atomen Substanzen aufgebaut sind und wie diese miteinander verknüpft sind. Kaum ein Chemiker entwickelt heute eine neue Substanz, beispielsweise ein Arzneimittel, ohne die Struktur mit Hilfe der NMR-Spektroskopie aufgeklärt zu haben. Die *NMR-Tomographie* dagegen ist ein bildgebendes Verfahren, das uns aus dem Inneren unseres Körpers – aus dem Gehirn oder den inneren Organen – Informationen liefert. Dazu später mehr.

Auf welchen Vorgängen basiert die NMR-Spektroskopie und NMR-Tomographie? Viele Atomkerne sind kleine Magnete mit einem magnetischen Kernmoment. Wie alle Magnete richten sie sich in einem äußeren Magnetfeld aus, und zwar – vereinfacht gesagt – parallel oder antiparallel zu diesem Feld. Diese beiden Einstellungen entsprechen zwei Zuständen unterschiedlicher Energie. Nimmt man von außen keinen Einfluss, bildet sich ein Gleichgewicht zwischen den Atomkernen, die den parallelen Zustand, und denen, die den antiparallelen Zustand besetzen. Bei Raumtemperatur sind immer etwas mehr Kerne parallel als antiparallel ausgerichtet.

Strahlt man nun aber von außen elektromagnetische Energie ein, können Atomkerne vom niedrigen Energiezustand in den höheren angehoben werden. Wenn sie vom höheren Energiezustand wieder zurückfallen, geben sie dabei diese Energie wieder in Form von Strahlung ab; den gesamten Vorgang nennt man Resonanz. Die Frequenz dieser Strahlung liegt bei der NMR im Radiowellenbereich und kann bei vielen verschiedenen Elementen – beispielsweise bei Wasserstoff, Kohlenstoff und Phosphor – beobachtet werden.

Kennt man den Effekt, den man messen will, dann stehen auch die wichtigsten Bauteile für das entsprechende Messgerät fest: Ein NMR-Spektrometer benötigt einen Magneten, einen Radiosender und -empfänger sowie einen Bildschirm, auf dem man die Radiosignale – die abgestrahlte Strahlung – darstellen kann. Die ersten Geräte wurden in den fünfziger Jahren entwickelt, und heute gibt es kaum eine Firma mit naturwissenschaftlicher Forschungsabteilung oder kaum ein chemisches, biochemisches, pharmazeutisches, biologisches oder physikalisches Universitätsinstitut, das nicht mindestens ein NMR-Spektrometer besitzt.

Die NMR-Spektroskopie wäre jedoch nie über das Stadium einer Laborkuriosität für Kernphysiker hinausgekommen, wenn man nicht rasch weitere Entdeckungen zur kernmagnetischen Resonanz gemacht hätte. Man fand heraus, dass die exakte Lage der Resonanzfrequenz der Radiowellen aus dem Atomkern davon abhängt, wie stark der jeweilige Kern von der ihm umgebenden Elektronenhülle in einem Molekül abgeschirmt wird. Die zwei Kohlenstoffkerne im Ethylalkohol ergeben beispielsweise zwei Signale. Auch „spüren" Kerne, wie Nachbarkerne zum äußeren Magnetfeld ausgerichtet sind – und dies verändert die Signalform.

Von der Lage und Form der Signale kann der Fachmann auf die Kerne und deren Verknüpfung in den Substanzen schließen – das A und O bei der Aufklärung von Molekülstrukturen (Abb. 1)! Darüber hinaus hat man festgestellt, dass die Geschwindigkeit der Energieabgabe, d. h. das Herabfallen der Kerne vom energiereichen in den energieärmeren Zustand (die sogenannte Relaxation), stark davon abhängt, ob die Substanz flüssig, fest oder gebunden ist.

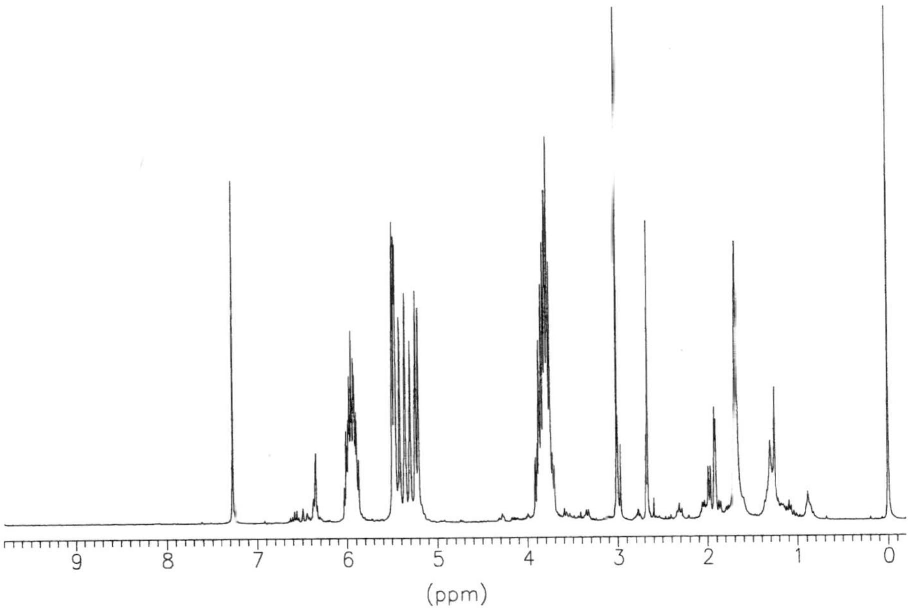

Abb. 1. Eindimensionales ^{1}H-NMR-Spektrum eines Extraktes aus frischem Knoblauch (Quelle: U. Holzgrabe, I. Wawer, B. Diehl, NMR in Drug Development and Analysis, Wiley-VCH).

Mit diesen Entdeckungen stand Physikern eine ganze Klaviatur von Variationsmöglichkeiten der NMR zur Verfügung, und Chemiker bekamen eine einzigartige Methode zur Strukturaufklärung in die Hand.

Die ersten Jahre und die Bedeutung der Technologie

Die NMR-Spektroskopie ist ein sehr unempfindliches Verfahren, denn sie beruht auf einer sehr schwachen Wechselwirkung zwischen Strahlung und Materie. Je geringer der Unterschied zwischen den beiden Energiezuständen ist, desto kleiner ist die Energie der abgegebenen Strahlung und desto schwächer ist auch das Signal. Bis heute kämpfen die NMR-Experten deshalb einen Kampf um höhere Empfindlichkeit.

Die NMR-Geräte der ersten Generation hatten schwache Permanent- oder Elektromagnete, und das Signal wurde in ähnlich langsamer Weise gesucht wie wenn sich ein Radiohörer durch das UKW-Band arbeitet, bis er den richtigen Radiosender gefunden hat.

Mit zwei technologischen Durchbrüchen konnte die Empfindlichkeit der Methode verbessert werden. Zum einen erkannte man, dass man anstatt das Frequenzbands langsam zu durchfahren, gleichzeitig alle Frequenzen – oder alle Kerne desselben Elements – mit breitbandigen Radiopulsen anregen kann, so wie man auf einer Gitarre anstatt hintereinander einzelne Saiten zu zupfen, einen Akkord anschlägt. Offensichtlich eine viel effektives Verfahren. Die folgende Kakophonie der Signalantworten aus der untersuchten Probe konnte mit einem lange bekannten mathematischen Verfahren, der Fourier-Analyse, in die einzelnen Signale verschiedener Atomkerne aufgetrennt werden. So ist die NMR-Spektroskopie aufs engste mit den Fortschritten in der Digitalelektronik und der Computertechnik verknüpft.

Zum anderen wurden sogenannte Kryomagnete entwickelt, die extrem starke Magnetfelder erzeugen, wenn sie in der Nähe des absoluten Nullpunkts gehalten werden. Je stärker das Magnetfeld ist, desto größer wird der Unterschied zwischen den beiden Energiezuständen und deren Besetzungsunterschied und desto intensiver das Signal. Auch kann man dann Signale auftrennen, die bisher überlappten, also viel mehr Informationen erhalten. Seit Beginn der NMR-Spektroskopie hat sich die Magnetfeldstärke von NMR-Geräten inzwischen um etwa das Zwanzigfache erhöht.

Neue Dimensionen

Wenn man sich im Flugzeug einem großen Gebirgszug nähert, sieht man am Horizont eine endlose Reihe von Bergen. Es ist schwierig, bestimmte Gipfel zu erkennen, da sie sich zum Teil verdecken und in Wirklichkeit hintereinander angeordnet sind. Erst wenn man über das Gebirge hinwegfliegt, wird es plötzlich ganz einfach, einen einzelnen Berg, den man in diesem Moment überfliegt, zu identifizieren.

Ähnlich ging es den NMR-Spektroskopikern in den achtziger Jahren: Sie wagten sich an die Aufklärung der Struktur immer größerer Moleküle und erhielten Spektren mit Hunderten von Signalen – ähnlich dem Gebirge mit Hunderten von Gipfeln –, deren Zuordnung immer schwieriger wurde. Sie ersonnen bald Methoden, die aus den eindimensionalen Spektren zweidimensionale Landschaften (Abb. 2) machten. Diese

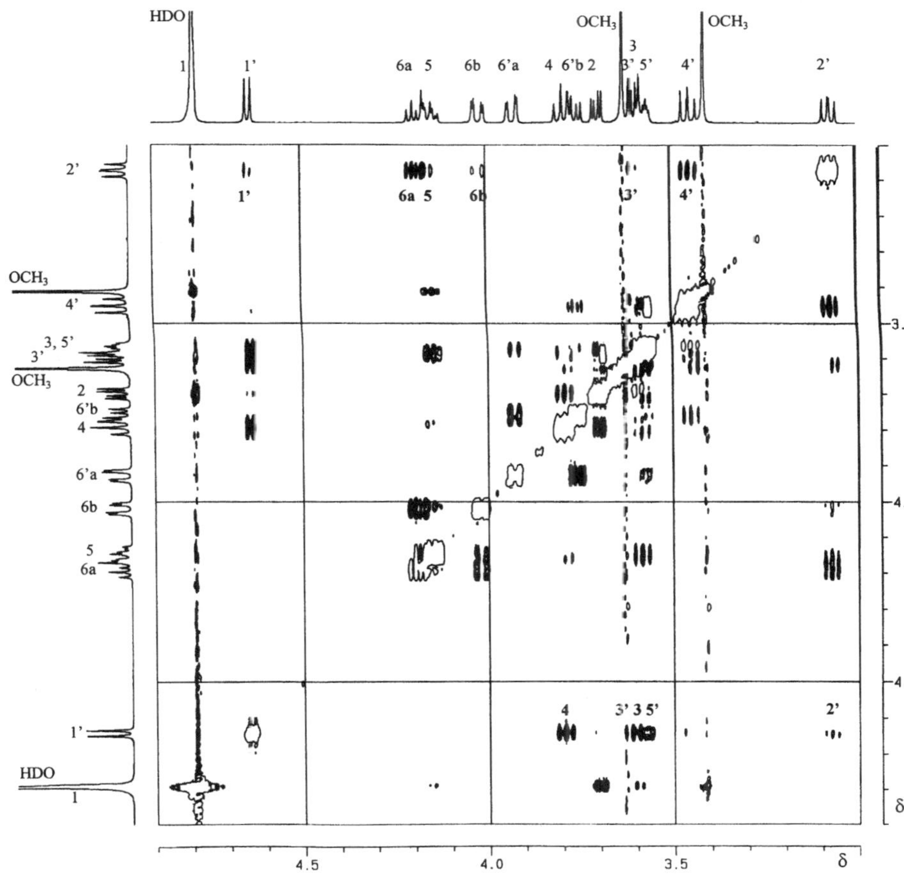

Abb. 2. Zweidimensionales NMR-Spektrum eines Zuckermoleküls (Quelle: H. Friebolin, Ein- und zweidimensionale NMR-Spektroskopie, 3. Auflage, Wiley-VCH).

lernten sie wie Landkarten zu lesen, d. h. sie konnten nun auch die komplexen Strukturen von großen Molekülen aufklären. Später kamen noch weitere Dimensionen hinzu, und so kann man heute aus den NMR-Signalen statt der ursprünglichen „Gipfel" auch im Raum schwebende „Wolken" erhalten.

Damit stand der Weg offen, die NMR-Spektroskopie auf die Bausteine des Lebens, also Proteine und andere große Biomoleküle, anzuwenden. Die Aufklärung der Struktur von Proteinen war eine Domäne der Röntgenstrukturanalyse, die jedoch zwei große Nachteile hat: Zum einen muss das Protein kristallisierbar sein, was oftmals schwierig oder gar unmöglich ist. Zum anderen untersucht man die Struktur des Proteins im festen Zustand, die nicht der natürlichen Struktur im wässrigen Milieu der Zelle entspricht. Mit der NMR-Spektroskopie lässt sich die Gestalt der Biomoleküle im diesem natürlichen Zustand ermitteln. Mehr noch, man kann dem Protein „bei der Arbeit zusehen": Diese Möglichkeit, die Interaktion der Biomoleküle mit anderen Substanzen in Echtzeit zu verfolgen, ist unter anderem für die Pharmaforschung der Zukunft von höchster Wichtigkeit.

Vom Spektrum zum Bild und der Weg in die Medizin

Wie wurde es möglich, dass die kernmagnetische Resonanz nicht nur die Strukturaufklärung in der Welt der Reagenzgläser, Glaskolben und Laboratorien, sondern auch mit Bildern aus dem Körperinneren die medizinische Diagnostik revolutionierte?

Bereits in den „frühen" Jahren wurde vereinzelt an Zellen und an Gewebsproben spektroskopiert. Anfang der siebziger Jahre machte R. Damadian eine wichtige Entdeckung: Er stellte fest, dass das Gewebswasser von kanzerogenem Gewebe längere Relaxationszeiten bei NMR-Experimenten aufweist als das von gesunden Gewebe. Sein kühner Anspruch, dass damit „die Medizin von einer Kunst zu einer Wissenschaft" geworden sei, ließ sich zwar nicht aufrecht erhalten, aber der Grundstein von Gewebswasser als Basis für die Anwendung der NMR am lebenden Objekt war gelegt.

Wasser ist das am häufigsten vorkommende Molekül in unserem Körper, und jedes dieser Moleküle ist *chemisch* identisch. Wie kann man sich erklären, dass man mit seiner Hilfe zwischen krankem und gesundem Gewebe unterscheiden kann? Der *physikalische* Zustand des Wassers macht es zum wirksamen NMR-Marker! Je nach Mikrostruktur des Gewebes wird das Gewebswasser unterschiedlich stark an dessen Membranen, Proteinen oder anderen Zellstrukturen gebunden, oder es fließt mehr oder weniger frei in Zellen oder Adern. Diese Unterschiede können durch NMR-Experimente zielgerichtet betont werden, d. h. der Experimentator kann viele Parameter variieren, um die notwendigen Informationen zu sammeln.

Auf dieser Vielzahl von Möglichkeiten, die unterschiedlichen Gewebseigenschaften zu betonen, beruht bis heute die Überlegenheit der medizinischen NMR-Bildgebung gegenüber anderen bildgebenden Verfahren wie dem Röntgen. Ja, tatsächlich kann man mit der NMR Bilder machen! 1973 veröffentlichte P. Lauterbur die Grundlagen der NMR-Bildgebung, auch Kernspintomographie genannt, und das erste Bild eines Wasserröhrchens. Er fand heraus, dass wenn man zum äußeren Magnetfeld zusätzliche kleine Magnetfeldgradienten anlegt, man statt eines Spektrums Bilder erhält. Nach ersten Aufnahmen an Tieren wurden Ende der siebziger Jahren die ersten Aufnahmen am Menschen gemacht. Aus heutiger Sicht zeigten diese extrem grobe Strukturen, bei denen man die Anatomie mehr erahnen musste als sehen konnte. Aber trotz dieser anfänglichen Schwächen und der Aufnahmezeiten von mehreren Stunden lag das Potential und die Vorteile der Methode – vor allem gegenüber der kaum älteren Computertomographie – klar auf der Hand. Die geringe Empfindlichkeit der NMR-Tomographie hat nämlich ihr Gutes: Die Methode ist im Gegensatz zur Röntgenstrahlung völlig unschädlich. Dies alles sorgte für eine rasche Weiterentwicklung und Verbreitung der Kernspintomographie. Bereits Anfang der achtziger Jahren standen kommerzielle Geräte zur Verfügung, und heute werden weltweit mit Tausenden von klinischen Kernspintomographen Diagnosen erstellt.

Die Bilder sind inzwischen natürlich gestochen scharf und lassen sich in weniger als einer Sekunde erzeugen (Abb. 3). Die Kernspintomographie hat sich zum wich-

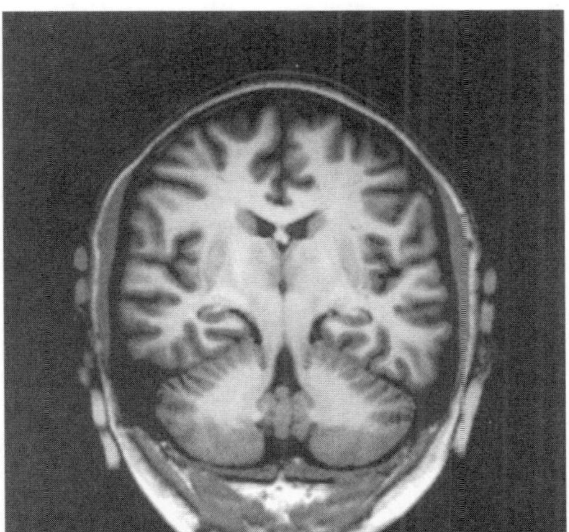

Abb. 3. Bild eines Coronalschnittes durch das Gehirn (Quelle: H. Friebolin, Ein- und zweidimensionale NMR-Spektroskopie, 3. Auflage, Wiley-VCH).

tigsten Verfahren der Weichteildiagnostik entwickelt, und der aktuelle Trend geht über die reine anatomische Darstellung hinaus zur Abbildung von funktionellen Parametern, beispielsweise der Darstellung des Blutflusses (Angiographie), der Mikrozirkulation (Perfusion) und der Herzdynamik. Noch viel mehr ist machbar: Etwa dem Gehirn im wahrsten Sinne des Wortes beim Denken zuzusehen! Seit einigen Jahren kann man aktive Hirnareale sichtbar machen, in Echtzeit und ganz ohne Kontrastmittel. Der Vorgang beruht auf kleinsten Änderungen des Blutflusses in diesen Hirnbereichen, die mit der NMR-Tomographie erfasst werden können. So kann man etwa beobachten, welche Hirnteile beim Sprechen aktiv sind, wie sich Emotionen auf die Hirnaktivität auswirken, welche Regionen bei einem Schlaganfall in Mitleidenschaft gezogen worden sind.

Kein Ende der Möglichkeiten

Die NMR-Spektroskopie und NMR-Tomographie sind komplexe Methoden, die mehr Erkenntnisse als alle anderen analytischen Methoden in der Chemie und der Biomedizin liefern können. Sie haben sich in eine Vielzahl von Einzeldisziplinen aufgefächert, und es gibt nur noch wenige Forscher, die sie in ihrer Gesamtheit überblikken können. Gemeinsam ist aber die fast unendlich anmutende Variabilität, mit der man mit Hilfe von NMR-Experimenten die Natur untersuchen kann. Genau diese Tatsache hat sie in Chemie und Medizin zur bevorzugten Untersuchungsmethode gemacht.

Den Spuren auf der Spur: die Chromatographie

Guido J. Deußing

Auch in der Wissenschaft gibt es die Gnade der späten Geburt: Während Archer John Porter Martin (geb. 1910) und Richard Laurence Millington Synge (1914–1994) im Jahre 1952 für die Erfindung der Verteilungschromatographie den Nobelpreis erhielten, blieben die hierfür geleisteten grundlegenden Arbeiten von der Fachwelt lange Zeit völlig unbeachtet. Sicher ist jedoch, dass ohne die Untersuchungen des russischen Botanikers Michael Semjonwitsch Tswett (1872–1919) die beiden englischen Chemiker wohl niemals den Nobelpreis erhalten hätten, die höchste und begehrteste Auszeichnung, die einem Wissenschaftler zu Lebzeiten zuteil werden kann.

Worum es geht? Um nichts Geringeres als die beiden wohl wichtigsten Methoden der analytischen Chemie: die Gas- und Flüssigkeitschromatographie, Chemikern unter den Kürzeln GC beziehungsweise LC bekannt. Diese analytischen Verfahren ermöglichen es, organische und anorganische Substanzen aus gasförmigen und flüssigen Proben zu isolieren, selbst wenn sie nur in Spuren vorhanden sind, sowie einzelne Komponenten voneinander zu trennen und nach Art und Menge exakt zu bestimmen (Abb. 1). Außerdem gewähren sie der Synthesechemie wichtige Einblicke in komplizierte Molekülstrukturen, und sie dienen als schlagkräftiges Instrument bei der Erfassung von Schadstoffbelastungen der Umwelt.

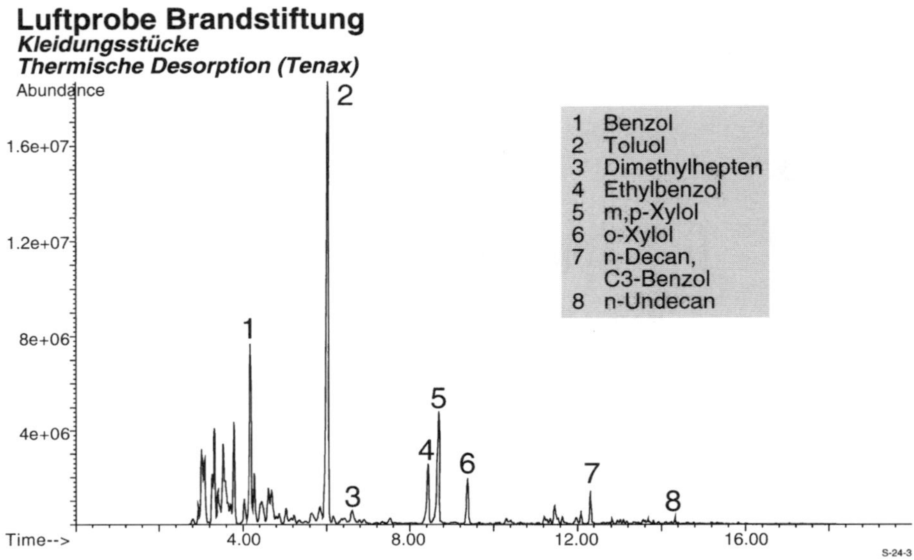
Luftprobe Brandstiftung
Kleidungsstücke
Thermische Desorption (Tenax)
Abundance
1.6e+07
1.2e+07
8e+06
4e+06
Time-->
4.00
8.00
12.00
16.00
1 Benzol
2 Toluol
3 Dimethylhepten
4 Ethylbenzol
5 m,p-Xylol
6 o-Xylol
7 n-Decan, C3-Benzol
8 n-Undecan
S-24-3

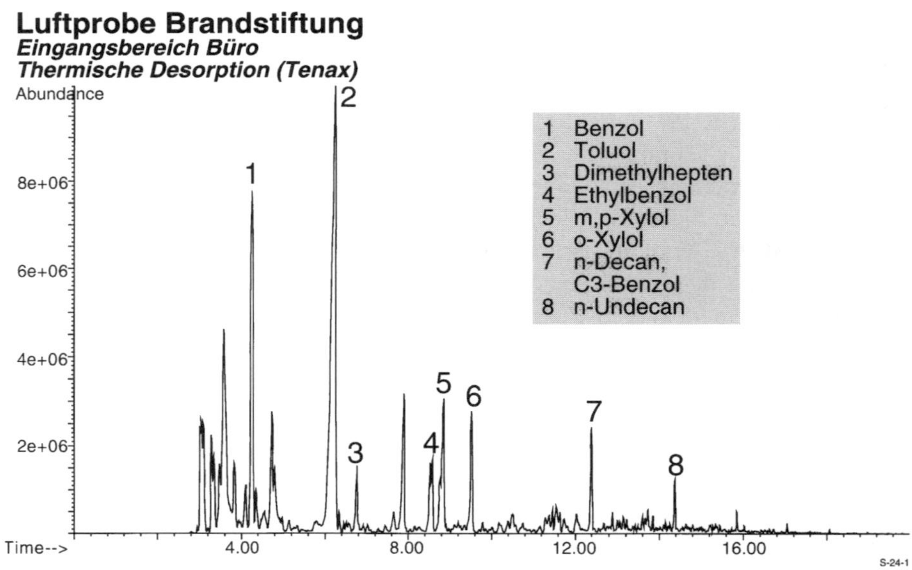
Luftprobe Brandstiftung
Eingangsbereich Büro
Thermische Desorption (Tenax)
Abundance
8e+06
6e+06
4e+06
2e+06
Time-->
4.00
8.00
12.00
16.00
1 Benzol
2 Toluol
3 Dimethylhepten
4 Ethylbenzol
5 m,p-Xylol
6 o-Xylol
7 n-Decan, C3-Benzol
8 n-Undecan
S-24-1

Abb. 1.

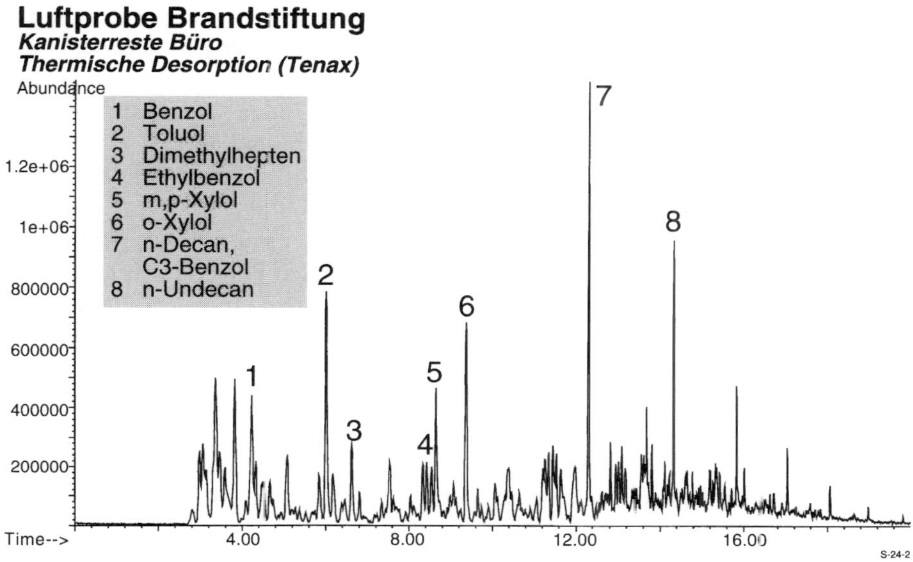

Abb. 1. Ein Büro stand in Flammen, und es kam der Verdacht der Brandstiftung auf. Die gaschromatographische Untersuchung der Rückstände am Brandort ergab, dass bleifreies Benzin als Brandbeschleuniger verwendet wurde. Pech für den Täter: Das leichtflüchtige Benzin setzte sich in der Kleidung des Brandstifters fest. Die Analysenergebnisse vom Brandort und von seiner Bekleidung zeigten deutliche Übereinstimmungen und lieferten somit bei der Überführung des Täters wertvolle Hinweise. (Quelle: Gerstel, Mülheim an der Ruhr.)

Tswett interessierte sich für die Chemie pflanzlicher Farbstoffe. Besonderes Augenmerk legte der russische Botaniker auf das Chlorophyll, das Blattgrün, das bei der Fotosynthese eine entscheidende Rolle spielt. Wie aber ließ sich dieser Farbstoff – ohne aufwendige Apparaturen und umständliche chemische Verfahren – aus seiner Matrix, dem pflanzlichen Blattrest, herauslösen? Nach zahllosen Experimenten fand Tswett im Jahre 1903 eine Lösung, indem er die Blätter mit Petrolether extrahierte und das Extrakt durch eine Glassäule fließen ließ, die mit pulverisiertem Kalk gefüllt war. Ohne die Tragweite zu bedenken, hatte der damals 26-jährige Botaniker einen Meilenstein in der Geschichte der analytischen Chemie gesetzt.

Was Tswett bei seinem Versuch im Labor beobachtete, schien auf den ersten Blick trivial, war jedoch aus heutiger Sicht bahnbrechend: die Anreicherung und Auftrennung der verschiedenen Blattfarbstoffe durch Wechselwirkungen mit einem Feststoff. Zunächst wurde eine gelblich-grüne Substanz am oberen Ende der Glassäule vom kohlensauren Kalk zurückgehalten. Goss der Wissenschaftler reines Lösungsmittel nach, verlor der Farbkranz seine Kontur, und in Fließrichtung bildeten sich Zonen aus, sogenannte Banden, die teils gelb, teils grün gefärbt waren. Tswett gelang es schließlich, mit Petrolether einen gelben Farbstoff vollständig auszuwaschen. Die anderen Banden ließen sich zwar ebenfalls trennen, hafteten sich jedoch fest am Säulenmaterial und ließen sich auch nicht mit noch so viel Lösungsmittel zum Säulenende bewegen. Kurzentschlossen brach Tswett die Säule auf, schnitt die farbigen Zonen an den Phasengrenzen heraus, gab Lösungsmittel in separaten Gefäßen zu und trennte die restlichen Blattfarbstoffe letztendlich doch noch vom kohlensauren Kalk.

Was war geschehen? Tswett vollzog den Versuch vor seinem geistigen Auge nach: Ein Farbstoffgemisch wird in einer Lösung, einer mobilen Phase, durch eine Säule transportiert. Es wird an der Oberfläche eines Feststoffs, der stationären Phase, in einem dynamischen Gleichgewicht angelagert, also festgehalten. Die verschiedenen Farbstoffe werden unterschiedlich lange durch das Säulenmaterial zurückgehalten, so dass sie sich in die farbigen Banden auftrennen: Locker an den Kalk gebundene Farbstoffe reißt der vorbeiströmende Lösungsmittelfluss schneller mit, während ihm die mit dem Feststoff stärker wechselwirkende Farbstoffe länger standhalten; sie gelangen deshalb später ans Säulenende. Folglich beruht die Trennung der Blattfarbstoffe auf unterschiedlichen Adsorptions- beziehungsweise Anlagerungskräften zwischen der stationären Phase (kohlensaurer Kalk) und den Farbstoffen.

Nachdem Tswett erkannte, dass er einen adsorptiven Prozess beobachtet hatte, fehlte ihm noch eine exakte Bezeichnung für den Trennmechanismus. Schließlich taufte der Botaniker sein Verfahren auf den Namen Chromatographie, ein dem griechischen Wortschatz entlehnter Begriff, der übersetzt soviel heißt wie Farbenschreiben. (Da die Trennung der Farbstoffe auf der Adsorption an einem Feststoff beruht, nennt man diese Technik auch Adsorptionschromatographie und die Darstellung des Trennergebnisses, das in Banden aufgetrennte Farbstoffgemisch, als Chromatogramm.)

Man muss kein Chemiker sein, um das Tswettsche Farbexperiment in ähnlicher Weise zu wiederholen. Dafür genügen bereits einige Hilfsmittel aus Kinderzimmer und Küche: Man verrühre verschiedenfarbige Tinten (Probe) und gebe einen kleinen Klecks dieser Mischung auf ein Filterpapier (stationäre Phase). Anschließend tropfe man etwas Wasser (mobile Phase) in das Zentrum dieses Punktes und sehe zu, was passiert: Der Farbklecks dehnt sich mit der Wasserfront kreisförmig aus, wobei er sich in die einzelnen Komponenten auftrennt und farbige, kreisförmige Banden bildet – das Chromatogramm der verwendeten Tinten.

Dieses Phänomen hat nichts mit Zauberei zu tun, sondern mit Physik und den sogenannten Kapillarkräften. Sie bewirken zum Beispiel, dass Wasser von der Wurzel eines Baumes bis hinauf in seine Krone steigt, dass ein Blutstropfen, nach einem vom Arzt verabfolgten Pieks in die Fingerbeere, aus eigener Kraft ein winziges Röhrchen anfüllt oder dass Wasser von einem Schwamm aufgesogen wird. Immer ist die Flüssigkeit einem permanenten Sog unterworfen, der in haarfeinen Gefäßen, sogenannten Haargefäßen, herrscht.

Auch Poren von Filterpapieren haben eine kapillarähnliche Faserstruktur, was ihre Sogwirkung auf Flüssigkeiten erklärt. Warum aber werden verschiedene Farbstoffe unterschiedlich schnell aufgesogen? Da die Struktur des Filterpapiers unverändert bleibt, kann die Antwort nur sein: Sie hängt unmittelbar von der Beschaffenheit und/ oder den Inhaltsstoffen einer Flüssigkeit ab. Das schlussfolgerte bereits der deutsche Chemiker Friedlieb Ferdinand Runge (1795–1867) – also lange vor Tswett –, als er Anfang des 19. Jahrhunderts solche Farbtrennversuche auf Löschpapier durchführte. In seiner Doktorarbeit aus dem Jahre 1822 nannte er dieses Phänomen erstmals „Kapillaranalyse".

Runge war fasziniert von den kuriosen Farbbildern, die sich mit blauer Tinte oder verschiedenfarbigen Salzen plus Wasser auf Löschpapier erzeugen ließen. Der milchgesichtige Mann mit schulterlangem Haar schien jedoch mehr am Farbenspiel als an einer fundierten Analyse des Phänomens interessiert gewesen zu sein, wie der Titel einer seiner Arbeiten aus dem Jahr 1850 belegt: „Zur Farbchemie. Musterbilder für Freunde des Schönen und zum Gebrauch für Maler". Anders Christian Friedrich Schönbein (1799–1868), Professor für Chemie an der Universität Basel und Entdecker des Ozons. Sein Ziel war es, die Kapillaranalyse ihrem Namen entsprechend analytisch zu nutzen. Was ihm um das Jahr 1860 auch gelang, denn wenig beschrieb der Chemiker Friedrich Goppelsröder (1837–1919) in einem Aufsatz eines von Schönbeins Experimenten, bei dem er mittels der Kapillaranalyse eine Mischung aus Wasser, Lackmus und Säure auf Filterpapier träufelte und auftrennte.

„Der Schlüssel zu einer neuen analytischen Methode", resümierte Goppelsröder über die Kapillaranalyse. Und in der Tat: Als er einige Zeit später mit ihrer Hilfe sogenannte Azulene aus Kamille und Eukalyptus isolierte, jubelten Naturforscher: Schon seit langem lag diese Form zyklischer Kohlenwasserstoffe im Fokus der chemischen und Arzneimittelforschung, da ihnen eine entzündungshemmende, antiallergische und regenerative Wirkung nachgesagt wurde. Diese ist heute erwiesen, wenngleich ihre Wirksamkeit eher gering ist.

Das Wesentliche für die damals noch in den Kinderschuhen steckende chemische Analytik aber war: Goppelsröder hatte mit seinen Versuchen gezeigt, dass sich nicht nur Blattfarbstoffe, sondern auch andere Naturstoffe mit Hilfe der Kapillaranalyse, also der Kapillarwirkung des Löschpapiers, trennen ließen – sofern geeignete Parameter wie Beschaffenheit, Zusammensetzung oder pH-Wert der mobilen Phase (Lösungsmittel) stimmten. Leider erging es Runge, Schönbein und Goppelsröder nicht viel anders als dem russischen Botaniker Tswett: Ihre Leistungen und Erkenntnisse auf dem Gebiet der Kapillaranalyse, der ersten erfolgreich durchgeführten chromatographischen Trennung, fanden in der Wissenschaft kaum Beachtung. Erst Ende der dreißiger Jahre des 20. Jahrhunderts erkannten Wissenschaftler, was für ein effektives Instrument die Chromatographie bei der Analyse komplexer Stoffgemische ist.

Den Stein ins Rollen brachte Richard Kuhn (1900–1967). Der Chemiker vom Max-Planck-Institut für medizinische Forschung in Heidelberg hatte sich vorgenommen, Farbstoffe aus der Reihe der Carotinoide zu trennen und das Vitamin A sowie zahlreiche andere Vitamine zu isolieren und zu untersuchen. Wie es der Zufall wollte, war Kuhn ein Schüler von Richard Willstätter (1872–1942), der, im Jahre 1915 für seine Arbeit über Pflanzenfarbstoffe, insbesondere das Chlorophyll, mit dem Nobelpreis geehrt wurde. Der Tswettschen Adsorptionschromatographie sei Dank, denn Willstätter hatte in der Doktorarbeit des russischen Botanikers geblättert und dessen Erfindung erfolgreich genutzt. Warum also sollte es nicht auch Kuhn gelingen, die Chromatographie für seine analytischen Zwecke einzusetzen? Nach zahlreichen Experimenten trugen seine Versuche erste Früchte. Schließlich wurde ihm 1938 der Nobelpreis für seine Arbeit über Carotinoide und Vitamine verliehen.

In den folgenden Jahren wuchs weltweit das wissenschaftliche Interesse an den Bausteinen des Lebens, den Eiweißen und Zuckern. Ihr Geheimnis zu entschlüsseln, sie zu analysieren und nachzubauen, war erklärtes Ziel zahlreicher Wissenschaftler. Zuvor aber musste man den Aufbau und die Struktur dieser Substanzen analysieren. Herkömmliche Verfahren erwiesen sich als zu aufwendig, zeitraubend und zehrten derart viel Material auf, dass sich nur mit großen Probemengen arbeiten ließ. Der Ruf nach einer Mikromethode wurde laut – die Tswettsche Adsorptionschromatographie kam erneut zum Tragen und mit ihr die Kapillaranalyse.

Mitten im zweiten Weltkrieg brüteten die Wissenschaftler Martin und Synge in ihrem Labor im englischen Leeds unter erschwerten Bedingungen über der Frage, wie die Sequenzen von Aminosäuren, den kleinsten Bausteinen der Eiweiße (Proteine), exakt und einfach zu bestimmen wären. Bislang hatten die Chemiker die Trennung kurzer Eiweißfragmente, sogenannter Polypeptide, mit Hilfe der Gegenstromdestillation bewerkstelligt. Die zu analysierende Probe wird dabei in eine Lösung von zwei begrenzt miteinander mischbaren Flüssigkeiten gegeben, zum Beispiel Wasser/Butanol, und in einem Kolben erhitzt. Nach einer Weile verteilen sich die gesuchten Inhaltsstoffe je nach Art und Beschaffenheit ungleichmäßig in den beiden Phasen, wobei sie sich in Butanol anreichern.

Der Dampf steigt, vereinfacht dargestellt, durch eine Glasröhre, die an ihrem höchsten Punkt abknickt und in einen zweiten Kolben mündet. Da Wasser bekanntermaßen bei 100 Grad Celsius, Alkohole wie Butanol im Gegensatz dazu schon eher (97,5 Grad Celsius) sieden, steigt zunächst mehr, mit Peptiden angereicherte Butanoldampf im Glasrohr auf. Dieser verflüssigt sich wieder oberhalb der Kondensationsgrenze von Wasser. Folglich sammelt sich Butanol im zweiten Kolben. Das Wasser fließt jedoch im Gegenstrom entlang der Glasrohrwand und dem aufsteigenden Butanoldampf in den ersten Kolben zurück.

Der Clou der Stofftrennung mit Hilfe der Gegenstromdestillation beruht letztlich auf der Löslichkeit oder der Verteilung eines Stoffes in zwei miteinander nur eingeschränkt mischbaren flüssigen Phasen, die zudem unterschiedliche Siedepunkte aufweisen müssen. Während sich die Peptide im Dampf des Niedrigsieders anreichern, nimmt ihre Konzentration im wässrigen Rückstand des ersten Kolbens ab. Kontinuierlich stellt sich ein Verteilungsgleichgewicht ein, sowohl zwischen den flüssigen Phasen als auch zwischen dem aufsteigendem Dampf und dem herabfließenden Kondensat. Dabei steigt die Konzentration der gesuchten Komponenten in der aufsteigenden Dampfphase mit jedem Zentimeter Höhe, während ihr Gehalt im Wasser, im ersten Kolben also, stetig abnimmt, bis die Konzentration letztlich gegen Null geht.

Wie wäre es, kam es Martin und Synge in den Sinn, würde man statt zwei Phasen, Dampf und Kondensat, nur noch eine bewegen? Und ist eine Temperatursteigerung unbedingt notwendig? Um diese Fragen zu beantworten, füllten die Forscher eine Glassäule mit porösem Kieselgel und tränkten es mit Wasser (stationäre Phase), das die Funktion des Kondensats bei der Gegenstromdestillation übernehmen sollte. Auf das obere Ende des Säulenfüllmaterials gaben sie daraufhin die Probenlösung und entwickelten das Chromatogramm der Aminosäuren mit unterschiedlichen mobilen Phasen wie Butanol, Petrolether oder Chloroform. Anders als beim Tswettschen Farbversuch sah man keine bunten Banden, da die Peptide farblos sind. Die Flüssigkeit musste aufgefangen werden, und die darin enthaltenen Peptide wurden dann mit Hilfe einer Farbumschlagsreaktion identifiziert.

Martin und Synge hatten die Verteilungschromatographie erfunden. Ob sie sich damals hätten träumen lassen, für eine solch scheinbare Banalität mit dem Nobelpreis für Chemie belohnt zu werden? Im Gegensatz zur Tswettschen Chromatographie beruht ihre Trennmethode nicht auf der Adsorption, sondern auf der Verteilung der Komponenten in den einzelnen Phasen. Die Wissenschaftler verfeinerten ihre Erfindung, setzten statt Kieselgel auch mit Flüssigkeiten getränktes Papier in die Säule ein, erfanden so kurzerhand die Papierchromatographie, und schalteten sie in einen kontinuierlichen Lösungsmittelfluss. Sie spritzten die Probe auf die Säule: Die Inhaltsstoffe wurden mitgerissen, wechselwirkten entsprechend ihrer Löslichkeit mit der stationären Phase, wurden unterschiedlich stark verzögert, getrennt und konnten so hinter der Säule Komponente für Komponente aufgefangen und vermessen werden.

Anfangs wurden die Substanzen noch mit einer Farbumschlagsreaktion detektiert. Später bestimmte man die elektrische Leitfähigkeit der bewegten Phase, konnte so Rückschlüsse auf die Inhaltsstoffe ziehen und deren Konzentration berechnen. Moderne Detektoren liefern heute Aussagen über Art und Menge der zu vermessenden Probenkomponenten, indem sie die Masse von Molekülbruchstücken oder den Energieinhalt der untersuchten Substanzen bestimmen oder die Aufnahme beziehungsweise Abstrahlung von Lichtern bestimmter Wellenlängen aufzeichnen. Dabei sind die Messgeräte derart empfindlich, dass sich mit ihnen, bildlich gesprochen, sechs exakt bestimmte Personen gezielt aus der Weltbevölkerung von sechs Milliarden Menschen herausfinden ließen (Abb. 2).

Auch wenn sich Messgenauigkeit und Empfindlichkeit moderner Detektoren seit damals um Potenzen verbessert haben: Das Prinzip der chromatographischen Trennung ist im Grundsatz unverändert geblieben – und wird sich auch in Zukunft nicht ändern. Einzig die Trennleistung und die Selektivität der verwendeten stationären Phasen werden kontinuierlich verbessert. Auch die Trennsäulen sind keine sperrigen Gebilde aus Glas mehr, sondern zum Teil haarfeine Fasern, durch die unter hohem Druck die mobile Phase fließt – entweder ein Gas oder eine Flüssigkeit, je nach Anwendungsgebiet. Sollen leicht flüchtige oder gasförmige Verbindungen untersucht werden, ist die Gaschromatographie (GC) das Mittel der Wahl; bei flüssigen Proben wird meist die Hochdruckflüssigkeits-Chromatographie (HPLC) eingesetzt. Die Trennung der Stoffkomponenten beruht dabei auch heute noch hauptsächlich auf adsorptiven Kräften oder ihrer Verteilung zwischen zwei nicht mischbaren Phasen. Darüber hinaus gibt es noch eine Vielzahl anderer Trennmechanismen, die zum Beispiel auf die Ladungs- oder Größenunterschiede der Probenkomponenten abzielen.

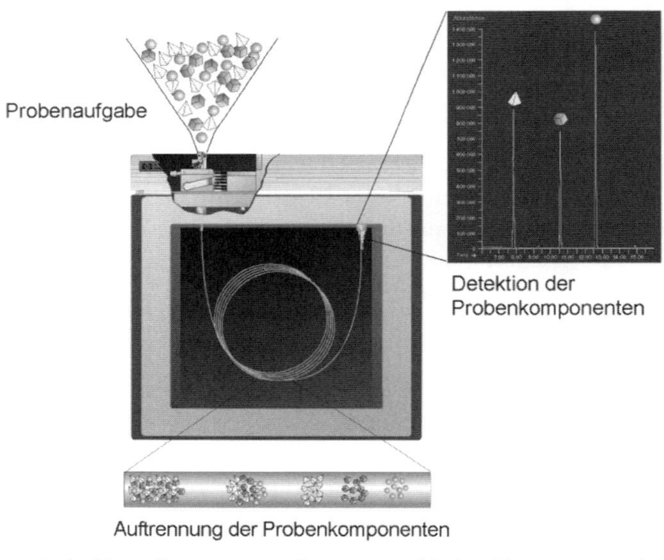

Abb. 2. Schematische Darstellung einer gaschromatographischen Trennung von drei Komponenten: Die Probe wird aufgegeben und die darin enthaltenen Komponenten werden aufgrund ihrer unterschiedlich starken Wechselwirkungen mit dem Säulenmaterial (feste Phase) und mit der Säulenbeschichtung getrennt. Anschließend werden die Komponenten detektiert und das Chromatogramm der Inhaltsstoffe der Probe aufgezeichnet. (Quelle: Gerstel, Mülheim an der Ruhr, Thomas Heisterenberg.)

Der Nobelpreis, den Martin und Synge für die Erfindung der Verteilungschromatographie erhalten haben, ehrt, bei genauer Betrachtung, posthum Tswett und all diejenigen Wissenschaftler, die dank ihrer Forschung die Chromatographie zu dem gemacht haben, was sie heute ist und in Zukunft nach wie vor sein wird: ein unverzichtbares Werkzeug in Medizin, Pharmazie, Umwelt- und Lebensmittelanalytik. Ob der russische Botaniker damals die Tragweite seiner Erfindung ermessen konnte? Zumindest versäumte er es, seinen Namen an sie zu knüpfen und sich so ein unumstößliches Denkmal zu setzen. Oder musste er das gar nicht? Schließlich heißt sein russischer Name, Tswett, ins Deutsche übersetzt Farbe.

Wie finde ich die Nadel im Heuhaufen? Spektroskopische und gekoppelte Methoden

Patrik Schneider

Das Bild, das die moderne analytische Chemie in der Öffentlichkeit hinterlässt, prägen vor allem die Apparate in den Laboratorien. Egal, ob gerade der Leiter eines Labors für Dopinganalytik zum neuesten Fall interviewt wird oder winzigste Mengen von Dioxinen einen Lebensmittelskandal auslösen, der High-Tech-Gerätepark wird immer wieder gerne ins Licht der Kameras gerückt. Die Bestimmung der Proben mit Hilfe dieser Apparate scheint sich kaum noch von der in Dr. McCoys Tricorder zu unterscheiden. Dr. McCoy ist Arzt auf dem Raumschiff Enterprise, einer Fernsehserie, und stellt seine Diagnosen per Knopfdruck mit seinem Analysegerät, dem Tricorder. Das Gerät schluckt eine Probe und spuckt in Windeseile Inhaltsstoffe und deren Konzentrationen aus. Schöne Science-Fiction-Welt könnte man dabei denken; dabei ist die Wirklichkeit gar nicht so weit von diesen Vorstellungen entfernt. Durch geschickte Kombination von physikalischen und chemischen Messverfahren kann heutzutage aus winzigsten Substanzmengen eine Unmenge von wichtigen Informationen zur Zusammensetzung dieser Proben ermittelt werden. Einerseits ein wahrer Segen für Analytiker, andererseits kommt durch diese Verschiebung der Grenzen der Nachweisbarkeit auch oft das Gefühl auf, überall und zu jeder Zeit mit gefährlichen Stoffen konfrontiert zu sein.

Doch blenden wir zunächst zurück: Die Aufklärung der chemischen Struktur von Naturstoffen ist seit Beginn der modernen Chemie eine große Herausforderung. Den Aufbau dieser Naturstoffe zu kennen, ist unabdingbare Voraussetzung für die Entwicklung industrieller Synthesen, wie die Geschichte des blauen Farbstoffs Indigo eindrucksvoll zeigt. Darüber hinaus hilft das Wissen um die Strukturen bei der Aufklärung von Wirkungsmechanismen, die bei der Entwicklung von Medikamenten wertvolle Hilfe leisten können. Die Antibiotika sind ein solches Beispiel. Besonders schwierig ist es, die Strukturen sehr ähnlicher Moleküle zu unterscheiden. Dies gelang Emil Fischer im Jahre 1891, als er die Struktur von Glukose, von Traubenzucker, untersuchte. Durch geschickte Kombination von chemischen Reaktionen konnte er Glukose von den anderen sieben, fast strukturgleichen Isomeren, den sogenannten Aldohexosen, unterscheiden. Das war zu seiner Zeit ein wahres Meisterstück! Müsste man aber heutzutage immer noch dieses Verfahren anwenden, um Zucker ähnlicher Struktur eindeutig zu identifizieren, so wären schätzungsweise jeweils mehrere Gramm Probe und ein Zeitaufwand von einigen Tagen erforderlich. Glücklicherweise hat sich die Analytik seit dieser Zeit in einem unglaublichen Tempo weiterentwickelt.

Anfangs des zwanzigsten Jahrhunderts begann ein russischer Biologe namens Michail Tswett sich mit einem Phänomen auseinander zusetzen, das er als Chromatographie bezeichnete. Der Name (chromos griech. = Farbe) beruht darauf, dass es ihm gelang, den grünen Pflanzenfarbstoff Chlorophyll auf einem speziellen Papier in seine Bestandteile zu zerlegen. Er setzte sich damit ein „doppelsinniges Denkmal", denn das russische Wort für Farbe ist … Tswett. Da seine Publikationen ausschließlich in Russisch erschienen, blieb sein Wirken in der westlichen Welt über einen längeren Zeitraum unbeachtet.

Dann ging es aber flott voran: Die Grundlagen der modernen apparativen Chromatographie wurden von Martin und Synge in den Jahren 1941 (Flüssigchromatographie, LC) und 1952 (Gaschromatographie, GC) gelegt. Die erste Publikation zu der heute am häufigsten eingesetzten gaschromatographischen Technologie, der Kapillarsäulengaschromatographie, erschien 1954 (Golay). Die Einführung der apparativen Hochleistungsflüssigchromatographie (HPLC) durch Giddings ließ bis ins Jahr 1968 auf sich warten. Beide Techniken haben in kürzester Zeit die Welt der analytischen Chemie grundlegend verändert. In den letzten Jahrzehnten wurde auf beiden Gebieten durch permanente Verbesserung von Trennsäulen und Apparaturen die Leistungsfähigkeit erhöht: Immer mehr Substanzen lassen sich in immer kleineren Konzentrationen trennen und nachweisen.

Während mit GC und HPLC hauptsächlich ungeladene Moleküle bestimmt werden, hat sich auf dem Gebiet der Ionenanalytik die Elektrophorese als Trenntechnik etabliert. Die einzelnen Bestandteile einer Probe werden aufgrund des elektrophoretischen Effekts separiert. Geladene Teilchen bewegen sich im elektrischen Feld unterschiedlich schnell: Je höher die Teilchen geladen und je kleiner sie sind, desto schneller kommen sie voran. Die Grundlagen dieser Technik wurden von Tiselius im Jahr 1930 beschrieben. Die Geburtsstunde der heute verbreiteten Kapillarelektrophorese (CE) schlug jedoch erst Ende der siebziger Jahre mit den Arbeiten von Everaerts und Jorgensen.

All diese Trenntechniken ermöglichen, die Bestandteile von Substanzgemischen zu ermitteln. Die Zeit, die eine Substanz benötigt, um die Trennsäule zu passieren, lässt Rückschlüsse auf „ihre Natur" zu; man kann aber mit chromatographischen Verfahren keine eindeutige Identifizierung vornehmen. Das Vorgehen eines Analytikers ähnelt hier dem bei der Beurteilung von Weinen. Der Sommelier beschreibt den Wein, indem er seine Geschmacksnoten mit anderen ihm bekannten Aromen vergleicht. Wenn ein Wein eine Johannisbeernote hat, so ist das noch lange kein Beweis dafür, dass er einen in der Johannisbeere vorkommenden Aromastoff enthält. Dies kann man nur durch eine chemische Analyse bestätigen: Finden sich unter den Inhaltsstoffen des Weins und der Johannisbeere gleichartige Aromastoffe, dann weiß man sicher, dass der Sinneseindruck nicht getäuscht hat.

Diesem Vorgehen wechselseitiger Bestätigung entspricht auf dem Gebiet der Chromatographie die Anwendung von Kopplungstechniken. Man kombiniert die chromatographischen Trennmethoden mit geeigneten spektroskopischen Verfahren, d. h. man kann die Gemische unbekannter Substanzen nicht nur auftrennen, sondern auch in einem Nachfolgeschritt ohne Vergleich mit anderen Substanzen direkt identifizieren. Dabei sind prinzipiell folgende Kopplungen möglich:

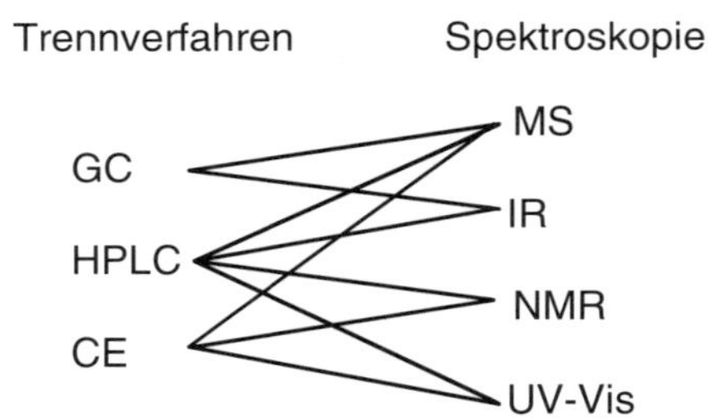

Spektroskopische Verfahren geben detaillierte Auskunft über die Struktur – den Aufbau – des beobachteten Moleküls. Bereits die Farbe der Substanz, die mit einem UV-Vis-Spektrum (UV-Vis: ultravioletter und sichtbarer Bereich des Lichts) „gemessen" werden kann, ermöglicht Rückschlüsse auf deren Identität. Jedoch kann man mit dieser Information in der Regel keine Substanz eindeutig bestimmen, denn ein solches Spektrum ist vergleichsweise informationsarm. Besser ist da schon die Infrarot(IR)-Spektroskopie geeignet, die zusätzlich Rückschlüsse auf bestimmte Elemente und ihre Verknüpfungsart – die chemischen Bindungen – zulässt. So kann man leicht Alkohole von Kohlenwasserstoffen (z. B. Gas für den Campingkocher) unterscheiden, da die IR-Spektren anders aussehen. Alkohole weisen die charakteristischen Signale für C-O-, O-H-, C-C- und C-H-Bindungen auf, Kohlenwasserstoffe nur für C-C- und C-H-Bindungen. Noch mehr Informationen liefert die Kernspinresonanz(NMR)-Spektroskopie. Mit dieser Technik lässt sich zusätzlich zur Verbindungsklasse auch noch die chemische Umgebung einzelner Atome des Moleküls bestimmen.

Während die UV-Vis-Spektroskopie in anderem Gewand – nämlich in Form des sogenannten Diodenarraydetektors (DAD) – das in der HPLC am häufigsten angewandte Nachweisverfahren ist, werden die NMR- und IR-Spektroskopie nur in Ausnahmefällen mit den chromatographischen Trennverfahren kombiniert. Das liegt im Wesentlichen daran, dass ihre Nachweisempfindlichkeit erheblich geringer ist und somit meist nur die Struktur der Hauptkomponenten der Probe aufgeklärt werden kann. Darüber hinaus müssen die chromatographischen Trennsysteme so angepasst werden, dass durch die Lösungsmittel, die die Probenbestandteile durch die Trennsäulen transportieren, keine Signale erzeugt werden, die die Signale der Substanzen überlagern. Die Umsetzung der üblicherweise verwendeten chromatographischen Verfahren ist daher mit einem nicht unerheblichen Aufwand verbunden.

Die mit Abstand wichtigste Kopplungstechnik ist die Anbindung der Massenspektrometrie (MS). Sie zeichnet sich gegenüber den anderen spektroskopischen Methoden durch eine deutlich höhere Nachweisempfindlichkeit aus. Das Massenspektrometer kommt dem Idealbild des universellen Detektors für die Chromatographie immer näher.

Die historische Entwicklung der Massenspektrometrie weist erstaunliche Parallelen zu der der Chromatographie auf. Das technische Prinzip dieser Technik ist seit Beginn des 20. Jahrhunderts bekannt; erste kommerzielle Geräte kamen jedoch erst in den sechziger Jahren auf den Markt. Ein Massenspektrometer besteht prinzipiell aus drei Bauteilen: dem Probeneinlass, der Ionenerzeugung und der Massentrennung. Beim ältesten Verfahren werden die Substanzen der Proben durch Kollision mit schnellen Elektronen ionisiert (electron impact, EI), d. h. in geladene Teilchen umgewandelt. Diese Ionen werden anschließend in einem Magnetfeld – im Sektorfeld – entsprechend ihrer Masse und Ladung aufgetrennt und vom Detektor aufgezeichnet (Abb. 1).

Die Substanz (P) oder das Substanzgemisch wird dabei als Feststoff oder als Gas in die Ionenquelle eingebracht. Im Innern der Ionenquelle werden die ungeladenen Teilchen mit schnellen Elektronen beschossen, wodurch ein Elektron aus der Atomhülle des zu analysierenden Moleküls geschlagen wird; es entstehen einfach positiv geladene Ionen (P^+). Wesentlich ist hierbei, dass diese Ionisation im Hochvakuum erfolgt. Das Vakuum verhindert, dass die gebildeten Ionen mit anderen Atomen oder Mole-

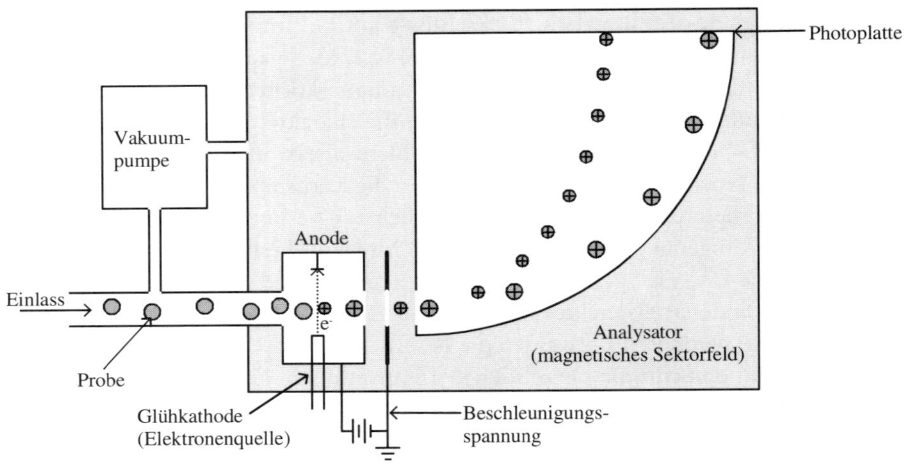

Abb. 1. Schematischer Aufbau eines Sektorfeld-Massenspektrometers mit Elektronenstoßionisation.

külen zusammenstoßen, damit sich ihre Bewegungsenergie nicht verringert. Aufgrund der hohen Energie der ionisierenden Elektronen bleibt es in der Regel nicht bei der Bildung des Molekülions P^+, denn dieses ist energiereich und zerfällt weiter in Neutralteilchen (N_1, N_2 ...) und in leichtere Tochterionen (T_1^+, T_2^+ ...). Die Zerfallsreaktionen und die Abspaltungsmuster sind charakteristisch für jedes Molekül, so dass man mit dem aufgenommenen Massenspektrum die Substanz eindeutig identifizieren kann.

Die gebildeten Molekül- und Tochterionen werden zunächst in einem elektrischen Feld beschleunigt. Ähnlich wie bei der Elektrophorese bewegen sich kleine, leichte Ionen schneller als schwere. Im Analysatorbereich herrscht dann ein starkes Magnetfeld, in dem die Ionen wiederum in Abhängigkeit von ihrer Masse und ihrer Ladung separiert werden. Kurz gesagt: Ein leichtes Teilchen wird stärker abgelenkt als ein schweres.

Ursprünglich wurden die Ionen durch eine Photoplatte detektiert, die durch die auftreffenden Teilchen geschwärzt wurde. In modernen Geräten erfolgt diese Detektion über einen empfindlichen Sekundärelektronenvervielfacher. Dieser gewährleistet die elektronische Erfassung und Bearbeitbarkeit von Massenspektren. So kann man beispielsweise das Spektrum der zu analysierenden Substanz mit in elektronischen Datenbanken abgelegten Spektren vergleichen. Das erleichtert die Identifizierung erheblich. Die größte dieser Bibliotheken umfasst etwa 100 000 Spektren der heute bekannten organischen Verbindungen, und davon gibt es mehrere Millionen – Tendenz steigend ...

So weit so gut. Jetzt müssen nur noch das Trennverfahren und die Massenspektrometrie verknüpft werden. Leider ist dies leichter gesagt als getan. Das wesentliche Problem dabei ist, dass am Ausgang des Chromatographen Atmosphärendruck herrscht, im Analysatorteil des Massenspektrometers dagegen ein Hochvakuum von 10^{-7} Pa!

Nutzt man die Gaschromatographie, ist dieses Problem nicht so gravierend, da durch die sehr dünnen Kapillarsäulen nur wenig Fließmittel und Substanz gelangen. Daher kann die Trennsäule direkt an das Massenspektrometer gekoppelt werden. Durch diesen Vorteil ist die GC-MS-Kopplung seit Ende der siebziger Jahre auch in der Routineanalytik ein etabliertes Verfahren. Schwieriger zu realisieren ist die HPLC-MS-Kopplung, da wesentlich höhere Flüsse vom Massenspektrometer bewältigt werden müssen. Die Leistung der Vakuumpumpen reicht nicht aus, um bei den großen Mengen an Lösungsmittel und Substanz das Hochvakuum aufrechtzuerhalten. Erst als geeignete Einlasssysteme entwickelt wurden – beispielsweise Elektrospray (ESI) – gelang dieser Kopplungstechnik Anfang der neunziger Jahre der Sprung in die Routineanwendung. Die hierbei gemessenen Spektren unterscheiden sich jedoch grundlegend von denen der GC-MS-Kopplung: Da die Elektrosprayionisation sehr viel schonender ist als die Elektronenstoßionisation, werden fast ausschließlich Molekülionen gebildet, d. h. die charakteristischen Tochterionen und Abspaltungsmuster fehlen zur Identifizierung der Substanzen.

Zum Glück stand auch auf der Seite der Analysatoren die Entwicklung nicht still. Anstelle der großen Sektorfeldgeräten nutzt man heute Quadrupol- und Flugzeitanalysatoren. Kombiniert man diese beiden modernen Analysatoren, so werden im ersten Quadrupolanalysator die Molekülionen detektiert. Diese werden in eine Quadrupol-Stoßzelle geleitet, in der sie in Tochterionen zerlegt werden. Das Spektrum der Tochterionen wird im nachgeschalteten Flugzeitanalysator aufgezeichnet. Natürlich gibt es noch viele andere Geräteentwicklungen, die den apparativen Aufwand drastisch zu reduzieren.

Das weiteres Problem ist die extrem große Datenmenge, die bei solchen Analysen verarbeitet werden muss. Deshalb war der Durchbruch dieser Systeme erst mit leistungsfähigen Rechnersystemen möglich. Zur Darstellung eines einzigen chromatographischen Signals sind etwa 30 Datenpunkte erforderlich. Das klingt zuerst einmal nicht nach viel. Nimmt man eine Breite des Signals von einer halben Minute an, so muss das System dazu in der Lage sein, während eines typischerweise zwanzigminütigen HPLC-Laufes 1200 komplette Massenspektren aufzuzeichnen. Eine heute übliche Verarbeitungssoftware legt für eine solche Analyse Dateien in einer Größe von etwa 20 MB ab, eine Datenmenge, für die bis vor wenigen Jahren noch nicht einmal ausreichend große Speichermedien zur Verfügung standen.

Wie die Kopplungstechniken eingesetzt werden, hängt oft vom Blickwinkel des Wissenschaftlers ab. Aus der Sicht des Chromatographeurs ist das Massenspektrometer ein hochselektiver Detektor, wohingegen der Massenspektrometriker die chromatographische Trennung als Art Probenvorbereitung und Probenaufgabe interpretiert. Beide Sichtweisen sind in Abhängigkeit von der wissenschaftlichen Problemstellung gerechtfertigt. Im Endeffekt ist jedoch entscheidend, dass der Operator die Vor- und Nachteile beider Techniken einschätzen kann und die gelieferten Daten zu interpretieren weiß. Nichts ist einfacher, als einem Computersystem blind zu vertrauen, insbesondere dann, wenn es einen solchen Überfluss an Daten liefert wie eine EDV-gestützte gekoppelte Analysenanlage.

Doch zurück zur Aufgabe von Emil Fischer: Eine eindeutige Identifizierung (und Quantifizierung) von wenigen Milligramm Glukose, gelöst in einem Liter Flüssigkeit, in einer Probemenge von nur wenigen Picolitern (d. h. einer Probemenge von einigen Femtogramm (1 fg = 10^{-15} g) Glukose), ist mit Hilfe der Kapillarelektrophorese-MS-MS-Kopplung heute in weniger als zwanzig Minuten durchführbar. Die Kapillarelektrophorese filtert dabei alle nicht ionisierbaren und positiv geladenen Komponenten aus der Probe. (Glukose liegt unter den Trennbedingungen als negativ geladenes Ion vor.) Die ESI-Massenspektrometrie erfasst durch selektive Detektion alle Teilchen, die dieselbe Masse wie Glukose (d. h. alle Komponenten mit identischer Summenformel) haben. Und schließlich lassen sich dann noch durch Fragmentierung selbst diese massengleichen Teilchen voneinander unterscheiden.

So kann man heute beispielsweise nachweisen, dass einem Urlauber ein einziges Stückchen Würfelzucker von der Terrasse eines Cafes in den Bodensee gefallen ist – ein erstaunlicher Fortschritt seit dem Meisterstück von Emil Fischer im Jahre 1891!

Ein kleiner Ausblick sei am Ende erlaubt. Dr. McCoys Tricorder weiß nicht nur alles, sondern ist dazu auch noch so klein wie ein Schuhkarton. Selbst ein einfaches modernes GC-MS-System belegt dagegen einen ganzen Labortisch. Doch auch in dieser Hinsicht bleibt die Entwicklung nicht stehen: Miniaturisierte Gaschromatographen, die nicht größer sind als eine Handfläche, und wenige Quadratzentimeter kleine Quarzchips, in denen nicht nur elektrophoretische Trennungen, sondern auch vorgeschaltete chemische Reaktionen in Millisekundenschnelle durchgeführt werden können, zeigen die Richtung der zukünftigen Entwicklung. Immer mehr Analysen liefern in immer kürzeren Zeiten immer mehr Resultate. Da bleibt eigentlich nur noch, mit Gruithuisen zu schließen: „Das Instrument allein gibt keine Resultate. Hinter dem Instrument muss ein gutes Auge sein, und hinter dem Auge ein gutes Gehirn."

Teil 4:
Ein bunter „Chemiemix“

Maßgeschneiderte Schmutzlöser – Waschmittel

Axel Fischer

Seife oder Gentechnik – so könnten die Pole heißen, zwischen denen heute gewaschen wird. Mancher Verbraucher meint, der Umwelt einen Gefallen zu tun, indem er wie zu Großmutters Zeiten wäscht. Doch Seife löst sich bei niedrigen Temperaturen schlecht auf und braucht weiches oder weichgemachtes Wasser, um keine Ablagerungen zu hinterlassen. Außerdem zieht sie bei ihrem biologischen Abbau Sauerstoff aus dem Abwasser. Solange nur wenige Haushalte Seifenflocken nutzen, besteht allerdings keine Gefahr, dass deshalb ein Gewässer „umkippt".

Die Waschmittelindustrie setzt auf andere, biologische Mittel gegen den Schmutz: auf Biokatalysatoren (Enzyme), die ganz spezifisch hartnäckige Verunreinigungen knacken. Molekularbiologen haben für sie neue, billige Enzyme geschneidert, die Eiweiß, Stärke oder Fett spalten, ohne von den anderen Chemikalien in der Waschlauge stark beeinträchtigt zu werden. Mit solchen Enzymen können Waschmittel verbessert, Chemikalien und Energie gespart werden – durch weitere Senkung der heute üblichen, niedrigeren Waschtemperaturen.

Ein Waschmittelpaket steckt voller spannender Verbesserungen. Deutlich weniger Chemikalien leisten in einem modernen Pulver deutlich mehr als ihre Vorgänger:

„Noch weißer“ – das schaffen neue Bleichsysteme. „Noch weniger Flecken“ – zuständig dafür sind Enzyme, die mit Hilfe der Gentechnik heute kostengünstig verfügbar sind. „Noch sparsamer“ – ein neuer Wasserenthärter, der viel mehr kann als nur den Kalk aus dem Wasser binden, schont Umwelt und Geldbeutel. Und in Zukunft?

Noch sparsamer: Ein neuer Wasserenthärter

Eigentlich suchte Hans-Peter Rieck neue Katalysatoren, Beschleuniger für chemische Reaktionen. Der Hoechst-Chemiker experimentierte mit Silikaten und stieß er zufällig auf eine Goldader: Ein Wasserenthärter, mit dem Waschmittel konzentrierter und umweltverträglicher werden sollten. Bei einem seiner Versuche war Rieck eine ungewöhnliche Verunreinigung aufgefallen. Sie entpuppte sich als neue Verbindung aus Natrium, Silizium und Sauerstoff – das „ökologisch völlig unbedenkliche“ Natrium-Schichtsilikat bekam den Namen SKS-6.

Beharrlich, auch gegen Bedenken im eigenen Haus, suchte der damals gerade 32-jährige Chemiker nach Anwendungen. Schließlich fiel ihm auf, dass SKS-6 Wasser besser enthärtet als andere bekannte Silikate. Außerdem macht das neue Pulver das Wasser gleich alkalisch, also zur Wasch*lauge*, wozu bisher zusätzlich alkalische Komponenten wie Soda oder andere Silikate nötig waren. Die sind bei SKS-6 überflüssig, ebenso wie Polycarboxylat – auf der Waschmittel Packung oft als Polymer bezeichnet. Davon ist nur ein geringer Teil biologisch abbaubar. Nicht mehr gebraucht werden auch Phosphonate, die das Bleichmittel stabilisieren. Unter dem Strich: ein Drittel weniger Pulver und damit ein Drittel weniger Belastung für Kläranlagen und Flüsse bei gleicher Waschkraft.

Noch ein ökologischer Pluspunkt: SKS-6 verträgt sich im Gegensatz zum herkömmlichen Wasserenthärter Zeolith mit dem Bleichmittel Percarbonat. Früher rückte vor allem Perborat als Bleiche besonders hartnäckigen Flecken zu Leibe, doch das Umweltbundesamt wollte es am liebsten ganz aus dem Waschmittel verbannen – weil manche Pflanzen eine Überdosis des nach dem Waschen die Umwelt gelangenden Bors nicht vertragen. Die Alternative Percarbonat funktionierte nur in Baukasten-Waschmitteln, wo Zeolith und Bleiche aus verschiedenen Packungen dosiert werden.

Zuerst wurde SKS-6 in Deutschland in Ariel futur eingesetzt, das dafür auch von der Stiftung Warentest mit guten Noten bedacht wurde. Doch der Absatz der Topmarke aus dem Hause Procter & Gamble erfüllte die Hoffnungen der Verkäufer nicht. Um Kosten zu sparen wurde der Anteil der etwas teureren Komponente aus dem heute zu Clariant gehörenden Werk in Knapsack zugunsten des billigeren Zeolith begrenzt. Möglich macht das ein neu entwickeltes Percarbonat, das auch neben Zeolith beständig ist – und so preisgünstig, dass es mittlerweile nicht nur in Ariel futur, sondern auch in der Aldi-Marke Tandil bleicht.

Früher konnte Percarbonat in der Waschmittelindustrie kaum Fuß fassen, weil es von Feuchtigkeit rasch zersetzt wird – und die bringt vor allem der Zeolith mit in die Waschmittelpackung. Bei Solvay im rheinland-pfälzischen Bad Hönningen begann Anfang der neunziger Jahre die Entwicklung einer Percarbonat-Variante, die mit einer dünnen Schutzhülle ummantelt ist. Diese Hülle ist beständig gegen die Feuchtigkeit in der Packung und löst sich im Waschwasser rasch auf. So gelingt es, das im Percarbonat gebundene bleichaktive Wasserstoffperoxid bis zu seinem Einsatz an der Fleckenfront zu konservieren.

Noch einmal zurück zu SKS-6: Nahezu alle großen Hersteller von Maschinengeschirrspülmitteln haben inzwischen 1–3 Prozent SKS-6 in die Rezeptur ihrer Tabletten oder Pulver aufgenommen. Ganz zufällig war man darüber gestolpert, dass mit diesem Zusatz weniger „Glaskorrosion" auftritt – die Gläser bleiben länger glänzend. Das Schichtsilikat fängt Schmutzteilchen ab, die ansonsten bei jedem Spülen an den Gläsern reiben und sie im Lauf der Zeit stumpf und matt werden lassen.

Noch weniger Flecken

Schmutz ist für die Waschmittelchemiker „Materie am falschen Ort". Und diese Materie gilt es Tag für Tag aufs Neue zu beseitigen. Trotz aller Erfolge gegen den Schmutz bleiben heute bei jeder Wäsche im Schnitt noch zwei bis drei Flecken übrig. Etwa ein Viertel des Schmutzes in der Waschmaschine stammt aus Fetten und Ölen, ein weiteres Viertel aus Lebensmitteln wie Soßen oder Kakao. Körperschmutz trägt ein Fünftel bei, gefolgt von Partikeln wie Staub mit 18 Prozent. Die Spuren von Getränken stellen sechs Prozent der Aufgaben für ein Waschmittel: Gegen Tee-, Obst- oder Rotweinflecken sind die waschaktiven Substanzen, die Tenside, allein machtlos. Natriumperborat und Natriumpercarbonat liefern bei der Wäsche Wasserstoffperoxid, das die farbgebenden Strukturen dieser Flecken zerstört. Doch Peroxid wirkt erst oberhalb von 60 Grad Celsius. Hohe Waschtemperaturen erhöhen die Stromrechnung, außerdem vertragen viele Synthesefasern solche Temperaturen nicht. Die Antwort der Forscher waren die Bleichaktivatoren: Der heute wichtigste, das Tetraacetylethylendiamin (TAED), reagiert mit Peroxid zur Peressigsäure, die schon ab 40 Grad dem Fleck an den Kragen geht.

Gleich drei Chemiker suchten bei Hoechst nach neuen Bleichaktivatoren, die in die Fußstapfen des TAED treten könnten. Ein wichtiges Ziel ist, den Aktivator mit einer Vorliebe für organischen Schmutz auszurüsten. Gleichzeitig darf die Oxidationswirkung nicht so stark sein, dass die Fasern des Wäschestücks in Mitleidenschaft gezogen werden könnten. Die Hoechst-Forscher synthetisierten 700 Verbindungen, von denen nach umfangreichen Prüfungen 30 in die engere Wahl gelangten. Gerade wurde ein Kandidat ausgesucht, der jetzt erstmals in Waschmitteln erprobt werden soll.

Noch weniger Flecken: Enzyme als bioaktive Schmutzlöser

Auch Enzyme helfen in einem modernen Waschpulver, Chemikalien zu sparen. Dass ein Extrakt aus Bauchspeicheldrüsen eiweißhaltige Flecken aus Textilien entfernen kann, hatte der deutsche Chemiker Otto Röhm schon zu Anfang des 20. Jahrhunderts entdeckt. Das im Extrakt enthaltene Enzym Trypsin war aber zu empfindlich gegenüber den anderen Komponenten eines Waschmittels. Zu Beginn der sechziger Jahre bedeutete dann eine Protease (eiweißspaltendes Enzym) aus Bakterienkulturen eine kleine Revolution auf dem Waschmittelmarkt: Ein blutverschmierter Metzgerkittel, über Nacht eingeweicht, war am nächsten Morgen sauber. Seife oder die üblichen waschaktiven Substanzen (Tenside) allein können gegen Blut, Milch und andere eiweißhaltigen Verunreinigungen wenig ausrichten. Einmal angetrocknet, hält das Eiweiß wie ein Klebstoff anderen Schmutz oder auch den roten Blutfarbstoff an der Faser fest. Sauerstoffhaltige Bleichmittel fixieren das Blut erst recht und hinterlassen rostfarbene Flecken. Die aus Kulturen des Bakteriums *Bacillus subtilis* oder des *Bacillus licheniformis* gewonnenen Proteasen dagegen spalten die Eiweißmoleküle in lösliche Bruchstücke auf, die sich dann im Zusammenspiel mit den Tensiden von der Faser lösen.

Proteasen sind jedoch empfindlich gegenüber Bleichmitteln. Ihre Aktivität nimmt bei längerer Lagerung ab, weil einzelne Bestandteile des aus einer Kette von Aminosäuren aufgebauten Moleküls verändert werden. Eines der schwächsten Glieder in dieser Kette ist die Aminosäure Methionin: Sie wird von Bleichmitteln leicht oxidiert. Die Wirkung des Enzyms geht verloren, weil sich als Folge dieser Oxidation der dreidimensionale Aufbau des Enzyms verändert.

Um eine stabilere Protease herzustellen, bedienten sich Forscher des dänischen Enzymherstellers Novo Nordisk des „Protein-Designs“. Im genetischen Code des produzierenden Mikroorganismus ersetzten sie die Informationen für zwei Aminosäuren, darunter die für Methionin. Für derartige Veränderungen musste man erst genau wissen, wie die Struktur und Wirkung einzelner Enzymregionen zusammenhängen. Diese Informationen liefern moderne Methoden wie die Röntgenstrukturanalyse. Heute lässt sich der räumliche Aufbau eines Proteins auf dem Computerbildschirm darstellen. Am Rechner werden dann einzelne Veränderungen simuliert und deren Einfluss auf die biologische Wirkung abgeschätzt. Das erste mit diesen Werkzeugen geschneiderte Waschmittelenzym, eine Protease, kam 1990 auf dem Markt.

Mit Hilfe der Gentechnik verschwinden Fettflecken schon in kaltem Wasser. Das Enzym Lipase zerlegt die fetthaltigen Verunreinigungen wie Salatöl, Bratfett, Kosmetika und den von der menschlichen Haut abgesonderten Talg. Im Jahr 1987 isolierten Novo-Forscher das Gen der Lipase aus einem Pilz, der dieses Enzym nur in sehr geringen Mengen produziert. Nachdem das Gen in den leicht kultivierbaren Schimmelpilz *Aspergillus oryzae* übertragen war, öffnete sich die Tür zu einer breiten kommerziellen Anwendung: In Japan wurde nur wenige Monate später das erste Waschmittel mit dieser Lipase angeboten.

Die Großen in der Waschmittelbranche warteten erst ab; sie wollten erst sondieren, wie die Verbraucher auf Enzyme reagieren, die mit Hilfe der Gentechnik hergestellt wurden. Der Schrittmacher kam aus einer ganz anderen Ecke: Der „Alternativ-Waschmittelbaukasten" aus der Fernsehsendung Hobbythek enthielt als erstes Waschmittel schon 1990 „Biozym F" – die dänische Lipase.

Kurios, aber leicht zu erklären ist die Beobachtung, dass die Wirkung der Lipase erst beim zweiten Waschen sichtbar wird. Das Enzym setzt sich an die Grenzfläche zwischen Wasser und Fett. Dort ist seine Aktivität abhängig vom Wassergehalt des Gewebes. Während des eigentlichen Waschprozesses wird die Lipase durch die Waschlauge lahmgelegt, auch im ganz trockenen Zustand arbeitet das Enzym nicht. Während des Trocknens jedoch, wenn das Gewebe nur noch etwa 25 Prozent Wasser enthält, werden die am Fettfleck verbliebenen Moleküle aktiv und knacken den Schmutz. Beim nächsten Waschen können die Überreste leicht ausgespült werden. Wer nicht bis zur zweiten Wäsche warten will, kann Fettflecken auch vor der Wäsche mit einem lipasehaltigen Mittel vorbehandeln.

Mit Gentechnik und Protein-Design verfeinerten Molekularbiologen die Enzyme weiter. So entwickelte Novo Nordisk eine Lipase, die gleich bei der ersten Wäsche und auch in verdünnter Waschlauge wirkt und stabiler gegenüber Bleichmitteln ist. Es gelang, der Lipase durch gezielte Veränderungen am Molekül, die Angst vor dem Wasser zu nehmen – ohne die Wirkung zu verlieren. „Heute werden wahrscheinlich alle Enzyme für Waschmittel mit diesen Werkzeugen produziert", vermutet Eugen Müller, für Waschmittelenzyme zuständig bei der deutschen Niederlassung des dänischen Unternehmens.

Der Einzug der Gentechnik in die Enzymproduktion wirft nach Auffassung von Experten keine Probleme auf. Im Gegensatz etwa zur Herstellung von Medikamenten wird nicht das Gen eines Organismus in einen völlig anderen, artfremden gebracht. Das aus einem Bakterium oder Pilz isolierte Gen für ein Enzym wird in einem sehr ähnlichen, aber produktiveren Organismus vermehrt, der keine Krankheiten verursacht. Früher erreichte man die Veränderungen ungezielt und auf sehr viel brutalere Art: Bakterien wurden intensiv bestrahlt, um zahlreiche Mutationen hervorzurufen. Aus den einzelnen Mutanten wurden Kulturen herangezüchtet, die dann zeigen mussten, ob sie zufälligerweise die gewünschten Eigenschaften aufwiesen.

Die in den Anfängen der Enzym-Ära brisante Frage, inwieweit hier neue Gefahren für die Gesundheit auftreten können, hängt vor allem mit einer ganz natürlichen Eigenschaft von Proteasen zusammen: Sie unterscheiden nicht zwischen Eiweißfleck in verschmutzter Wäsche und dem proteinreichen menschlichen Gewebe. So gab es anfangs Probleme vor allem bei den Enzymherstellern und -verarbeitern: Meldungen über Lungenschäden durch inhalierten Enzymstaub und Allergien bei Arbeitern in solchen Betrieben verunsicherten auch die davon nicht betroffenen Verbraucher derart, dass in einigen Ländern, darunter die Vereinigten Staaten, der Markt für Waschmittelenzyme völlig zusammenbrach. Noch heute werben Hersteller in England mit dem Attribut „non biological“ für ihr Waschmittel: ohne Enzyme. Inzwischen werden Enzyme als Granulat gehandelt, eingekapselt in einen elastischen Mantel, der verhindern soll, dass durch Abrieb Staub entsteht. Das Bundesgesundheitsamt sieht keine Gefährdung der Verbraucher durch Enzyme, auch „bei besonders disponierten Personen“ denkbare Kontaktallergien seien bisher noch nicht beobachtet worden.

Die klassischen Biokatalysatoren, die eiweißspaltenden Proteasen, werden heute vielfach von Amylasen unterstützt, die Stärkemoleküle zerlegen. Dabei werden erstaunliche Synergien beobachtet: Die Kombination ist erheblich wirksamer als die Summe der Einzeleffekte. Ob Kakao, Kartoffeln oder Soßen – die Amylase baut die Stärke an der Oberfläche des Flecks ab, und die Protease kommt so besser an das Eiweiß heran.

Zu den neuen Entwicklungen zählt die Cellulase, ein Multitalent, das sich in Waschmitteln rasch durchsetzte. Sie soll gleichzeitig Farben auffrischen, Wäsche weich halten und Schmutz entfernen. Dieses Enzym baut Mikrofibrillen ab – winzige Bruchstücke, die von einer Cellulosefaser abstehen. Dadurch erhält die Faser wieder eine glatte Oberfläche, die nicht nur die ursprüngliche Farbe voll zur Geltung bringt, sondern dem Gewebe auch wieder einen weichen Griff verschafft. Cellulasen setzen auch feinste Schmutzpartikel frei, die sich sonst im Geflecht der Mikrofibrillen halten können.

Die Forscher denken weiter: an verbesserte stärkespaltende Enzyme (Amylasen), um die Flecken klebriger Kohlenhydrate in löslichen Zucker zu verwandeln und damit die Spuren von Kartoffelbrei, Soße, Spaghetti oder Schokolade zu beseitigen. Hierzu dienen Amylasen auch in Maschinen-Geschirrspülmitteln, in denen der Gehalt an Chlor- und Alkali-Komponenten gesenkt wurde. Die Mittel sind dadurch kindersicherer – und sie schonen die Umwelt.

Noch weißer

Die Bleiche allein genügt nicht. Oft ist es in der Waschlauge vagabundierender Farbstoff, der sich auf sauberen Fasern niederlässt und so das Bild trübt. Auch hier fanden

Forscher jüngst eine Lösung, die viel stärker als alle heute verfügbaren Moleküle den losen Farbstoff in der Lösung festhält.

Wie viele andere Verbesserungen wird diese Substanz vielleicht schon in wenigen Jahren Einzug in die Waschmaschine halten. Die Wunschliste der Forscher ist so lang wie der Katalog ihrer Ideen: Enzyme könnten die Bleichwirkung übernehmen und so Chemikalien einsparen. Glucamide, heute schon in Geschirrspülmittel eingesetzte Tenside aus nachwachsenden Rohstoffen, lösen ölhaltigen Schmutz besser. Eines Tages könnte ein Waschmittel sogar Moleküle enthalten, die ein Baumwollhemd schon beim Waschen glätten und so das Bügeln ersparen: Reaktive Moleküle, die sich wie Farbstoffe mit einem Anker an die Faser hängen, sie stabilisieren und gleichzeitig Schmutz abweisen.

Kleiner und leistungsfähiger

Die Ergebnisse der Waschmittelforschung können sich sehen lassen – dank zahlreicher Chemieinnovationen sie sind ergiebiger, entlasten die Gewässer und verbrauchen beim Waschen wie bei ihrer Herstellung weniger Energie. Doch alle Innovation nützt nichts, wenn die Verbraucher nicht mitlernen – immer noch lässt sich mancher vor allem ältere Kunde vom Motto „viel hilft viel“ leiten und greift zum „Dinosaurier“: Während in Japan der Verbraucher erfreut die immer kleineren und immer besseren Waschpulverpackungen nutzt, hängt mancher Europäer an seinen gewohnten alten großen Paketen. Handel und Marketing helfen durch optisches Makeup und Sonderangebote von scheinbar günstigen 10-Kilo-Großpaketen mit Pulver alter Technologie kräftig nach. Dass hinter dieser gerade in Deutschland zu beobachtenden Renaissance der „Dinosaurier“ keinesfalls neue Erkenntnisse der Forscher stecken, sondern „nur“ ein Kampf um Marktanteile zu Lasten der Umwelt – das ahnt der Kunde im Supermarkt nicht.

FCKW – eine Innovation mit Folge Ozonloch

Jörg Wetterau

Es klingt erfreulich: Im Jahr 1999 war das Ozonloch über der Antarktis kleiner als im Jahr zuvor. Betrug die Größe der gefürchteten Ausdünnung 1998 noch über 25 Millionen Quadratkilometer, so meldeten die amerikanische Behörde für Atmosphärenforschung und Ozeanographie sowie die Weltmeteorologiebehörde für das letzte Jahr eine maximale Ausdehnung des Ozonlochs von „nur" noch 22 Millionen Quadratkilometern. Dies entspricht ungefähr der doppelten Fläche Europas. Zum Vergleich: 1987, wo die Ozonproblematik bereits in aller Munde war, nahm die größte Ausdehnung des Ozonlochs lediglich die einfache Fläche Europas ein. Können wir dennoch aufatmen und die jährlich wiederkehrende Ozonzerstörung in der Stratosphäre bald zu den Akten legen? Ist der erstmals seit Jahren beobachtete Rückgang des Ozonlochs schon auf das in den achtziger Jahren beschlossene Produktionsverbot von Fluorchlorkohlenwasserstoffen (FCKW) zurückzuführen? Oder sind es meteorologische Ursachen, die den Ozongehalt in der Atmosphäre derzeit von Jahr zu Jahr schwanken lassen?

Entwarnung können und wollen Experten in dieser Hinsicht noch nicht geben, der beobachtete Trend muss sich erst stabilisieren. Dennoch stellt sich die Frage, ob sich noch jemand für dieses Thema ernsthaft interessiert. Die Ozonproblematik ist in den schnelllebigen und von Informationen überfluteten neunziger Jahren ein wenig aus dem Blickfeld geraten. Der jährliche Zustandsbericht über die Lage des Ozonlochs wird zur Kenntnis genommen, richtig aufzuregen scheint dies aber kaum noch jemanden. In den achtziger Jahren hatte dieses Thema noch einen ganz anderen Stellenwert und beherrschte oftmals die Schlagzeilen.

Anmerkungen zum Ozon

Ozon ist ein Molekül aus Sauerstoffatomen und mit dem Luftsauerstoff eng verwandt. Während das Sauerstoffmolekül aus zwei miteinander verbundenen Sauerstoffatomen besteht, fügt sich beim Ozonmolekül noch ein drittes Sauerstoffatom zu einer dreigliedrigen Kette an. Der Name entstammt dem griechischen Wort *ozein* und bedeutet „nach etwas riechen". Das dreiatomige Molekül verdankt seinen Namen dem deutschen Chemiker Christian Friedrich Schönbein (1799–1868), der als Entdecker des „reizenden" Gases gilt. So sandte Schönbein 1840 einen Forschungsbericht an die Bayrische Akademie der Wissenschaften nach München mit dem bezeichnenden Titel: „Beobachtungen über den bei der Elektrolyse des Wassers und dem Ausströmen der gewöhnlichen Elektrizität aus Spitzen sich entwickelnden Geruch". Dieser so typische ozonartige Geruch, den man auch schon mal nach einem Gewitter wahrnimmt, wird je nach Konzentration als nelken-, heu- oder chlorähnlich beschrieben. Möglicherweise ist Ozon selbst jedoch geruchlos. Der Geruch, so vermutet man, könnte vielmehr durch die beim Zerfall von Ozon gebildeten Folgeprodukte wie die Stickstoffoxide NO und NO_2 entstehen.

Anders als Sauerstoff, der mit knapp 21 Prozent Volumenanteil in der Atmosphäre neben Stickstoff Hauptbestandteil ist, kommt Ozon mit einem Anteil von bis zu 0,0001 Prozent nur als Spurengas vor. Rund 90 Prozent des atmosphärischen Ozons sind in der Stratosphäre in einer Höhe von 10 bis 50 Kilometern konzentriert. In diesen Schichten wandeln sich Sauerstoff und Ozon ständig ineinander um. Einerseits werden Sauerstoffmoleküle durch energiereiche UV-Strahlung (Wellenlänge kleiner 242 Nanometer) in hochreaktive Sauerstoffatome (O) gespalten. Diese reagieren sofort mit anderen Sauerstoffmolekülen (O_2) zu Ozon (O_3). Das „Leben" der Ozonmoleküle ist aber nur sehr kurz, denn sie werden wiederum durch energieärmere UV-Strahlung (Wellenlänge kleiner 1180 Nanometer) in Sauerstoff und Sauerstoffatome gespalten. In der Atmosphäre erreicht Ozon in einer Höhe um 30 Kilometer seine höchste Konzentration; dieses Maximum nennt man Ozonschicht.

Die Bedeutung der Ozonschicht

Die Ozonschicht ist ein einzigartiger Schutzfilter für den ultravioletten Anteil der Sonnenstrahlung. Sie verschluckt große Anteile dieser Strahlung in einem Wellenlängenbereich von 250 bis 320 Nanometer – eine perfekte Sonnenbrille für die UV-B-Strahlung, die Fauna und Flora schadet. Die Folgen übermäßiger Strahlung beim Menschen reichen von einem gewöhnlichen Sonnenbrand bis hin zu Hautkrebs und chronischen Augenleiden. Die in den vergangenen Jahren verstärkt aufgetretenen Linsentrübungen und Erblindungen bei australischen Schafen sind hierfür ein warnendes Beispiel. Ebenso wird die zunehmende Zahl an Hautkrebserkrankungen (schwarzes Melanom) in engem Zusammenhang mit der schwindenden Ozonschicht gesehen, aber auch mit dem veränderten Freizeitverhalten der Menschen. Die Folgen einer Ausdünnung des stratosphärischen Ozons sind daher absehbar. Da es noch Jahre dauern wird, bis die für das Ozonloch hauptsächlich verantwortlich gemachten FCKW in der Stratosphäre verbraucht sind, wundert es wenig, dass regelrechte Horrorvisionen heraufbeschworen werden. Durch eine Verdünnung der ohnehin sehr zarten Ozonschicht erreicht zusätzliche harte UV-Strahlung die Erde. Auf diese Weise könnte sich die Masse des empfindlichen Meeresplanktons vermindern. Die Ozeane könnten dadurch wiederum weniger Kohlendioxid verbrauchen. Die Schlussfolgerung der Visionäre: Durch Ozonabbau wird der Kohlendioxidgehalt in der Atmosphäre erhöht und der Treibhauseffekt verstärkt.

Nobelpreiswürdige Überlegungen zum Ozonabbau

Das seit Ende der siebziger Jahre periodisch auftretende und sich stetig vergrößernde Ozonloch über der Antarktis ist kein Loch im eigentlichen Sinne des Wortes, vielmehr handelt es sich um eine extreme Verdünnung der Ozonschicht. In den neunziger Jahren wurden auch über der Nordhalbkugel erste Anzeichen einer Ozonabnahme festgestellt. In dem Maße, in dem das Vorhandensein des Ozonlochs der Öffentlichkeit bewusst wurde, intensivierten sich auch die wissenschaftlichen Bemühungen zur Erklärung dieses Phänomens. Besonders die Wissenschaftler Mario Molina, Sherwood Rowland und Paul Crutzen haben mit ihren Untersuchungen und Überlegungen die breite Öffentlichkeit auf die beginnende Zerstörung der Erdatmosphäre aufmerksam gemacht und so möglicherweise noch rechtzeitig die entscheidenden Impulse zur Vermeidung einer der größten menschgemachten Katastrophen gegeben. 1995 wurden sie für ihre herausragenden Leistungen mit dem Nobelpreis für Chemie geehrt.

Vor über 25 Jahren beschrieben die amerikanischen Atmosphärenforscher Molina und Rowland einen vortrefflichen Reaktionsprozess des katalytischen Ozonabbaus in der Stratosphäre. In diesem Reaktionszyklus üben Chloratome oder -radikale als Katalysatoren einen entscheidenden Einfluss aus. Chlorhaltige Verbindungen oder das Molekül Chlor (Cl_2) werden durch harte UV-Strahlung gespalten, dabei werden hochreaktive Chloratome (Cl-Radikale) freigesetzt. Ein einzelnes Chlorradikal vermag katalytisch zwischen 10 000 und 100 000 Ozonmoleküle zu zerstören, ohne dass es selbst bei dem Vorgang verbraucht wird. Der Abbauvorgang soll hier nur sehr vereinfacht beschrieben werden: Ein hochangeregtes Chlorradikal greift ein Ozonmolekül an und spaltet eines der drei Sauerstoffatome ab. Es bildet sich ein Sauerstoffmolekül (O_2) und ein Chlormonoxid-Radikal (ClO). Da gleichzeitig durch natürliche Ozonabbau-Prozesse in der Stratosphäre freie Sauerstoffatome zur Verfügung stehen, kann es zu einer Reaktion zwischen Chlormonoxid und einem Sauerstoffatom kommen. Bei diesem Vorgang wird Sauerstoff gebildet und das Chlorradikal wieder freigesetzt, der zerstörerische Zyklus beginnt von vorn. Bereits 1970 hatte der niederländische Atmosphärenchemiker Crutzen einen ähnlichen Abbaumechanismus von Ozon durch Stickstoffoxide (NO, NO_2) beschrieben. Die Stickstoffoxide in der Stratosphäre stammen dabei nicht aus Auto- oder Industrieabgasen, sondern entstehen durch die Zersetzung einer anderen Stickstoff-Sauerstoff-Verbindung: Lachgas (N_2O, Distickstoffmonoxid). Diese Verbindung wird sowohl durch natürliche Prozesse bei mikrobiellen Umwandlungsprozessen im Erdboden als auch anthropogen (z. B. beim Einsatz von Düngern) freigesetzt.

Die entscheidende Erkenntnis dieser Forschungen aber war: Erst durch das Eindringen von ozonabbauenden, katalytisch wirkenden und durch den Menschen eingebrachte Substanzen gerät das natürliche Gleichgewicht zwischen Sauerstoff und Ozon in der Stratosphäre völlig durcheinander.

Ozonloch im Licht der aufgehenden Sonne

Dies allein erklärt jedoch nicht, warum gerade im antarktischen Frühling (im Oktober und November) ein massiver Ozonabbau auftritt. Des Rätsels Lösung findet sich im langen polaren Winter. Die Polarnacht und ein über der Antarktis stehender isolierter Kaltluftkern mit Temperaturen von minus 90 Grad Celsius führen zur Bildung sogenannter „polarer stratosphärischer Wolken“. Diese Wolken bestehen aus einer Mischung von Eiskristallen, Salpetersäure- und Schwefelsäureteilchen. Auf der großen Oberfläche dieser Wolken lagern sich Chloratome in Form bestimmter Reservoirsubstanzen wie Chlorwasserstoff an. Auf diese Weise überwintert Chlor und erst im Licht der im südpolaren Frühjahr aufgehenden Sonne werden urplötzlich gewaltige Mengen Chloratome wieder freigesetzt, die in kürzester Zeit die Entstehung des Ozonlochs fördern.

Eine eigentlich perfekte Substanz als Übeltäter

Wie aber gelangen überhaupt soviel Chlor und chlorhaltige Verbindungen in die Stratosphäre? Als Hauptverursacher wurden die in riesigen Mengen produzierten Fluorchlorkohlenwasserstoffe ausgemacht. Inzwischen sind diese Substanzen wissenschaftlich wie politisch mit dem Bannstrahl versehen (Montreal-Abkommen 1987 zum Verbot von FCKW). Und dies, obwohl sie einst zu den innovativsten und am meisten bewunderten Produkten aus Chemikerhand zählten.

Alles begann so hoffnungsvoll: Ab den dreißiger Jahren eroberten die FCKW aufgrund ihrer scheinbar perfekten Eigenschaften die Welt: Sie sind nicht giftig, nicht brennbar, und sie riechen und schmecken auch nicht. Sie erwiesen sich als wärmedämmend und chemisch inert, d. h. sie reagieren kaum mit anderen Verbindungen und sind lange lagerbar. Sie galten gar als umweltfreundlich, wurden (und werden teilweise immer noch) als Schäummittel für Kunststoffe, als Kältemittel in der Klimatechnik und als für Menschen vollkommen ungefährliche Treibgase in Spraydosen verwendet.

Aufgrund der „Harmlosigkeit“ dieser Verbindungen machte man sich auch keine Gedanken um deren Verbleib, und so gelangten die leicht flüchtigen Substanzen zunehmend in die Atmosphäre. Und genau da zeigte sich die Kehrseite der glänzenden Medaille, der scheinbar perfekten Substanzen. Die FCKW sind so stabil, dass sie in der Troposphäre, der atmosphärischen Schicht in einer Höhe bis zu 10 Kilometern, kaum zersetzt werden. Aufgrund ihrer hohen Lebensdauer verweilen sie dort zwischen 50 und 500 Jahre und gelangen über atmosphärische Umwälzungen in die Stratosphäre. Durch harte UV-Strahlung spalten die FCKW schließlich Chloratome ab, und der Ozonkreislauf beginnt.

Hoffnung auf FCKW-Verzicht

Deutschland spielt im FCKW-Verzicht international eine Vorreiterrolle. Im Jahr 1986 wurden noch 126 000 Tonnen FCKW produziert, 1995 wurde die Produktion eingestellt. Der Verbrauch sank im gleichen Zeitraum von 71 000 auf 1000 Tonnen. So darf beispielweise das Kältemittel R 12 (FCKW-12) seit 1995 nicht mehr in neuen Kälteanlagen in Deutschland verwendet werden.

Nach neuesten Untersuchungen trägt das FCKW-Verbot scheinbar erste Früchte. Die globalen Emissionen der ozonzerstörenden Schadstoffe haben sich aufgrund des Montrealer Abkommens deutlich reduziert. So betrugen 1996 die Emissionen an R 11 (FCKW-11), das noch Ende der achtziger Jahre im 100 000-Tonnen-Maßstab produziert wurde, nur noch rund 40 Prozent von der maximal produzierten Menge. Bei

R 13 (FCKW-13) ging die freigesetzte Menge sogar auf 15 Prozent zurück. Davon bleiben die FCKW-Konzentrationen in der Stratosphäre bislang aber noch unbeeindruckt, denn die Mengen, die momentan in diesen Schichten ihr Unwesen treiben, stammen noch größtenteils aus der Zeit vor Montreal. Aufgrund der langen Transportwege von der Troposphäre in die Stratosphäre erwarten die Atmosphärenforscher einen Konzentrationsrückgang erst in den nächsten fünf bis zehn Jahren. Eine völlige Wiederherstellung der Ozonschicht wird frühestens in 100 Jahren vermutet, vorausgesetzt, es werden keine weiteren FCKW nachgeliefert.

Natürliche Ursachen für den Ozonabbau

Neben den anthropogenen Ursachen können auch natürliche Chlorquellen im winzigen Maßstab zur Ozonzerstörung beitragen. Beispielsweise können durch Vulkaneruptionen chlorhaltige Substanzen bis in die Stratosphäre hochgeschleudert werden. Bei biologischen Prozessen in den Weltmeeren werden chlorhaltige organische Verbindungen freigesetzt, die die Ozonschicht „anknabbern" können. Auch Meersalze wie Kochsalz spielen eine Rolle: Ende der neunziger Jahre konnten amerikanische Chemiker bei der photolytischen, also durch Sonnenlicht geförderten Umsetzung von Ozon mit fein verteiltem Nebel aus chloridhaltigen Meersalzen die Bildung von Chlor nachweisen. Wie im Experiment sind die Voraussetzungen für diese Umsetzung auch an der Meeresoberfläche gegeben: Die Kombination von aufgewirbelten chloridhaltigen Salzpartikelchen, Sonnenstrahlen und natürlich vorhandenem Ozon könnte die Bildung von Chlor fördern.

In der natürlichen Produktion von Chlor durch Ozon steckt zweifellos eine bittere Ironie. Das gasförmige Chlor kann nach seiner Freisetzung über atmosphärische Umwälzungsprozesse bis in die Stratosphäre gelangen und auf seinem Weg dorthin mit organischen Molekülen wie Methan zu chlorhaltigen Kohlenwasserstoffen reagieren. Diese Verbindungen setzen in der Stratosphäre Chlorradikale frei, die wiederum zur Zerstörung der Ozonschicht beitragen können.

Ein kleine Schlussbemerkung

Ozon bleibt im wahrsten Sinne ein Reizwort und eine zweischneidige Angelegenheit. Richtig gut Freund werden wir mit dieser außergewöhnlichen Sauerstoffmodifikation wohl nie werden. Alle Jahre wieder beschäftigt uns dieses Thema, und immer wieder ergeben sich die gleichen Problemstellungen: Da wo Ozon gebraucht wird – in der

Stratosphäre als schützende Ozonschicht – wird es auch in den nächsten Jahrzehnten weiter abnehmen. Und dort, wo es nicht benötigt wird – in Erdbodennähe als berüchtigter Sommersmog –, ist es häufig immer noch zu häufig.

Das eigentliche Dilemma aber ist, dass das chemische Molekül dafür und für seine Folgen nicht „verantwortlich“ gemacht werden kann. Schuld an dieser Misere ist in erster Linie die Spezies Mensch. Durch Verkehrs- und Industrieabgase produziert er unnötig hohe Ozonwerte in der Troposphäre, und durch die noch jahrelang vorhandenen FCKWs zerstört er weiterhin die Ozonschicht, und könnte letztlich das gesamte Ökosystem der Erde aus dem Gleichgewicht bringen.

Aber vielleicht haben wir noch einmal rechtzeitig auf die Bremse getreten. Die Lehren, die wir aus der Ozonproblematik ziehen können, könnten daher beispielhaft für die Beziehung und Kommunikation zwischen Wissenschaft, Industrie und Gesellschaft im nächsten Jahrtausend sein. Das Ozonloch stärkte das kritische Umweltbewusstsein der Bevölkerung und förderte gleichzeitig die Lernfähigkeit der chemischen Industrie, von liebgewordenen Zugpferden, wenn auch etwas widerwillig, Abschied zu nehmen und auf die weitere Produktion und den Einsatz von beinahe perfekten Substanzen wie den FCKWs zu verzichten.

Zudem hat die Entdeckung des Ozonlochs und die weltweit geführte öffentliche Diskussion über Ursachen, Folgen und Behebung des Problems zu einem intensiveren und sicherlich auch förderlichen Dialog zwischen Wissenschaftlern und Laien geführt und teilweise zu einem besseren Verständnis der oftmals „gefürchteten“ Chemie beigetragen. „Ozon“ ist ein besonders gutes Beispiel, wie die Wissenschaft selbst dazu beitragen kann, unerwünschte Nebenwirkungen des Fortschritts zu erkennen und die Suche nach Alternativen zu stimulieren.

Von der Sportkleidung bis zum Mobiltelefon – Membrantechnik im Aufschwung

Hans-Jürgen Schweikart

Den größten Teil der Arabischen Halbinsel nimmt das Königreich Saudi-Arabien ein, bekannt als einer der größten Erdölexporteure der Welt. Die Natur Saudi-Arabiens kann man nur als extrem bezeichnen: 99 Prozent der Staatsfläche bestehen aus Wüstensteppen. Die Temperatur liegt im Jahresdurchschnitt über 25 Grad Celsius, und im Sommer sind 40 Grad Celsius alles andere als eine Seltenheit. Und diese Temperaturen gelten im Schatten, doch wo ist in der Wüste Schatten? Immerhin 18 Millionen Einwohner müssen in Saudi-Arabien mit Wasser versorgt werden – wie bewerkstelligt das ein Wüstenstaat, der nahezu keine Wasservorkommen hat?

Da Saudi-Arabien an den Persischen Golf grenzt, liegt die Antwort nahe: Aus Meerwasser wird Trinkwasser gewonnen. Dies geschieht mit Hilfe großer Meerwasser-Entsalzungsanlagen, beispielsweise der im Jahr 2000 fertiggestellten in der Küsten- und Hafenstadt Al'Jubail. Diese moderne Anlage funktioniert nach dem Prinzip der Umkehrosmose, deren zentrales Element eine Membran ist. Ohne diese Membran könnte Saudi-Arabien das Trinkwasserproblem nicht lösen.

Noch vor 30 Jahren war die Membrantechnik noch nicht weit genug entwickelt, um großtechnisch eingesetzt zu werden. Heute sorgt sie vor allem für die Trinkwassergewinnung aus Meer- oder Brackwasser. Durch die enorme Entwicklungsgeschwindigkeit in der Membrantechnik werden jedoch ständig neue Anwendungsfelder erschlossen. In vielen industriellen Prozessen müssen Komponenten voneinander getrennt werden, und seit einigen Jahren sind hier die Membranverfahren auf dem Vormarsch. Sie stehen im großtechnischen Maßstab nahezu gleichwertig neben der klassischen Filtration, Destillation oder Adsorption. In der chemischen Industrie sowie der Lebensmitteltechnik – vor allem der Milchverarbeitung – haben sich Membranen seit den siebziger Jahren bewährt; hochwertige pharmazeutische Produkte, die mit biotechnologischen Verfahren hergestellt werden, wären ohne Membranen inzwischen undenkbar.

Nach der derzeit gültigen Umweltgesetzgebung müssen beispielsweise Benzindämpfe aus Tanklagern zurückgewonnen werden und schwermetallhaltige Abwässer aus der Metall verarbeitenden Industrie oder von Deponiesickerwasser aufbereitet werden. Hierbei hat man mit Membranverfahren die besten Erfolge erzielt. Sogar in Bereichen, in denen es noch vor zehn Jahren nicht möglich erschien, solche Verfahren überhaupt einzusetzen, geht die Erfolgsgeschichte der Membran weiter: So kann etwa in kommunalen Abwasserreinigungsanlagen eine Wasserqualität erzielt werden, die den Anforderungen von Trinkwasser gleichkommt!

Was sind Membranen?

Unser ganzer Körper ist von Membranen durchzogen, denn jede unserer Zellen hat eine Membran als Zellwand. So ist es nicht erstaunlich, dass auch alle Austauschvorgänge in lebenden Zellen auf Membranprozessen beruhen: Die benötigten Stoffe und vor allem Wasser werden selektiv in die Zelle hinein- sowie Boten- und Abfallstoffe aus ihr heraustransportiert. In ähnlicher Weise wirken technische Membranen als selektiv durchlässige Schichten, die zur Trennung einer Mischung aus unterschiedlichen Stoffen, meist in Flüssigkeiten, eingesetzt werden. Dabei tritt die reine Flüssigkeit fast ungehindert durch die Membran hindurch, während Partikel bis hin zu Ionengröße zurückgehalten oder abgetrennt werden.

Insoweit unterscheidet sich die Membrantechnik eigentlich nicht von der herkömmlichen „klassischen“ Filtration: Beim Filtrieren strömt eine Flüssigkeit, in der Feststoffteilchen schwimmen, durch eine poröse Trennschicht (Filterpapier oder -tuch), an der zunächst die gröberen Partikel hängen bleiben, während die Flüssigkeit ungehindert durchfließt. Ein solches Beispiel kennt jeder, der seinen morgendlichen Kaffee noch selbst aufbrüht: Der erste „Schwung“ Wasser läuft gut durch das Filterpapier durch, aber sobald das Kaffeemehl sich einmal vollgesogen hat, tröpfelt der Kaffee nur noch langsam in die Kanne. Mit der Zeit baut sich auf der Oberfläche der Trennschicht, dem Filterpapier, ein so genannter Filterkuchen auf, der die eigentliche Filterwirkung übernimmt. Dadurch werden nun auch Teilchen zurückgehalten, die wesentlich kleiner sind als die Poren der Trennschicht. Der Filterkuchen wird dicker und kompakter, lässt immer weniger Flüssigkeit durch bis schließlich „nichts mehr läuft". Gibt man Druckluft auf die Filterkammer – mit der Methode „Espressomaschine" –, kann man noch eine Zeit lang weiterfiltrieren, aber irgendwann funktioniert auch dieser Trick nicht mehr: Der Vorgang muss abgebrochen und der Filterkuchen entfernt werden, bevor man die nächste „Portion" filtrieren kann.

Im Gegensatz zu der oben beschriebenen „Dead-End"-Filtration wird bei Membrananwendungen überwiegend die so genannte „Crossflow"-(Querstrom)-Methode eingesetzt. Der Trennprozess findet in einem Modul statt, einem druckfesten Gehäuse mit integrierter Membran und Anschlüssen für einen Zulauf und zwei Abläufe. Diese Art der Filtration eignet sich besonders für den Dauerbetrieb, da Unterbrechungen à la Filterkuchen entfernen über längere Zeit nicht vorkommen. Membranprozesse benötigen zudem vom Prinzip her wenig Energie, weil energieintensive Vorgänge der „klassischen" Verfahren (Aufheizen, Abkühlen, Verdampfen usw.) meist entfallen.

Die Flüssigkeit, auch „Feed" genannt (englisch: to feed = zuführen, einspeisen), strömt über den Zulauf in einem geschlossenen Kanal an der Trennschicht – der Membran – entlang. Wenn man ein wenig Druck auf die Flüssigkeit ausübt, treten beträchtliche Mengen der Lösung durch die Membran. Da die Flüssigkeit mit relativ hoher Geschwindigkeit strömt, kann sich kein Filterkuchen aufbauen, und die Oberfläche der Trennschicht bleibt frei. An der Ausgangsseite des Moduls erhält man nun zwei Produkte: einerseits die partikelfreie filtrierte Flüssigkeit, auch „Permeat" genannt (lateinisch: permeare = durchdringen), und andererseits den Anteil nicht hindurchgetretener Flüssigkeit, in der sich Partikel befinden (auch „Retentat" genannt; lateinisch: retentare = zurückhalten). In der Membrantechnik haben sich Begriffe wie Modul, Feed, Permeat und Retentat eingebürgert, daher werden sie Ihnen beim Weiterlesen noch öfters begegnen.

Wie funktioniert die Trennung?

Das Prinzip der Membranverfahren lässt sich sehr einfach anhand eines Experiments zur Osmose erklären. Als Membran dient ein ganz gewöhnlicher Luftballon. Man füllt den Ballon mit Salzwasser – zwei Esslöffel Salz auf ein Glas Wasser reichen aus –, knotet ihn zu und legt ihn in einen Eimer mit Leitungswasser. Nun kann man beobachten, wie der Ballon mit der Zeit immer größer wird: Er saugt das Wasser gleichsam auf. Warum? Die Salzlösung im Luftballon hat einen „inneren" Druck, den osmotischen Druck. Durch diesen hat die Lösung das Bestreben, sich so lange zu verdünnen, bis ein „Salzausgleich“ mit dem umgebenden Wasser erreicht ist – möglicherweise bis das gesamte Wasser im Eimer durch die Haut des Luftballons gesaugt ist.

Dieser Vorgang lässt sich auch umkehren, indem man auf der Seite der konzentrierten Lösung (also im Ballon) einen Druck aufbaut, der höher als der osmotische Druck ist. In diesem Fall entsteht ein Fluss in die umgekehrte Richtung, bei dem vor allem Wasser durch die Luftballonhaut dringt und – in sehr viel geringerem Maße – gelöste Salze. Die Membran hat dann die Eigenschaft eines ultrafeinen Filters, der die gelösten Stoffe vom Lösungsmittel abtrennt: Sie bewirkt eine so genannte Umkehrosmose. Der Luftballon würde dem hohen Gegendruck allerdings nicht standhalten; mit geeigneten Membranen funktioniert diese Umkehrung jedoch exzellent wie in der Meerwasser-Entsalzungsanlage in Al'Jubail.

Nach demselben Grundprinzip konstruierte ein niederländischer Arzt 1938 ein Gerät zur Blutreinigung für Patienten, die an akutem Nierenversagen leiden. Das Blut fließt dabei durch lange Membranschläuche aus Cellophan (die damals hauptsächlich als Wursthaut verwendet wurden!), die in einer Salzlösung liegen. Selbst bei diesem einfach anmutenden Apparat treten die Schadstoffe im Blut der Patienten, die normalerweise über die Niere ausgeschieden werden müssten, durch Osmose in die Salzlösung über, weshalb man auch von „Dia“-lyse spricht. Das gereinigte Blut wird anschließend dem Körper wieder zugeführt. Die heutigen Dialysegeräte sind natürlich wesentlich verfeinert, funktionieren aber nach wie vor nach dem Prinzip der Osmose.

Wie und aus was sind Membranen aufgebaut?

Membranen lassen sich am ehesten mit einem Schwamm vergleichen, dessen Hohlräume eine definierte Porengröße aufweisen. In den Anfangsjahren der Membrantechnik konnte man nur symmetrische Membranen herstellen, die im Querschnitt völlig gleichmäßig aufgebaut waren und bei denen es unerheblich war, auf welcher Seite sich der Zu- oder Ablauf befand. Ferner war die Durchsatzleistung sehr gering, denn die Flüssigkeit musste sich durch die gesamte Dicke der Membran „hindurchquälen“. Insgesamt war das Verfahren aufwendig und ineffizient: Die ersten Versuche zur Umkehrosmose lieferten nur wenige Tropfen Permeat pro Stunde! Symmetrische Membranen werden aber auch heute noch eingesetzt, beispielsweise bei der Mikrofiltration zum Entkeimen wässriger Lösungen. Hier wählt man die Poren groß genug, dass schon bei geringen Drücken genügend Flüssigkeit gereinigt werden kann. Für Abenteuerurlauber sind die handlichen und leichten Pumpen mit Keramikfiltern nicht mehr wegzudenken: Mit ihnen kann man keimfreies Wasser für die Mahlzeiten und fürs Trinken aus jedem Bach oder See filtern, ohne dass gewisse Erreger die Urlaubsfreude durch Montezumas Rache stark trüben …

Schon bald ging man dazu über, asymmetrische Membranen herzustellen, um mehr Flüssigkeit pro Zeiteinheit durch die Trennschicht zu „transportieren". Dabei gilt, je dünner die Trennschicht ist, desto schneller „wandert" das Permeat hindurch. Bei asymmetrischen Membranen befindet sich die aktive Trennschicht mit definierten Porengrößen als extrem dünne Schicht auf der Zulaufseite, der Rest der Membran hat wesentlich größere Poren und fungiert als Träger. Vergleicht man die Schichtdicken, so erkennt man den Grund: Die Trennschicht ist weniger als ein Tausendstel Millimeter dick, d. h. erst wenn man bis zu 100 solcher Schichten übereinander legt, würde man die Dicke einer Frischhaltefolie erreichen. Eine solch fragile Struktur ist natürlich äußerst empfindlich und muss zusätzlich gestützt werden.

Moderne Membranen kommen als flache Folien und Platten von 0,1 bis 0,5 Millimeter Dicke oder als Hohlfasern mit unterschiedlichen Durchmessern auf den Markt. Man kann auch leistungsfähige Membranen herstellen, bei denen die aktive Trennschicht und der Träger aus unterschiedlichen Materialien bestehen. Diese so genannte Komposit-Membranen haben für eine bestimmte Trennungsaufgabe optimal aufeinander abgestimmte Teilschichten, die in vielen Einzelschritten aneinander angepasst werden. Dieses Know-how ist von vielen Unternehmen eines der bestgehüteten Firmengeheimnisse!

Natürlich ist ein einziger Membrantyp nicht für *alle* Trennungsaufgaben geeignet, dennoch kann die gleiche Membran für ganz unterschiedliche Zwecken eingesetzt werden – das macht den Erfolg dieser Technik aus. Eine Membran zur Herstellung von Trinkwasser aus Meerwasser kann beispielsweise auch zur Rückgewinnung von Rohstoffen aus der Nylonherstellung oder von Ethylenglykol und Essigsäure aus verdünnten wässrigen Lösungen dienen. Und die Einsatzmöglichkeiten beschränken sich nicht nur auf flüssige Gemische: Auch aus einem Gasgemisch kann ein Bestandteil abgetrennt werden, so etwa giftiger Schwefelwasserstoff aus Erdgas.

Bei der Auswahl einer Membran ist nicht nur ihre Trennfähigkeit zu berücksichtigen. Mindestens ebenso wichtig ist ihre Stabilität gegenüber mechanischen, thermischen und chemischen Einflüssen. Eine Membran, die gut trennt, aber bei Belastung reißt, die nur bei niedrigen Temperaturen eingesetzt werden kann oder die durch die abzutrennenden Substanzen angegriffen wird, ist ungeeignet. Aus wirtschaftlichen Gründen ist die Stabilität oftmals sogar wichtiger als die eigentliche Trennleistung. Auch das Gehäuse, in dem sich die Membran befindet, sieht je nach Anwendung ganz unterschiedlich aus. Wird etwa wie bei der Meerwasserentsalzung unter hohem Druck getrennt, benötigt man Behälter aus Edelstahl oder glasfaserverstärktem Kunststoff, die dem Druck und der Strömung lange Zeit standhalten können.

Als Membranmaterialien verwendet man meist Kunststoffe (Polyamide, Teflon etc.) oder chemisch veränderte Cellulose, in den letzten zehn Jahren aber auch verstärkt keramische Grundstoffe, spezielle Glassorten und Metallfolien, die eine besonders hohe mechanische und/oder thermische Stabilität aufweisen.

Besondere Beachtung verdient eine Ende der sechziger Jahre von der amerikanischen Firma Gore entwickelte Membran, die zunächst in der Medizin zur Versorgung von Brandwunden eingesetzt wurde. Als Ausgangsmaterial dient der Kunststoff PTFE, besser bekannt unter der Bezeichnung Teflon. Beim Produktionsprozess für diese Membran wird eine dünne Teflonfolie aufgewickelt und dabei so gestreckt, dass viele gleichartige, mikroskopisch kleine Risse entstehen, die undurchlässig für Wasser sind, Wasserdampf dagegen ungehindert passieren lassen. Heute kennt dieses Material jeder, und zwar unter dem Namen „GoreTex“. Es ist ideal für atmungsaktive Sport- und Freizeitkleidung: Es lässt kein Wasser – keinen Regen – von außen nach innen durch, aber Wasserdampf – Schweiß – wird dagegen ungehindert nach außen transportiert.

Wie arbeitet eine Membrananlage?

Eine Membrananlage besteht im einfachsten Fall aus einem Behälter (einer Vorlage), einer Pumpe zur Druckerzeugung, einem Membranmodul, einem Druckhalteventil und Regeleinrichtungen, die den Prozess überwachen. Die Pumpe saugt das zu trennende Gemisch aus der Vorlage, und speist es auf der Zulaufseite des Moduls ein. Mit dem Druckhalteventil auf der Ablaufseite wird dafür gesorgt, dass auf die Membran ein gleichmäßiger Druck wirkt, damit auch genügend gereinigte Flüssigkeit abfließen kann.

Ist eine Anlage länger in Betrieb, können sich mit der Zeit an der Membranoberfläche Partikel sammeln, die den Durchfluss blockieren. Ein anderer ungewollten Effekt zeigt sich vor allem bei der Meerwasserentsalzung durch Umkehrosmose: In der Nähe der Membranoberfläche reichert sich Salz im Wasser an. Wenn die Löslichkeit der Salze überschritten ist, fallen feine Salzflocken aus, die die Membran belegen und ebenfalls den Durchfluss behindern. Unterbricht man den Zustrom des Feed in regelmäßigen Abständen, heben sich die Flocken wieder von der Membranoberfläche ab und werden bei erneuter Zufuhr beim nächsten Start der Pumpe ausgeschwemmt. Bei anderen Verfahren ist eine Rückspülung nötig, wobei von der Ablaufseite etwas Druck auf die Membran ausgeübt wird, damit sich die blockierende Schicht von der Oberfläche löst. Auch wenn dies nach viel Aufwand klingt, insgesamt gesehen ist die regelmäßige, oft automatisierte Rückspülung wesentlich weniger Arbeit als das „Ausräumen“ eines gewöhnlichen Filters, wie am Beispiel des Kaffeefilters beschrieben.

Welche Membranverfahren gibt es?

Die *Umkehrosmose* ist das am häufigsten angewendete Membranverfahren; sie wird vor allem zur Gewinnung von Trinkwasser aus Meer- und Brackwasser eingesetzt. Derzeit werden täglich etwa 8 Millionen Kubikmeter Trinkwasser durch Umkehrosmose erzeugt. Die größte Anlage dieser Art befindet sich in Yuma/Arizona, die täglich bis zu 270 000 Kubikmeter Trinkwasser liefert. Die meisten Wasserentsalzungsanlagen findet man in den Ländern am Persischen Golf; die eingangs erwähnte Anlage in Al'Jubail (Saudi-Arabien) produziert am Tag bis zu 90 000 Kubikmeter Trinkwasser – das entspricht dem Inhalt von zwanzig großen Schwimmbädern. Mit Umkehrosmose wird jedoch nicht nur Trinkwasser gewonnen. Die Elektronikindustrie benötigt für die Herstellung von Halbleitern große Mengen ultrareines Wasser, das ebenfalls aus solchen Anlagen kommt.

Die *Nanofiltration* wird vor allem in der Umwelttechnik zur Abtrennung von Schwermetallionen aus hoch belasteten Industrieabwässern eingesetzt, meist in Verbindung mit einer anschließenden Umkehrosmose. Die *Ultrafiltration* und die *Mikrofiltration* zur Abtrennung von Makromolekülen sowie Suspensionen und Emulsionen haben den breitesten Anwendungsbereich. Allein die Aufzählung der Verfahren in Biotechnologie, Pharmazie, Metallindustrie, Lebensmittel- und Milchwirtschaft, Papier- und Textilindustrie, Galvanik, Wasser- und Umwelttechnik würde mehrere Buchseiten füllen. Stellvertretend für diese vielen Einsatzgebiete sei die Wiederaufbereitung von Waschwasser in Autowaschanlagen genannt, die sich in Deutschland innerhalb von wenigen Jahren fast überall durchgesetzt hat.

Destillationsverfahren lassen sich durch die *Pervaporation* ersetzen, die zugleich wirtschaftlicher ist, da ein großer Teil der zur Verdampfung und Kühlung der Stoffgemische benötigten Energie entfällt. Auch können durch *Gaspermeation* an Membranen giftige oder unbrauchbare Bestandteile aus Erdgas (Schwefelwasserstoff, Kohlendioxid) entfernt werden.

Eine Sonderentwicklung ist das medizinische Depotpflaster, das auf die Haut geklebt wird und Medikamente enthält, die über eine Membran langsam an die Hautoberfläche abgegeben werden. So wird die stetige Versorgung mit der richtigen Menge Wirkstoff über einen längeren Zeitraum sichergestellt.

Wohin geht die weitere Entwicklung?

In Deutschland wurden bei hoch belasteten Industrieabwässern erfolgreich Membranverfahren eingesetzt, die die Wasserqualität erheblich verbesserten. Diese Anlagen arbeiten heute erfolgreich bei Drücken bis zu 140 bar und Temperaturen bis 90 Grad

Celsius. Zudem haben sie neue Impulse für Anwendungen in anderen Bereichen erzielt.

Membranen haben gegenüber klassischen Verfahren häufig entscheidende Vorteile wie die einfache Prozessführung, die kompakte Bauweise, die Einsetzbarkeit in allen Größenordnungen und den vergleichsweise niedrigen Energieverbrauch. In Hinblick auf die immer knapper werdenden Energiereserven hat die Membrantechnik ein enormes Zukunftspotential, und ihre wirtschaftliche Bedeutung nimmt stetig zu. Das Marktvolumen – ohne die entsprechende Anlagentechnik – liegt derzeit bei vier Milliarden Dollar, wobei ein jährliches Wachstum von etwa 10 Prozent angenommen werden kann.

Innovative und Hightech-Produkte nutzen Membranen in vielfältiger Weise: So wurde beispielsweise 1998 unter der Patennummer US 05759712 das Patent für Brennstoffzellen zum Gebrauch in Mobiltelefonen erteilt, die bis zu fünfzig Mal länger Energie liefern sollen als ein herkömmlicher Satz Akkus und ähnlich einfach wie das mittlerweile fast „ausgestorbene“ Benzinfeuerzeug nachgefüllt werden können. Kein Wunder zeigen Werbespots Mikka Häkkinen auf dem Mond mit seinem Handy …

Nachwachsende Rohstoffe

Hans-Jürgen Quadbeck-Seeger

Es waren einmal Zeiten, da galten rauchende Schlote als Zeichen von Fortschritt und Prosperität. Schauen Sie sich eine chemische Fabrik heute an. Da rauchen nur noch die Köpfe, sagt ein Slogan. Was ist geschehen? Die Umweltgesetze und das veränderte Umweltbewusstsein sind die Ursache, werden viele meinen. Das ist aber nicht die ganze Wahrheit. Der Wandel setzte nämlich bereits ein, als es das Wort „Umweltschutz" noch gar nicht gab.

Bis in die tiefen fünfziger Jahre basierten die Erzeugnisse der Chemie-Industrie auf Kohle und deren Folgeprodukte wie Koks und Teer. Doch dann begann eine tiefgreifende Veränderung. Kein Wandel in der Chemie verlief drastischer und radikaler als der Wechsel der Rohstoff-Basis von der Kohle zum Erdöl und Erdgas (Abb. 1). Dafür gibt es drei Gründe: Das primäre Motiv war der Preis. Hinzu kam ein chemischer Vorteil. Erdöl und vor allem Erdgas bringen bereits den Wasserstoff mit, der für fast alle Produkte benötigt wird und der dem Kohlenstoff aus der Kohle auf kostenträchtigen Wegen chemisch hinzugefügt werden muss. Und darüber hinaus fällt bei der Destillation von Erdöl eine niedrigsiedende Fraktion (70–120 °C) an, die als Benzin nicht geeignet ist. Aber dieses sogenannte Naphtha ist ein idealer Rohstoff für die Chemie. Wird Naphtha im Steamcracker bei 800–900 °C gespalten, entstehen all die hochgeschätzten Grundprodukte für eine vielfältige Weiterverarbeitung: Ethylen, Propylen, Butadien und Aromaten. Wunderbar, sollte man meinen. Wo ist da ein Problem?

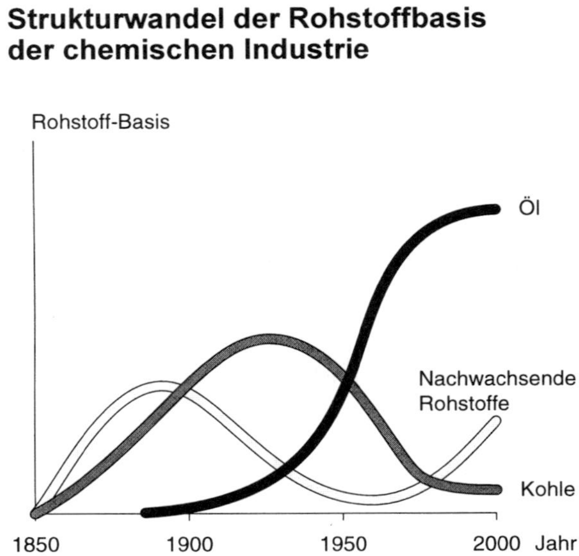

Abb. 1. Wechsel der Rohstoffbasis der chemischen Industrie.

Bei genauer Betrachtung gibt es nicht nur eines. Zunächst zeigt sich, dass die Chemie nur 7–8 Prozent der jährlich geförderten Menge Erdöl von derzeit rund 3,3 Milliarden Tonnen pro Jahr für die stoffliche Verarbeitung in Anspruch nimmt (Abb. 2). Die Energiegewinnung und der Treibstoffmarkt bestimmen das Geschehen auf dem Erdölmarkt, von dem die Chemie abhängig ist. Weiterhin sind die Erdölvorräte gerade so verteilt, dass die größten Verbraucher die geringsten Reserven haben. So verfügt der kleine Staat Kuweit z. B. über förderbare Vorräte, die etwa viermal so hoch sind wie die der USA. Diese geopolitische Brisanz zeigt sich in der Instabilität der Rohölpreise; man denke nur an die Ölpreisschocks von 1973/1974 und 1979/1980! Und schließlich handelt es sich um eine nicht erneuerbare Ressource. Sicher wird das Erdöl noch ein paar Jahrzehnte ausreichend zur Verfügung stehen, aber irgendwann wird es zwangsläufig knapp und teuer. Auch ist nicht auszuschließen, dass die Aufnahmekapazität der Atmosphäre für Kohlendioxid CO_2, das bei vielen Weiterverarbeitungsprozessen von Erdöl entsteht, Grenzen setzen wird. Bei der Suche nach den Verursachern der Klima-Anomalien gilt das CO_2 als Hauptverdächtiger, auch wenn die Indizien für eine eindeutige Verurteilung noch nicht ausreichen.

Das sind doch alles gute Argumente, um verstärkt nachwachsende Rohstoffe einzusetzen. Aber auch hier können die Bäume nicht in den Himmel wachsen. Von den Erzeugnissen der weltweiten landwirtschaftlichen Produktion gehen nur ca. 3–4 Pro-

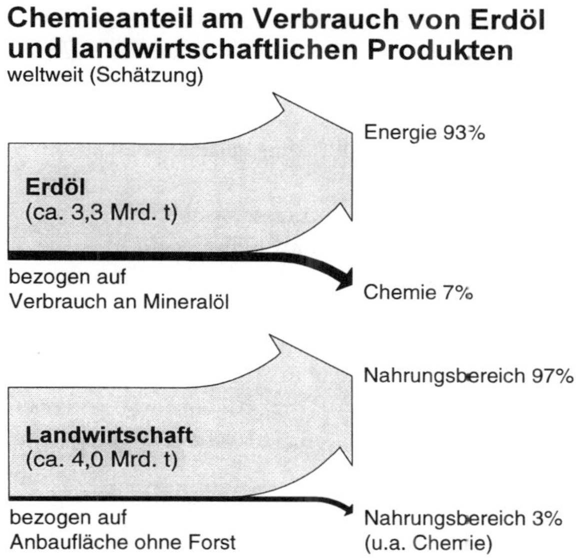

Abb. 2. Chemieanteil am Verbrauch von Erdöl und landwirtschaftlichen Produkten.

zent als Rohstoffe in die chemische Industrie (Abb. 2). Da die weiter wachsende Menschheit zwangsläufig einen zusätzlichen Bedarf an Nahrungsmitteln haben wird, bleibt die landwirtschaftliche Fläche zum Anbau von nachwachsenden Rohstoffen aus globaler Sicht begrenzt.

Und dennoch, es hat sich in den letzten 50 Jahren viel getan, und in der Zukunft wird noch mehr erwartet. Zunächst soll eine Abgrenzung getroffen werden. Der viel und kontrovers diskutierte Sektor des energetischen Einsatzes von nachwachsenden Rohstoffen soll hier nicht betrachtet werden. Bioethanol, Biodiesel sowie Holz und Stroh als Heizmaterial wären erst bei einer Erhöhung des Ölpreises um mehr als das Doppelte denkbare Alternativen für bestimmte Nischen. Das ist jedoch ein anderes Thema, und hier sollen nachwachsende Rohstoffe für die Chemie im Vordergrund stehen.

Die Analyse des Rohstoffverbrauches der deutschen chemischen Industrie von ca. 23 Millionen Tonnen pro Jahr zeigt die überragende Bedeutung von Erdöl und Erdgas. Über 20 Millionen Tonnen davon, also gut 90 Prozent, entfallen auf diese Ressource der Natur. Nur noch etwa eine halbe Million, also zwei Prozent, trägt die Kohle als Rohstoffquelle bei. Mit etwa 1,9 Millionen Tonnen decken die nachwachsenden Rohstoffe 8–9 Prozent des Bedarfes ab. Vor den Ölkrisen waren es mit knapp einer Million Tonnen nur halb so viel. Also hat sich schon etwas bewegt.

Bei den nachwachsenden Rohstoffen, die in der Chemie-Industrie eingesetzt werden, dominieren die Öle und Fette, die über 51 Prozent beitragen. Es folgt Stärke mit 27 Prozent, Cellulose kommt auf 14 Prozent und Zucker, der vor allem als Nährmedium für Fermentationsprozesse genutzt wird, liegt bei zwei Prozent. Die restlichen sechs Prozent an nachwachsenden Rohstoffen verteilen sich auf sonstige kleinere Produkte.

Die fast eine Million Tonnen Öle und Fette werden in der Hauptsache als Waschmittel-Rohstoffe eingesetzt. Aber auch als Schmiermittel – vor allem als Verlustschmierstoffe – werden sie zunehmend verwendet. In beiden Fällen ist ihre gute biologische Abbaubarkeit das Motiv. Das gilt übrigens für alle nachwachsenden Rohstoffe. Aber Vorsicht: die biologische Abbaubarkeit ist nicht an die natürliche Herkunft eines Stoffes gebunden, sondern allein eine Funktion der Molekülstruktur. So gibt es auch synthetische Kunststoffe, die gut abbaubar sind, während sich die Mikroorganismen an acetylierter Cellulose, also einem weiterverarbeiteten Naturprodukt, die Zähne ausbeißen.

Mit knapp einer halben Million Tonnen steht die Stärke als Rohstoff für die Chemie-Industrie an zweiter Stelle: Sie wird vornehmlich als Klebstoff und als Füllmittel bei der Papierherstellung eingesetzt. Zunehmend dient sie auch als Strukturbestandteil oder Zuschlag in Kunststoffen. Die 250.000 Tonnen Cellulose schließlich liefern Fasern, Filtermaterialien und Cellophan.

Dort, wo die nachwachsenden Rohstoffe mit erdölstämmigen Produkten konkurrieren, müssen sie auch den wirtschaftlichen Kriterien standhalten. Wenn sie den Bonus der biologischen Abbaubarkeit mitbringen, können sie besonders attraktive Alternativen sein. Aber auch hier setzt die Wirtschaftlichkeit auf Dauer Grenzen. So haben sich Flaschen aus Polyhydroxybutyrat, das auf mikrobiologischem Wege hergestellt wurde, letztlich doch nicht durchsetzen können, weil sie ein Mehrfaches der üblichen Kunststoffflaschen kosteten.

Dennoch sind sowohl die chemische Industrie als auch die Politik und die Landwirtschaft an einer erfolgreichen Weiterentwicklung des Einsatzes von nachwachsenden Rohstoffen interessiert. Im Rahmen des Responsible-Care-Konzeptes ist der chemischen Industrie daran gelegen, die nicht erneuerbaren Rohstoffe weitgehendst zu schonen.

In der Landwirtschaft der EU-Länder besteht bekanntlich das Problem der Überproduktion von Nahrungsmitteln. Eine erhöhte Produktion von Rohstoffen für die Industrie könnte stillgelegte Flächen nutzen und so auch die Einkommenssituation der Bauern stabilisieren. Schließlich sind alle sehr stark daran interessiert, durch die CO_2-Neutralität der nachwachsenden Rohstoffe einen Beitrag zur Stabilität des Klimas zu leisten.

Warum werden also nicht viel mehr nachwachsende Rohstoffe eingesetzt? Dazu muss noch eine Reihe von Schwierigkeiten überwunden werden:

1. Nachwachsende Rohstoffe fallen in stets unterschiedlicher Qualität an. – Hier müssen sowohl die Züchtung als auch die Aufarbeitungsmethoden weiter entwikkelt werden.
2. Nachwachsende Rohstoffe unterliegen je nach Witterungsverhältnissen in den Anbaugebieten starken Ernteschwankungen und den damit einhergehenden Preisbewegungen. – Dieses Phänomen tritt allerdings auch beim Erdöl und bei den Währungsparitäten auf. Damit muss die Wirtschaft wohl oder übel leben.
3. Nachwachsende Rohstoffe haben oft nicht die Zusammensetzung, die für einen technischen Einsatz optimal sind. – Hier wird die Gentechnik, die ihre Möglichkeiten bereits bewiesen hat, große Fortschritte bringen. In den letzten 100 Jahren, seit gezielte, wissenschaftlich fundierte Züchtung von Pflanzen getrieben wurde, konnten beachtliche Erfolge erzielt werden. Aber das Potential von Pflanzen als industrielle Rohstoffe ist noch längst nicht erkannt, geschweige denn ausgeschöpft.
4. Nachwachsende Rohstoffe haben für die chemische Umsetzung ungünstige Molekülstrukturen. Cellulose, Stärke und Zucker, die alle zu den Polysacchariden zählen, sind „überfunktionalisiert", d. h. sie haben viele reaktive Gruppen, an denen eine chemische Umwandlung durchgeführt werden kann. Jedes Kohlenstoffatom der Sechserkette von Glucose trägt beispielsweise ein Sauerstoffatom, und die OH-Gruppen reagieren chemisch relativ ähnlich. Bei den Ölen und Fetten ist es genau umgekehrt, sie sind „unterfunktionalisiert". Die langen Kohlenstoffketten tragen am Ende zwar eine Carboxylgruppe, haben aber bis auf Doppelbindungen als reaktive Gruppen chemisch nicht viel zu bieten. So verwundert es nicht, dass bei der Verarbeitung 90 Prozent der Reaktionen an der Carboxylgruppe stattfindet und nur 10 Prozent an der langen Kohlenwasserstoffkette.
5. Nun gibt es genügend Mikroorganismen, die auf Regio- und Stereoselektivität spezialisiert sind, d. h. sie können ein Molekül wie Glucose oder eine Fettsäure an einer ganz bestimmten Stelle (regio) in einer definierten räumlichen Richtung (stereo) chemisch verändern. Was dem Chemiker oft große Mühe bereitet, liegt ihnen „im Erbgut". Für die Zukunft gilt auch hier das Gleiche wie bei der Pflanzenzüchtung: Die Gentechnik öffnet ein riesiges Potential an Verbesserungsmöglichkeiten. Welch ein Durchbruch wäre es, wenn sich beispielsweise Cellulose direkt bei 70 °C zu Alkohol vergären ließe. Man müsste Cellulose nicht mehr in Glucose spalten (der Zucker Glucose ist unabdingbar bei der alkoholischen Gärung), und der Alkohol ließe sich destillativ unmittelbar gewinnen. Ein solch gewonnener Biosprit hätte ganz andere Chancen auf dem Markt als der nach den derzeitigen Methoden hergestellte.
6. Überall in der Welt wird intensiv an Einzelprojekten gearbeitet. Erfreulich ist, dass man beginnt, die Aktivitäten koordiniert zu fördern (seit 1993 gibt es dafür in Deutschland die Fachagentur „Nachwachsende Rohstoffe" in Gülzow, Mecklenburg-Vorpommern). Inzwischen wächst unter aktiver Beteiligung der chemischen

Industrie ein europäisches Netzwerk zusammen. Langfristig sollen die Forschungsanstrengungen global koordiniert werden.

Fazit

Nachwachsende Rohstoffe waren für die Chemie immer schon interessant. Die Preis- und Verfügungssituation beim Erdöl hat ihre Relevanz verstärkt und schon interessante Fortschritte gebracht. Durch gezielte, molekular-genetische Optimierung von Nutzpflanzen und eine entsprechende Adaption von verarbeitenden Mikroorganismen sind weitere Durchbrüche zu erwarten. Voraussetzung ist allerdings eine nüchterne Abschätzung von Nutzen und Risiken, die zu rationalen und wohlüberlegten Entscheidungen führt. Ohne den Einsatz der „grünen“ Gentechnik werden es die nachwachsenden Rohstoffe weiterhin schwer haben. Mit zunehmendem Wissen – auch über Sicherheitsfragen – sollte die Akzeptanz zunehmen. Dann erst kann das vielfältige Potential der nachwachsenden Rohstoffe zukunftsweisend genutzt werden.

Beton kann auch mit wenig Wasser fließen

Axel Fischer

Geteert und gefedert, dann erst an den Pranger gestellt und schließlich aus der Stadt gejagt zu werden – im Mittelalter war eine solche Bestrafung für Pfusch am Bau noch üblich. Um das Jahr 1300 galt das zumindest in München „für denjenigen, der mit nicht brauchbaren Baustoffen baut". Noch früher fielen die Sanktionen noch drastischer aus: Im babylonischen Recht, dem „Codex Hammurabi" von 1700 vor Christus, drohte dem Baumeister der Tod, wenn das von ihm gebaute Haus einstürzte und den Herrn des Hauses tötete. Heute begnügt man sich mit Normen und Richtlinien, die die Qualität beim Bauen sicherstellen sollen. Trotz aller Meldungen über Schlampereien ist die deutsche Bautechnik beispielhaft, so Andreas Gottlieb Henkel, der Präsident des Bundes Deutscher Architekten. Auf dem Deutschen Bauchemietag warnte Hempel einmal vor Abstrichen bei der Qualität, wie sie in anderen Ländern – auch den USA – inzwischen durchaus an der Tagesordnung seien. Gespart werden sollte jedenfalls nicht an kleinen, aber feinen Zusätzen – denn zur Qualität am Bau leistet auch die moderne Chemie ihren Beitrag.

Einstürzende Hochhäuser in Kairo sind spektakuläre Beispiele dessen, was passieren kann, wenn die Abstriche an der Qualität zu weit gehen. Der heute allgegenwärtige Baustoff Beton „ist ein gutmütiger Baustoff und verzeiht viele Fehler“, sagt Siegbert Nikolaus, Bauunternehmer aus dem Raum Heidelberg, der für die deutsche Betonindustrie die Welt via Internet mit Informationen (www.beton.de) versorgt. „Aber das Schlimmste ist ganz einfach, wenn man den Zement nicht reintut.“ Ein Mangel am entscheidenden Bindemittel war bei den Einstürzen in jüngster Zeit in Ägypten offensichtlich. Doch nicht nur Betrug, oft ist schlichte Unkenntnis einfacher Zusammenhänge schuld, etwa zuviel feiner Sand im Beton. Dann reicht nämlich der Zementleim nicht aus, um die gesamte Oberfläche der vielen Körnchen zu benetzen und zu verbinden.

Was passiert beim Abbinden im Beton? Zement ist eine feingemahlene Mischung aus gebranntem Kalk (Calciumoxid), Sand (Siliziumdioxid) und Ton (Aluminium- und Eisenoxid). Beim Brennen solcher Mischungen wird erst einmal Wasser abgespalten, dann reagieren die verschiedenen Bestandteile in Festkörperreaktionen miteinander. Im über 1400 Grad Celsius heißen Zementofen bildet sich als wertvoller Hauptbestandteil kristallines Tricalciumsilikat. Das reagiert später beim Abbinden wieder mit Wasser zu einem Silikathydrat – zu extrem kleinen Kriställchen, die sich an der Oberfläche sehr stark anziehen und vernetzen, und so dem Zementstein oder Beton die Festigkeit verleihen.

Das Erstarren und Härten von Beton ist die Folge eine Reihe chemischer Reaktionen und physikalischer Prozesse. Weil das Wasser nicht nur einfach verdunsten soll, sondern wichtigster Partner einer chemischen Reaktion ist, kommt es hier auf die genaue Dosierung an – und da passieren auf dem Bau die häufigsten Fehler. Bevor der Betonmischer das Werk verlässt, wird die Qualität von Transportbeton in der Regel geprüft. Bei Ankunft auf der Baustelle ist dieses Zertifikat manchmal schon Makulatur – wenn ein Bauarbeiter erst einmal ordentlich Wasser dazugibt, damit die Masse besser in die Schalung fließt. Die für ein optimales Mischungsverhältnis errechnete Festigkeit wird so jedenfalls nicht mehr erreicht.

Zuwenig Wasser bereitet ebenfalls Probleme – es fehlt der chemischen Reaktion. Risse sind vorprogrammiert, wenn ein im Sommer frisch betonierter Fußboden zu rasch in der Sonne trocknet und das Wasser der obersten Schicht verdampft, anstatt chemische Bindungen einzugehen. Innerhalb kürzester Zeit reibt diese Schicht ab, wird sandig und staubt. In heißen Ländern müssen solche Baustellen deshalb abgedeckt und gekühlt werden. Bauingenieur Hannes Baumann von der Münchner Bauberatung der Zementindustrie erinnert sich an eine Baustelle in Saudi Arabien, auf der wegen der Hitze ohnehin vorwiegend nachts gearbeitet wurde. Trotzdem kam es vor, dass eine Ladung Beton in einer tagsüber aufgeheizten Schalung so schnell austrocknete, dass das ganze Werk der Nacht gleich am nächsten Morgen zu Kies und Staub zerbröselte.

Nicht immer sind Fehlerquellen so klar, manchmal erfordern sie detektivischen Spürsinn: Mysteriöse Rostschäden bei Stahlbeton sollte Wolfgang Hiller aufklären, der an der TU München auf dem Sektor Bauchemie forscht. Ganz bestimmte Chargen eines Betons enthielten ungewöhnlich hohe Mengen an Chloriden, die die eisernen Armierungen förmlich zerfraßen. Die Spur führte ins Führerhaus des Betonmischers: „Der Fahrer hatte dort ein Eimerchen mit Streusalz stehen, mit dem er bei kalter Witterung die Rutschbleche für den Beton großzügig enteiste." Solche Fehler passieren aber auch Behörden: Um der Umwelt etwas Gutes zu tun, schränkten in den vergangenen Wintern viele Kommunen das Streuen von Salz stark ein. Einige kamen auf die Idee, das Natriumchlorid durch das – auch noch billigere – Magnesiumchlorid zu ersetzen. „Ein Chemiker wurde offenbar nicht gefragt", sagt Hiller. „Das Resultat war besonders auf Brücken fatal: Magnesiumchlorid wirkt auf Beton treibend und lösend zugleich." In Wasser gelöst dringt es in den Beton ein und bildet dort Hydrate, also Kristalle, die neben einem Molekül zwölf Wassermoleküle enthalten. Damit vergrößert sich das Volumen enorm – die Sprengkraft des Magnesiumchlorid-Hydrats richtete beispielsweise im Raum Kassel verheerende Schäden an.

Neue Additive für Beton sind eines der Forschungsziele an Hillers Institut. Die Chemie spielt eine immer größere Rolle – ein Beispiel sind Verflüssiger: Damit rutscht der Beton besser in die Schalung und schmiegt sich an die Eiseneinlagen, ohne dass man ihn vorher zu sehr verdünnen müsste. Denn jede größere Luftblase lässt später einmal Feuchtigkeit an das Eisen gelangen, das beginnt zu rosten und sprengt wieder umliegenden Beton ab. Moderne Betonverflüssiger sind beispielsweise Kunstharz-Pulver, die wie Spülmittel die Oberflächenspannung des Wassers verringern, die Zementkörnchen auf Distanz und so die Mischung flexibler halten. „Heute ist man in der Lage, fast minutengenau zu steuern, wann ein Beton erstarrt", sagt Hiller. Während hierzulande bei Hochhausbauten ein Stockwerk nach dem anderen aushärtet, kann man in Tokio erleben, wie über Nacht gleich mehrere Geschosse entstehen: Schon eine Viertelstunde nach dem Einfüllen ist dieser Beton so fest, dass das nächste Stockwerk daraufgesetzt werden kann – ohne Einsturzgefahr.

Bedeutende Grenzgänger in der Chemie – Cluster

Jörg Wetterau

Was ist ein Cluster? Natürlich ein Klanggebilde oder Klangfeld, das durch Übereinanderstellen kleiner Intervalle entsteht, würde vermutlich ein Musiker darauf antworten. Ganz falsch, würde daraufhin ein Sprachwissenschaftler einwerfen und erklären, dass es sich dabei um eine Folge von aufeinanderfolgenden ungleichen Konsonanten oder aber um eine ungeordnete Menge semantischer Merkmale eines Begriffes handelt, was immer er darunter verstehen mag. Ein Chemiker würde ob dieser Definitionen nur den Kopf schütteln und milde lächeln, denn für ihn steht fest: Ein Cluster ist ein Knäuel, eine Anhäufung oder ein „Häufchen" von gleichen oder sich ähnelnden Teilchen. Oder um es genau zu beschreiben: Ein Cluster ist definiert als eine kompakte Anhäufung von mindestens drei oder mehr Atomen, von denen jedes mit mindestens zwei anderen Atomen des gleichen Elementes oder einander ähnlichen Elementen verknüpft ist.

Der amerikanische Chemiker F. Albert Cotton führte vor über 35 Jahren für eine spezielle Gruppe anorganischer Verbindungen diese Bezeichnung in den Forschungsalltag ein. Die Definition Cottons diente zunächst dazu, einem unbekannten Verknüpfungsmuster einen Namen zu geben, um eine Einordnung und Klassifizierung von neuartigen Verbindungen zu ermöglichen. Damals hatte man noch keine konkreten Vorstellungen davon, welche Bedeutung Cluster und clusterähnliche Verbindungen in der darauf folgenden Dekade erreichen sollten. Die Forscher erkannten aber recht schnell, dass diese Verbindungsklasse etwas Außergewöhnliches ist. Aufgrund ihrer besonderen Bindungsverhältnisse gelten Cluster als Bindeglied zwischen Molekülchemie und Festkörperchemie.

Cluster sind überall

Der Begriff „Cluster" ist seit seiner offiziellen Einführung in den sechziger Jahren recht dehnbar geworden. Bezog sich die strenge Cottonsche Definition anfangs zunächst nur auf so genannte Metallcluster, werden heute auch Anhäufungen von Molekülen oder Ionen (geladene Teilchen) als Cluster bezeichnet. Außerdem findet sich dieser Begriff sowohl in der anorganischen, organischen und physikalischen Chemie wieder und schließt sowohl nichtmetallische als auch metallische Elemente mit ein. Im Periodensystem der Elemente steckt im Prinzip hinter jedem Element – ob in einer der Haupt- oder Nebengruppen stehend – eine clusterähnliche Verbindung. Ein Paradebeispiel für originelle Clusterstrukturen ist das Element Bor, das sich nicht so recht entscheiden kann, ob es zu den Metallen oder Nichtmetallen gehört. Um die Vielzahl der dreidimensionalen Verknüpfungen der Boratome innerhalb von Verbindungen besser einordnen zu können, wurden sogar neue Bezeichnungen eingeführt: closo-(geschlossen)-, nido-(Nest)- und arachno-(Spinnennetz)-Cluster. Auch bei Schwefel und Selen finden sich zahlreiche clusterähnliche Anordnungen, etwa in Ringen, die aus sechs bis 20 Schwefel- oder Selenatomen bestehen.

Der populärste Vertreter der nichtmetallischen Cluster dürfte aber wohl das Buckminsterfulleren sein. Die Verbindung besteht aus 60 Kohlenstoffatomen, die sich auf geniale Weise miteinander verbinden: Die Atome formen eine runden Hohlkörper, der genauso aussieht wie ein klassischer Lederfußball, bestehend aus 12 Fünfecken und 20 Sechsecken.

Formenvielfalt und ästhetische Schönheiten

Die Vielfalt der Cluster und ihre Bedeutung für das Verständnis von Bindungszusammenhängen in der Chemie hat in den letzten Jahrzehnten enorm zugenommen. Cluster üben, wie das Beispiel der Fullerene zeigt, oftmals einen ästhetischen Reiz aus, denn besonders faszinierend ist deren unglaubliche Formenvielfalt. Cluster können je

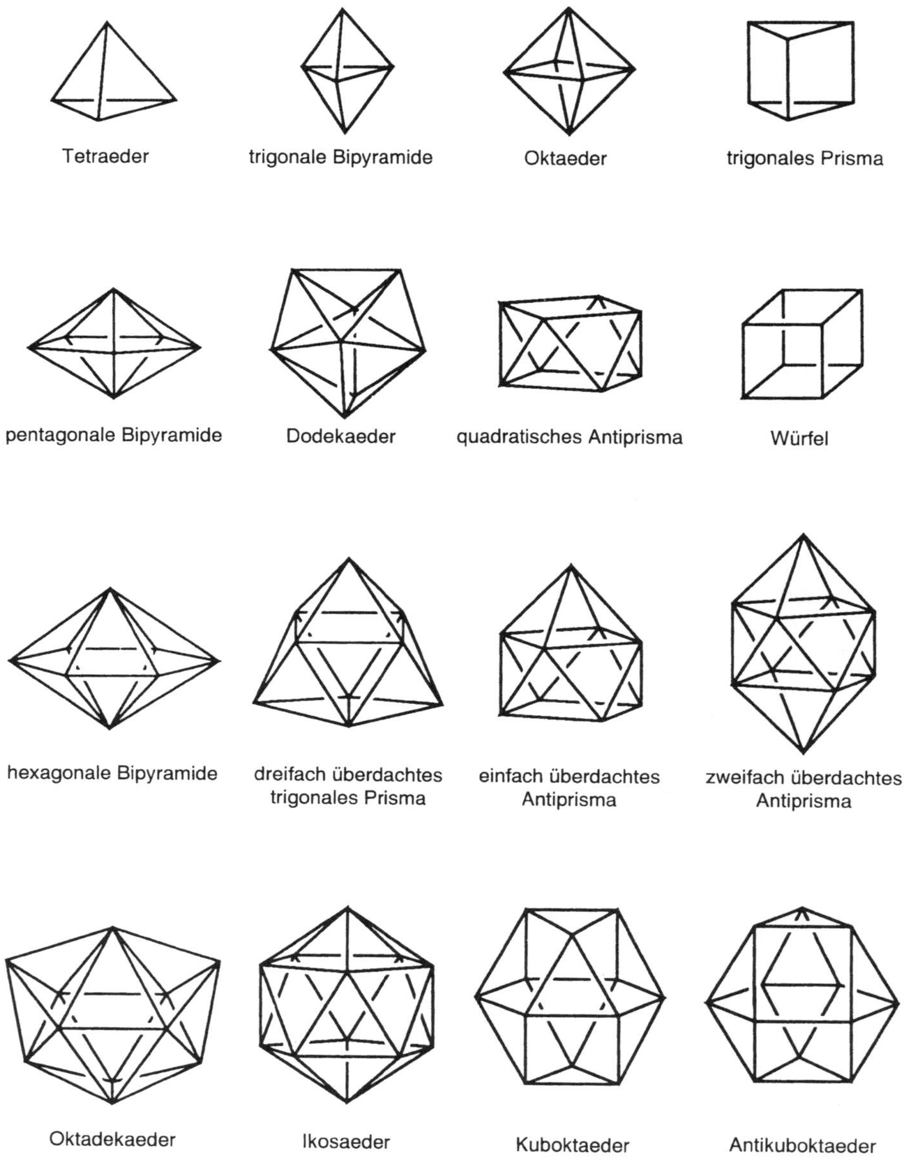

Abb. 1. Grundstrukturen von Metallclustern.

nach Zahl der miteinander verbundenen Atome oder Moleküle Dreiecke, Quadrate, Oktaeder, Prismen, Ringe, Riesenräder oder Käfige bilden (Abb. 1). Die schier unerschöpfliche Formen- und Strukturvielfalt ist vor allem bei den Übergangsmetallen wie Molybdän, Wolfram und Niob umfassend untersucht worden. Diese Metalle bilden in zahlreichen Verbindungen bevorzugt oktaedrische Cluster aus. Die allgemeine Formel lautet M_6X_8 oder M_6X_{12}. Das M steht dabei für das Metall, das X beispielsweise für die Nichtmetalle Chlor oder Schwefel. In diesen Anordnungen werden die aus sechs Metallatomen bestehenden Oktaeder durch die Nichtmetalle chemisch stabilisiert, oder besser gesagt, wie von einer Schutzhülle umgeben.

Während man diese Clusterformen schon seit über 30 Jahren kennt, sind in jüngster Zeit die Übergangsmetall-Cluster in neue Dimensionen vorgestoßen. Sie werden immer größer und im wahrsten Sinne des Wortes hohler. Den Größenrekord hält noch ein Cluster aus 176 (!) Molybdänatomen mit der majestätischen Summenformel $[Mo_{176}O_{496}(OH)_{32}(H_2O)_{80}]$ (Abb. 2). Dahinter verbirgt sich ein Ring mit Hohlraum, gewissermaßen ein Riesenrad mit einem Durchmesser von drei Nanometer. Dies klingt zunächst unglaublich klein. Die Dimension Millimeter kann man sich ja noch vorstellen. Ein tausendstel eines Millimeters ist ein Mikrometer. Und ein Nanometer

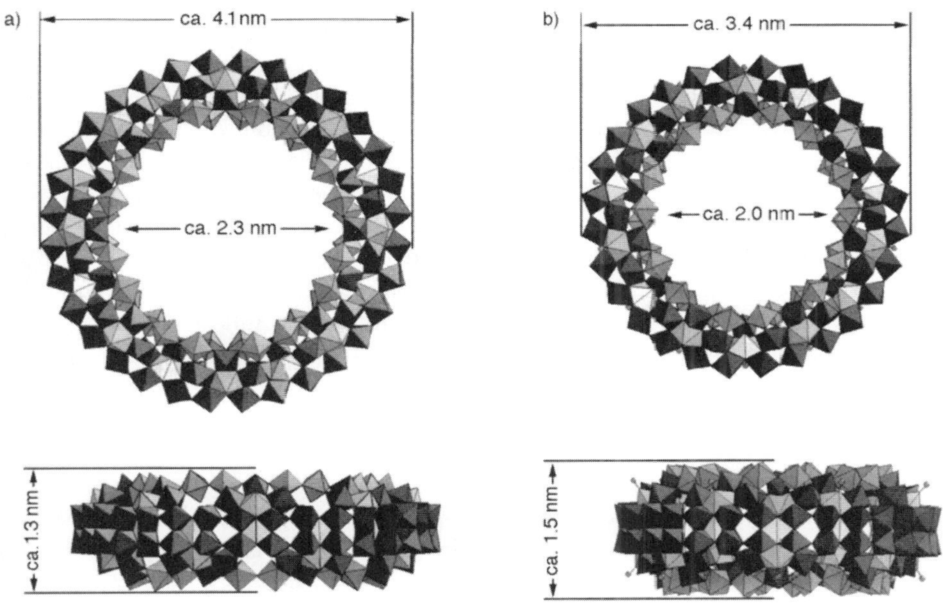

Abb. 2. Weltrekord bei Clustern – das Riesenrad aus 176 Metallatomen. (Quelle: Achim Müller et al., *Angewandte Chemie,* **1998,** *110,* 1278.)

schließlich ist gerade einmal der millionste Teil eines Millimeters. Ein Nanometer lässt sich also mit „winzig klein" nur unzureichend beschreiben. Aber die Chemiker frohlocken. Denn im Universum der Chemie nehmen die Dimensionen dieser Riesenräder geradezu gigantische Ausmaße ein. Sie bilden Löcher und Hohlräume, in die man wiederum kleinere Moleküle oder Atome einlagern und transportieren könnte, in denen man möglicherweise sogar gezielt und ungestört von Umwelteinflüssen Reaktionen wie in einem Mikroreaktor ablaufen lassen könnte. Im übertragenen Sinne sind diese Hohlräume für Moleküle etwa so groß, wie das Scheunentor für einen Fußball. Natürlich haben die Architekten in dieser Mikrowelt mittlerweile auch Riesenkugeln und -körbe gebaut. Diese großen Molekülbehälter stellen auch in Zukunft noch ein ergiebiges Forschungsfeld und eine große Herausforderung dar. Wir dürfen auf die Anwendungen noch gespannt sein!

Der besondere Reiz der Cluster

Worin liegt für Chemiker, neben der Hoffnung auf Erzeugung faszinierender und ästhetischer Gebilde, der besondere Reiz an Cluster? Verlockend an den Strukturen ist zum einem das Auftreten von so genannten Element-Element-Bindungen. Damit sich einzelne Atome oder Moleküle zu Clustern formen, müssen sie gewissermaßen miteinander kommunizieren, Informationen austauschen und sich quasi aneinander binden. Der Übergang vom einzelnen, unbestimmten Individuum zu einer kommunikativen Gruppe ist somit der erste Ansatzpunkt, warum diese Anordnungen so interessant für die Wissenschaft sind. Von der anderen Seite aus betrachtet stellen Cluster wiederum nur einen Teil, einen Ausschnitt eines übergeordneten Ganzen dar. Cluster können Strukturfragmente eines noch komplexeren Zustandes sein, beispielsweise eines Metalls, das aus einer unendlichen Anzahl von Metallatomen besteht. Chemiker betrachten deshalb die Cluster als ein Produkt des schrittweisen Auflösens von Element-Strukturen. Die Cluster sind interessant, weil diese „Teil-Strukturen" ganz andere Eigenschaften als die übergeordnete Struktur – das feste Metall – zeigen können.

Von welcher Seite man es auch betrachtet, Cluster sind weder Fisch noch Fleisch. So sind sie aber zu bedeutenden Grenzgängern der Chemie geworden. Sie tragen viel zum Verstehen der Eigenschaften von Metallen bei, sie sind die fehlende Brücke beim Übergang von Festkörperstrukturen zu salzartigen Verbindungen, vom Metall zum Salz. Wissenschaftler wünschen sich durch die Untersuchung von Clusterstrukturen Einblicke in die Entstehungsprozesse von Metallkristalliten. Zudem spielen Cluster bei der Aufklärung der komplizierten Vorgänge bei katalytischen Prozessen in der Chemie eine wichtige Rolle. Und wie bei jeder neuen Verbindung und Strukturklasse, werden natürlich auch von Metall- und anderen Clustern neuartige Materialeigenschaften erwartet. Supraleiter, Materialien für nanotechnologische Anwendungen – viel ist denkbar.

Metallische Cluster in der angewandten Forschung

Metallischen Cluster gilt im Besonderen die Aufmerksamkeit der Forscher. Metallcluster haben sich zu einem begehrten Studienobjekt der Metallentstehung entwickelt, da sie gewissermaßen einen Ausschnitt eines Metalls oder seines Metallgitters darstellen. Physiker und Chemiker wollen durch aufwendige Grundlagenforschungen an Cluster mehr über das Verhalten von Metallen lernen. Sie wollen wissen, wann ein Metall zu einem Metall wird. Wie viele Metallatome sind notwendig, um typische Verhaltensweisen, bestimmte physikalische und chemische Materialeigenschaften zu zeigen? Metallcluster stellen in ihrer überschaubaren Zahl an Atomen den Übergang zwischen dem eigentlichen Metall, beispielsweise Kupfer oder Aluminium, die aus einer schier unendlichen Anzahl an Atomen bestehen, und einem einzigen Metallatom dar.

Um diesen Fragen nachzugehen, benötigen die Forscher eine spezielle Form von Clustern, die als „nackte" oder freie Metallcluster bezeichnet werden. Wie der Name schon andeutet, handelt es sich bei dieser höchstempfindlichen Spezies um reine, isolierte Metallcluster, die nicht wie etwa die M_6X_8- oder M_6X_{12}-Cluster von einer Schutzhülle aus Liganden umgeben sind. Durch spezielle Syntheseverfahren gelingt es bereits, ligandenfreie Ansammlungen von zehn und mehr Metallatomen herzustellen.

Neben den gezielten Syntheseverfahren stehen die Untersuchungen der Cluster-Eigenschaften im Vordergrund. Ein außergewöhnliches Phänomen dieser Verbindungen ist beispielsweise das Clusterleuchten: Winzige Anhäufungen von Metallatomen können Strahlung erzeugen. Dieses Leuchten konnten beispielweise Wissenschaftler der Institute für Kernchemie und Physik der Universität Mainz an Vanadium-Clustern, bestehend aus gerade einmal 13 Vanadiumatomen, nachweisen.

Und genau in solchen Untersuchungen könnte auch der zukünftige Wert der Metallcluster liegen. Betrachten wir eine gewöhnliche Glühlampe. In der Regel befindet sich darin ein hauchdünner Draht aus dem Metall Wolfram. Die Leuchtstärke solcher Lampen, d. h. die Ausbeute an sichtbaren Licht, ließe sich durch Einsatz von Wolframclustern anstelle von Wolframdraht deutlich erhöhen. Da die Wärmestrahlung kleiner Teilchen oder Partikel wesentlich größer ist als bei einem kompletten Stück Metall-Glühfaden, könnte beispielsweise mit mehreren Tausend Grad heißen Wolframclustern eine deutlich höhere Lichtausbeute in Glühbirnen erzielt werden als mit gewöhnlichen Glühfäden. Allerdings spielt sich dies zur Zeit noch in der für das menschliche Auge unsichtbaren, mikroskopisch kleinen Nanowelt der Elementarteilchen ab.

Auch am Fritz-Haber-Institut der Max-Planck-Gesellschaft in Berlin ist man auf Metallcluster spezialisiert. Dort nutzt man beispielsweise das Clusterleuchten, um die chemische Wirkung von Metallclustern in der Katalyse zu erforschen. So wurde etwa das blaue Leuchten von großen Clustern des Edelmetalls Palladium spektroskopisch untersucht. Die Forscher konnten durch eine spezielle Untersuchungsmethode feststellen, wie sich die Elektronenstruktur des Palladiumclusters durch die Aufnahme (Adsorption) von Gasmolekülen wie Kohlenmonoxid verändert. Gerade Edelmetalle wie Palladium oder Platin spielen eine wichtige Rolle bei katalytischen Prozessen, sei es beim Drei-Wege-Katalysator im Auto oder bei der Herstellung von Salpetersäure. Über entsprechende Untersuchungen an Metallclustern verstehen die Wissenschaftler einerseits immer besser, warum diese Metalle so hervorragende Katalysatoren sind. Andererseits werden in den Metallclustern selbst zukünftige innovative Katalysatoren gesehen.

Wann wird aus H_2O Wasser?

Bei jedem Metall ist vermutlich eine spezielle Zahl an Metallatomen notwendig, um Cluster mit den für Metalle typischen Eigenschaften wie die elektrische und Wärmeleitfähigkeit oder das magnetisches Verhalten zu erzeugen. Inzwischen weiß man sogar von einer der wichtigsten nichtmetallischen Verbindungen unser Erde, ab wann es das zu sein scheint, als das wir es kennen: Wasser. Amerikanische und britische Wissenschaftler haben Ende der neunziger Jahre folgende Frage beantwortet: Ab wann kann man eigentlich von Wasser sprechen, d. h. lässt sich das System Wasser mit einer bestimmten Anzahl von Wassermolekülen definieren? Die Antwort ist verblüffend: Die Verknüpfung von sechs einfachen Wassermolekülen zu einem Cluster genügt bereits, um die typischen physikalischen Eigenschaften von Wasser zu erhalten.

In flüssigem und festem Wasser sind Wassermoleküle zu mehr oder weniger großen Einheiten verknüpft. Diese Cluster waren auch Ausgangspunkt für die zunächst theoretische Behandlung der obigen Fragestellung. Die Forscher erstellten Modelle für die Verknüpfung von zwei bis sechs Molekülen und ermittelten die dazugehörigen Dipolmomente, eine der wichtigsten physikalischen Bezugsgrößen für Wasser. Nach den theoretischen Analysen der Wissenschaftler ordnen sich zwei Wassermoleküle über Wasserstoffbrücken linear an. Bei drei bis fünf Molekülen bilden sich planare Cluster als stabilste Baueinheiten aus: Dreieck, Quadrat und Pentagon. Nun ist Wasser, etwa in Gestalt eines Tropfens, aber nicht zweidimensional. Somit können Verknüpfungen von bis zu fünf Wassermolekülen nicht als „Wasser“ definiert werden. Erst bei Zuordnung eines sechsten Moleküls bilden sich bevorzugt dreidimensionale Strukturen in Form eines Käfigs oder Prisma aus, die auch das Dipolmoment von gewöhnlichem

Wasser zeigen. Ab dieser Mindestanzahl von Molekülen kann man also von Wasser sprechen. Durch ein spezielles lasergestütztes, schwingungsspektroskopisches Verfahren konnten die Anordnungen von zwei bis sechs H_2O-Molekülen untersucht und die berechneten Dipolmomente bestätigt werden. Somit zeigt bereits die dreidimensionale, prismatische Anordnung von gerade einmal sechs Wassermolekülen große Ähnlichkeit zur kondensierten Phase von Wasser.

An diesem kleinen Forschungsbeispiel zeigt sich noch einmal die Vielfalt der Cluster und welche Bedeutung ihre Erforschung erreicht hat. Clusterverbindungen haben mittlerweile nicht nur einen festen Platz in Lehrbüchern und Vorlesungen gefunden. Sie sind an der Schwelle des nächsten Jahrtausend auch aus dem Schatten der Grundlagenforschung herausgetreten und in den Bereich der angewandten Forschung vorgedrungen. In den kommenden Jahren dürften die Untersuchungen an Clustern, ob metallischer oder nichtmetallischer Natur, sicherlich noch einige aufregende Erkenntnisse bereit halten.

Maßgeschneidertes Licht – Laser sind (fast) Alleskönner

Dirk Meine

Ein Scanner liest Ihre Einkaufswaren ein, die EC-Karte, mit der Sie bezahlen, trägt ein Hologramm. Ihr Computer liest CD-ROM-Daten und druckt Texte oder Bilder in gestochen scharfer Qualität aus. Sie erleben eine Lightshow, hören Musik-CDs … Sie vermuten richtig: An all diesen Dingen sind Laser beteiligt.

Nicht ganz so offensichtlich ist, dass Laser unseren Alltag noch wesentlich stärker prägen, als diese Beispiele vermuten lassen: Kaum eine Autokarosserie, die nicht mit Lasern geschweißt und geschnitten wurde. Beschriftungen auf Kunststoff werden von Lasern geschrieben. Informationen rasen per Laserlicht um die Welt. Die Medizin nutzt den Laser als chirurgisches und diagnostisches Instrument. In Chemie und Physik ist der Laser schon lange nicht mehr wegzudenken. Lasertechnik spielt eine Schlüsselrolle, die fast alle Bereiche der Technik und Naturwissenschaften beeinflusst.

Doch was ist eigentlich ein Laser und was ist so besonders am Laserlicht? LASER steht für *L*ight *A*mplification by *S*timulated *E*mission of *R*adiation (Lichtverstärkung durch stimulierte Strahlungsemission), und es ist eines der ganz wenigen Akronyme aus Chemie und Physik, die den Weg bis in die Alltagssprache gefunden haben. Was aber steckt hinter diesem Akronym?

Glühlampen und Sonnenlicht

Gewöhnliche Lichtquellen leuchten, weil Atome oder Moleküle erhitzt und ihre Elektronen auf höhere Sprossen ihrer Energieleiter (angeregte Zustände) gehoben werden. Wenn sie wieder herunterfallen, wird die freiwerdende Energie als ein Lichtteilchen (Photon) abgestrahlt. Das Herunterfallen geschieht normalerweise ohne einen äußeren Anlass – das ist *spontane* Emission. Die Farbe des Lichtes (seine Wellenlänge) hängt von der freiwerdenden Energiemenge (dem Sprossenabstand) ab: In der Reihenfolge Mikrowellen, Infrarot, sichtbares Licht (von Rot über Gelb, Grün und Blau zu Violett), Ultraviolett bis zu Röntgenstrahlen wird die Wellenlänge kürzer und die Energie der Photonen größer.

In heißer Materie sind viele verschiedene Energiesprossen besetzt, und die Atome sind jedes für sich unabhängige kleine Strahlungsquellen. Daher werden viele Wellenlängen gleichzeitig und in alle Richtungen ausgestrahlt, und das Licht besteht aus Lichtwellen, die unabhängig voneinander schwingen (inkohärentes Licht). Sowohl Glüh- und Halogenlampen als auch unsere Sonne senden solches Licht aus, das ein Gemisch aus fast allen Farben ist – weißes Licht.

Photonenlawinen

Laserlicht hingegen kommt durch *stimulierte* (erzwungene) Emission zustande: Ein Lichtteilchen mit passender Wellenlänge trifft auf ein Atom oder Molekül in einem bestimmten angeregten Zustand, „schüttelt es durch" und bringt den angeregten Zustand auf einen niedrigeren Zustand herunter. Die freigewordene Energie nimmt es in Form eines zweiten Photons der gleichen Wellenlänge mit. Albert Einstein sagte diesen Effekt 1917 voraus – die Geburtsstunde der Laseridee.

Dieser Prozess kann sich lawinenartig fortsetzen und die gesamte Energie, die in den angeregten Zuständen steckt, in Licht umsetzen. Das ist Lichtverstärkung durch stimulierte Emission, das Laserprinzip. Die erzeugten Photonen haben dieselbe Wellenlänge wie das erste Photon, und sie schwingen alle im Gleichtakt (kohärente Strahlung). Laserlicht ist also eine sehr intensive Lichtstrahlung, es hat nur eine ganz bestimmte Farbe (genauer einen schmalen Wellenlängenbereich – eine so genannte Bande), und es ist kohärent.

Damit tatsächlich eine Photonenlawine entsteht, müssen mehr Atome oder Moleküle oben auf der Energieleiter stehen als unten. Das ist ein sehr unnatürlicher Zustand, der durch Erhitzen prinzipiell nicht zu erreichen ist. Das Lasermaterial muss gezielt in den angeregten Zustand „gepumpt" werden, durch elektrische Energie oder einen Pump-Lichtstrahl. Das Pumpen muss außerdem schneller erfolgen, als die Teilchen von allein wieder von diesem Zustand herunterfallen. Bei langwelligem – also energieärmeren – Laserlicht ist erheblich weniger Pumpleistung erforderlich als bei kurzwelligem.

In den meisten Lasern wird die Photonenlawine in einem Resonator aus Spiegeln mehrmals durch das Lasermaterial gelenkt, damit die Lichtausbeute höher ist. Einer der Spiegel ist teildurchlässig und lässt die Strahlung nach außen. In Hochleistungslasern müssen dabei Spiegel eingesetzt werden, die bis zu 99,998 Prozent des Lichtes reflektieren – normale Spiegel im Haushalt erreichen einen solchen Wert nicht annähernd. Alternativ zu Spiegeln werden häufig auch Lichtwellenleiter (z. B: Glasfasern oder Halbleiterschichten) als Resonatoren eingesetzt. In ihnen wird das Licht fast verlustfrei durch Totalreflektion geleitet, sie lassen sich sehr gut miniaturisieren und flexibel gestalten.

Der Resonator beeinflusst entscheidend die Qualität des Laserstrahls: Er legt fest, welche Wellenlängen innerhalb der schon sehr schmalen Laserbande tatsächlich verstärkt werden, bestimmt die Intensitätsverteilung des Lichtes quer zum Strahl, die sehr komplizierte Muster annehmen kann, und die Parallelität des Lichtstrahls.

Ein Laser besteht also aus drei Komponenten: dem Lasermaterial, das die Photonenlawine erzeugt, einem Energie-Pumpsystem, das dafür sorgt, dass mehr angeregte Zustände als untere Zustände vorliegen, und dem Resonator, dessen Aufbau die Feinheiten des Laserstrahls bestimmt.

Dauerstrich und kurze Pulse

Es gibt es zwei Möglichkeiten, Laser zu betreiben: kontinuierlich oder gepulst. In gepulsten Lasern sorgt ein Pump-Energiestoß (ein elektrischer Impuls oder ein Lichtblitz) für die Besetzungsinversion, die Photonenlawine baut sie wieder ab – bis zum nächsten Energiestoß. Die Lichtpulse dauern meist nur einige Nanosekunden (10^{-9} Sekunden), sie haben deshalb eine sehr hohe Leistung (Energie je Zeit): Ein Pulslaser kann den Terrawatt-Bereich erreichen (10^{12} Watt, ein Kraftwerk leistet einige 10^6 Watt), allerdings eben nur für den Bruchteil einer Sekunde. Wo diese Lichtpulse auftreffen, werden entsprechend große Wirkungen ausgelöst. Solche Laser werden vor allem zur Materialbearbeitung eingesetzt.

Kurze Pulse eignen sich auch zum Verfolgen sehr schneller Vorgänge in der Chemie und Physik. Mit speziellen Techniken können ultrakurze Pulse erzeugt werden, die nur einige Femtosekunden (10^{-15} Sekunden) dauern. Das „Lichtpaket“ eines solchen Pulses, das vom Laser wegfliegt, ist dann weniger als einen Mikrometer lang, etwa drei bis vier Wellenlängen. Mit solchen Pulsen machte Achmed A. Zewail „Schnappschüsse" von Molekülen während des Ablaufs einer chemischen Reaktion. Er wurde dafür 1999 mit dem Chemie-Nobelpreis geehrt.

In kontinuierlichen Dauerstrich-Lasern wird dagegen ständig Energie nachgepumpt: Die Photonenlawine rollt ständig und der Laser erzeugt ein Dauerlicht. Diese Laser werden angewendet, wenn es auf die konstante Intensität des Lichtes, die Parallelität des Lichtstrahls und die Kohärenz (den Gleichtakt) des Lichtes ankommt.

Lasertypen

Die ersten Laser für sichtbares Licht wurden 1960 vorgestellt. Damals wirkte das Laserlicht noch so fremdartig, dass man den Laser für „eine Lösung auf der Suche nach einem Problem" hielt. In den Jahrzehnten danach wurden jedoch Lasersysteme entwickelt, die vielfältige Anwendungen unter anderem in der Fertigungs-, Mess- und Nachrichtentechnik und der Grundlagenforschung fanden. Es gibt Laser für alle Wellenlängen des sichtbaren Lichtes und viele UV-Wellenlängen. 1986 wurde Röntgenlaserlicht, das extrem hohe Pumpleistungen erfordert, zum ersten Mal erfolgreich erzeugt. Zur Zeit wird versucht, praxistaugliche Röntgenlaser zu entwickeln.

Das Lasermaterial ist entweder ein Feststoff (ein Kristall), eine Flüssigkeit oder ein Gasgemisch. Feststofflaser sind z. B. Rubinlaser, Nd-Yag-Laser (Neodym/Yttrium-Aluminium-Granat-Kristalle) und Diodenlaser (Halbleiterkristalle). Flüssigkeitslaser arbeiten mit einem gelösten organischen Farbstoff, Gaslaser sind beispielsweise der CO_2-Laser, Helium-Neon-Laser und Excimer-Laser (Mischung aus einem Edelgas und einem Halogen, etwa Xenon/Fluor).

Viele Laser senden bestimmte Wellenlängen aus, die vom Lasermaterial abhängen und nicht verändert werden können. Ausgenommen sind Laser, in denen die Energieleiter-Sprossen nicht scharf definiert, sondern breite Energiebänder sind. Das ist bei Farbstoff- und Diodenlasern der Fall. Bei diesen kann die Wellenlänge bei voller Lichtleistung über einen gewissen Bereich variiert werden. Sie eignen sich daher hervorragend zur Untersuchung der wellenlängenabhängigen Wechselwirkung von Licht mit Atomen und Molekülen – der Spektroskopie.

Nachrichten mit Mini-Lasern

Diodenlaser sind Halbleiter-Schichtstrukturen und werden durch einen elektrischen Strom gepumpt. Wird der Strom moduliert, so kann das Licht Informationen übertragen. Die viel höhere Frequenz der Lichtwellen ermöglicht um Größenordnungen höhere Übertragungsraten als etwa Radiowellen. Schon heute läuft ein Großteil der Datenfernübertragung über Laserlicht. Beispielsweise steuern nur vier Laser die gesamte Telekommunikation zwischen den USA und Deutschland. Angestrebt wird, für diesen Bereich Femtosekunden-Laser einzusetzen, die höchste Übertragungsfrequenzen ermöglichen sollen. Diodenlaser können zudem sehr gut miniaturisiert werden: Systeme zur Datenübertragung durch Glasfasern oder zum Auslesen von CDs sind oft nur so groß wie ein Salzkorn.

Zur Zeit wird fieberhaft daran gearbeitet, effektive blaue Diodenlaser zu entwikkeln. Sie sind unter anderem für die Entwicklung einer neuen Generation von Flachbildschirmen nötig. Auch die Entwicklung optischer Computer mit Diodenlasern wird vorangetrieben.

Schweißen, schneiden, bohren

Immer mehr Laser stehen in der industriellen Fertigung. Wo immer Material zu erhitzen oder abzutragen ist, können vor allem CO_2-, Excimer- und Hochleistungs-Diodenlaser eingesetzt werden. Laserstrahlung arbeitet berührungslos, kann mikrometergenau fokussiert werden, und die Abtragungstiefe kann genau eingestellt werden. Laser fräsen dreidimensionale Formen, die mit mechanischen Verfahren gar nicht zugänglich sind. Dabei ist die Laserbearbeitung oft erheblich schneller und mit weniger Nachbearbeitungen verbunden als mechanische Verfahren. Unter anderem diese Geschwindigkeit macht viele Laser-Verfahren wirtschaftlich interessant.

Die Wirkung der Laser ist unterschiedlich: Das Infrarot des CO_2-Lasers bringt Atome und Moleküle zum Schwingen und erhitzt das Material. Das wird unter anderem zum Schweißen von Metallen und Kunststoffen eingesetzt (Abb. 1). Es ist auch möglich, den Laserfokus computergesteuert dreidimensional durch ein transparentes Material zu führen: So kann etwa eine komplizierte dreidimensionale Form eines Kunststoffs direkt aus einer Lösung ausgehärtet werden. Bislang erfolglose, aber ernsthafte Versuche wurden auch unternommen, Kartoffeln großtechnisch mit Laserstrahlung zu schälen. Das explosionsartige Verkochen der Außenhülle soll dabei die Schale abplatzen lassen.

Excimer-Laser andererseits liefern UV-Licht, das die Bindungen zwischen den Atomen direkt aufbricht. Ultrakurze Excimer-Pulse lassen das Zielmaterial explosionsartig als Plasma verdampfen. Damit können Metalle, Keramiken und Kunststoffe gleichermaßen bearbeitet werden. Der bearbeitete Werkstoff erhitzt oder verformt sich kaum, die „Laser-Löcher“ sind extrem scharfkantig und weisen keine Grate auf (Abb. 2). Damit werden z. B. Mikro-Löcher in Druckpatronen für Tintenstrahldrucker oder in Direkt-Einspritzdüsen für Verbrennungsmotoren gebohrt. Und hitzeempfindliche

Abb. 1. CO_2-Laser für industrielle Schweißprozesse (Quelle: Leybold AG).

Materialien wie Plexiglas oder Holz-Spanplatten werden heute fast ausschließlich auf diese Weise geschnitten.

Die Chirurgie setzt seit längerer Zeit Laser zum Verkochen, Schneiden oder Abtragen von Körpergewebe ein. Lasermethoden sind minimalinvasive Operationstechniken, weil die Strahlung über flexible Lichtwellenleiter gezielt an ihren Einsatzort gebracht werden kann. Hier wird unter anderem daran gearbeitet, selektive Lasertechniken zu entwickeln, die nur bestimmte Gewebearten verändern.

Abb. 2. Mit Laserlicht haben Dr. Michael Stuke und seine Mitarbeiter am Max-Planck-Institut in Göttingen erstmals dreidimensionale, freitragende, äußerst filigrane Metallstrukturen im Mikrometerbereich erzeugt. Der „Eiffelturm“ ist dabei kaum größer als ein Streichholzkopf (Quelle: Max-Planck-Gesellschaft).

Messen und Analysieren

Die hohe Intensität, präzise bekannte Wellenlänge, Kohärenz und Strahl-Parallelität machen Laser für vielfältige messtechnische Aufgaben geeignet. Es können Längen über die Laufzeit von Laserpulsen bestimmt werden – von der zentimetergenauen Messung der Entfernung des Mondes bis zur kommerziellen Laser-Wasserwaage, die die Breite eines Raumes vermisst. Die Holographie nutzt die Kohärenz des Lasers: Ein Vergleichsstrahl wird mit dem von einem Gegenstand zurückgeworfenen Strahl überlagert. Es entsteht ein Muster, das das dreidimensionale Bild des Gegenstandes speichert. Holographie wird beispielsweise eingesetzt, um Vibrationen an Motoren oder Verformungen zu verfolgen.

In der chemischen Analytik haben Laser die Empfindlichkeit spektroskopischer Methoden um Größenordnungen steigern können. Die Fluoreszenzspektroskopie etwa ist durch den Lasereinsatz zu einer der empfindlichsten Analysemethoden der Biochemie und Umweltanalytik geworden: In bestimmten Fällen sind sogar einzelne Moleküle nachweisbar, Immissionen aus Industrieanlagen können aus einigen hundert Metern Abstand bestimmt werden.

Die Medizin hat Laser-diagnostische Methoden entwickelt. Als Beispiel sei das Laser-Dopplerverfahren zur Messung des Blutflussgeschwindigkeit genannt.

Vielphotonenprozesse

In nichtlinearen optischen Prozessen nehmen Atome oder Moleküle mehrere Photonen auf einmal auf. Sie sind erst durch Laser möglich geworden, die eine dafür ausreichende Photonenzahl liefern können. Viele Spektroskopie-Techniken nutzen solche Prozesse. Beispielsweise entfernt Laserlicht gezielt und schonend Elektronen aus Atomen oder Molekülen, und die zurückbleibenden Ionen werden untersucht, oder es werden ganz bestimmte hohe Energiezustände in den Molekülen hergestellt und analysiert. Nichtlineare Vorgänge sind auch die Frequenzverdopplung oder Frequenzmischung des in einen Kristall eingestrahlten Lichtes. Sie funktionieren nach dem Prinzip „zwei Photonen aufnehmen – ein energiereiches Photon abgeben". Damit können Wellenlängen, für die es noch keine effizienten Laser gibt, „zusammengebaut" werden, z. B. im UV-Bereich. Bei extremen Laser-Energiedichten kommen noch andere Effekte zum Tragen: Durch „Stöße" mit vielen Photonen können Atome abgebremst werden, d. h. sie werden abgekühlt. Es ist möglich, kalte Atome regelrecht in eine Falle aus Laserlicht einzusperren. Andererseits wird für Kernfusionsreaktoren daran gearbeitet, ein Plasma durch den Druck des Laserlichtes extrem dicht zusammenzudrükken und bis zur Kernfusion zu erhitzen.

Allgemein betrachtet ist die wesentliche Innovation der Lasertechnik darin zu sehen, dass es erstmals möglich wurde, Licht und seine Eigenschaften für ganz bestimmte Zwecke maßzuschneidern. Die Anwendungsbeispiele, die hier erwähnt sind, sind auf keinen Fall und in keinem Bereich vollständig. Sie sollen vor allem die vielfältigen Möglichkeiten des Laserlichtes zeigen, die noch lange nicht ausgeschöpft sind. Das Wechselspiel zwischen Festkörper-Chemie und Festkörper-Physik birgt noch viele Möglichkeiten, und so wird die Lasertechnik die technische Entwicklung im 21. Jahrhundert mit Sicherheit weiter nachhaltig beeinflussen.

Der Autor dankt Herrn Klaus Nowitzki von der Wissenschaftlichen Gesellschaft für Lasertechnik e. V. in Hannover für die anregende Diskussion und umfangreiches Informationsmaterial.

Wolframbälle als Super-Schmierstoff

Axel Fischer

Hätte ein Umweltpolitiker drei Wünsche frei, würde er – rudimentäre Physikkenntnisse vorausgesetzt – möglicherweise die Reibung im Automotor abschaffen. Denn weniger Reibung zwischen Kolben und Zylindern würde nicht nur das Motoröl überflüssig machen, sondern auch verbesserte Motoren mit erheblich geringerem Energieverbrauch ermöglichen. Leider gibt es keine gute Fee, die solche Wünsche erfüllt – einstweilen bemühen sich stattdessen Chemiker nicht nur bei den Motorölherstellern darum, Öle mit verbesserter Schmierfähigkeit zu entwickeln.

Mit bisher unerreichten Schmiereigenschaften wartet ein neuer Werkstoff auf, den Reshef Tenne, Professor an der Abteilung Werkstoffe und Grenzflächen des Weizmann-Instituts in Israel, entdeckte. Kugelförmige Moleküle aus Wolframdisulfid verringern die Reibung zwischen sich bewegenden Metallteilen auf weniger als die Hälfte und reduzieren den Materialverschleiß auf etwa ein Sechstel – gerechnet im Vergleich mit den besten bisher bekannten Schmierstoffen.

Bei jeder Art von Maschinen, ob Produktionsanlagen in der Industrie, ob Autos, Flugzeuge oder Satelliten, ist die Reibung zwischen bewegten Metallteilen die Hauptursache für Energie- und Materialverluste. Leichtlauföle, die mit geringer Viskosität (Zähigkeit) weniger Widerstand bieten und damit Energieverluste herabsetzen, bezahlen diesen Vorteil mit schlechterem Schutz gegen Abrieb – der Film reißt leichter, die Metallteile geraten öfter in Kontakt und verschleißen schneller. Schmiermittelzusätze können nur begrenzt Abhilfe schaffen, denn selbst hochwertige feste und flüssige Zutaten darin neigen dazu, an Maschinenteilen zu haften und dabei zerstört zu werden. Die von Tenne und seinem Team entwickelten Schmierstoffe haften erheblich schlechter an den verschiedensten Materialien und könnten damit das Additiv der Zukunft werden.

Ein bekannter Schmierstoff, der auch in hochwertigen Motorölen die Reibung verringert, ist das Molybdänsulfid. Da sich dieser anorganische Feststoff nicht im Öl löst, wird er entweder mit einer Art Spülmittel in der Schwebe gehalten oder erst im Motor gebildet: Das frische Öl enthält eine organische Verbindung aus Molybdän und Schwefel, die sich durch die Hitze des Motors zersetzt und als schützender Molybdänsulfid-Film niederschlägt.

Was passiert dabei im Motor? Die Plättchen aus Molybdänsulfid sind wie Gitter aufgebaut. Jedes Atom ist durch gleich viele Bindungen fest mit seinen Nachbarn verbunden. Anders sieht es an den Ecken und Kanten des Gitters aus: Hier hängen lose Bindungsarme herunter, mit denen sich dann das Molybdänsulfid an die Metalloberfläche heftet. Anfangs gleiten die Filme aufeinander, doch immer noch gibt es Ecken und Kanten. Damit stoßen die fixierten Plättchen immer wieder aufeinander, zerbrechen und lösen sich wieder ab. Die Schmierung wird schlechter. Anders die neuen Moleküle von Reshef Tenne: Sie sind rund und haften deshalb überhaupt nicht an den Metalloberflächen, sondern rollen darauf hin und her.

Den allerersten, ganz ähnlichen runden Molekülen verdanken drei Chemiker den Chemie-Nobelpreis des Jahres 1996: Sie entdeckten zehn Jahre zuvor die Fullerene oder „Buckyballs", Moleküle aus 60 Kohlenstoffatomen. Die Atome bilden hier einen Käfig, der an die Form eines Fußballs erinnert – jedes Molekül ist eine stabile, hohle Kugel (siehe Kapitel „Ein Kohlenstofffußball verdreht Forschern den Kopf", S. 233 ff.). Kristalle aus diesen Kugeln zeigten ungewöhnliche Eigenschaften: Selbst im Festkörper drehten sich die Kugeln – je nach Temperatur schneller oder langsamer – und blieben trotzdem immer an ihrem Platz im Kristallgitter. Die ersten Hoffnungen, diese Kugeln könnten einen besonders guten Schmierstoff abgeben, wurden rasch zerstört: Die Kugeln waren zu klein und zu zerbrechlich, außerdem in der Hitze eines Motors nicht stabil.

Lange dachte man, nur Netze aus Kohlenstoff könnten sich zu Bällen zusammenschließen. Doch 1992 fand das Forscherteam um Tenne heraus, dass auch Wolframdisulfid und Molybdändisulfid solche runden Moleküle bilden können. Die ersten Untersuchungen im Labor, erzählt Tenne, waren geradezu frustrierend: „Weil sie auf jeder Oberfläche rollen können, haben wir zwei Jahre lang versucht, sie unter dem Mikroskop zu sehen – sie rollten immer davon."

Bald war Tenne klar, dass diese Eigenschaften die anorganischen Fullerene zum idealen Schmierstoff machen: Im Gegensatz zum Kohlenstoff-Fußball bestehen die Moleküle gleich aus mehreren Kugelschalen – wie die Lagen einer Zwiebel. Die etwa einen hunderttausendstel Millimeter großen Partikel sorgen für genügend Abstand zwischen den zu schonenden Metallteilen, und falls die äußerste Lage der Zwiebel einmal bricht, kommt gleich die nächste mit nahezu unveränderter Wirkung zum Vorschein. Als fester Schmierstoff könnten diese Zwiebeln eine Nische füllen – dort, wo Flüssigkeiten wie Öl ungeeignet sind: Etwa im Weltraum oder in der Vakuumtechnik, in der Öldämpfe Messergebnisse verfälschen und Pumpen verunreinigen. Als Additiv sollte sich das Material mit Flüssigkeiten mischen und eine stabile Suspension bilden – auch dieses Problem wurde gerade in Tennes Labor gelöst.

Der Weg von der Grundlagenforschung zur industriellen Anwendung ist nicht mehr weit: Nach vier Jahren Forschung kann das kugelförmige Wolframdisulfid mittlerweile in Gramm-Mengen hergestellt werden, und Tenne ist zuversichtlich, dass seiner Gruppe in den nächsten Jahren auch die Synthese im Kilogramm-Maßstab gelingen wird. Die zum Weizmann-Institut gehörende Firma für Technologietransfer hat schon Patente angemeldet, Firmen auf der ganzen Welt interessieren sich für das Material.

Das fullerenähnliche Wolframdisulfid zeigt noch ganz andere Parallelen zu den in den letzten Jahren entdeckten Kohlenstoff-Formen: Zur Synthese der Bälle strömen nacheinander Wasserstoff und Schwefelwasserstoff über feinste Partikel aus Wolframoxiden. Bei einigen Experimenten war die Glasglocke der Apparatur nicht ganz trokken – eine Unachtsamkeit, die zu einem unerwarteten Ergebnis führte: In Anwesenheit von Wasserdampf wuchsen feine Nadeln aus dem Metallsulfid. Diese Nadeln können sich in einem elektrischen Feld ausrichten und wie Flüssigkristalle möglicherweise eines Tages in Displays genutzt werden. Damit zeigt das Auto der Zukunft eines Tages vielleicht den nächsten, mit Hilfe seiner Molekülverwandten hinausgezögerten Wartungstermin an: Nächster Ölwechsel nach 50.000 Kilometern.

Teil 5:
Organische Chemie – die Basis für vieles

Ein Kohlenstofffußball verdreht Forschern den Kopf

Andrea Gruß

„Eine riesige Wolke aus Diamanten schwebt im Weltall. … Es sind Kohlenstoffmoleküle. Jeweils 60 Atome, angeordnet wie die Lederstückchen auf einem Fußball. Das andere Wort dafür: Diamanten!“, mit diesen Zeilen verblüffte die Bild-Zeitung im April 1999 ihre Leser. Wenige Tage später das ernüchternde Dementi: Die vermeintlichen Edelstein-Wolken, ausgeschleuderte Materie eines sterbenden Sterns, bestünden nur aus einem „wertlosen Stoff namens *Fulleren.*“

Was sind Fullerene?, mag sich der ein oder andere Zeitungsleser gefragt haben. Lange Zeit galten die Schichtstrukturen des Graphits und die dreidimensional vernetzte Diamantstruktur als die beiden einzigen stabilen Erscheinungsformen des Elements Kohlenstoff, bis 1985 Harold W. Kroto, Richard E. Smalley und Robert F. Curl die Fullerene entdeckten. Bei den Clustern, wie die Wissenschaftler strukturierte Klumpen identischer Teilchen nennen, handelt es sich um nahezu kugelförmige Hohlraummoleküle, die ausschließlich aus Kohlenstoffatomen bestehen. Prominentester Vertreter dieser jungen Stoffklasse ist das Buckminsterfulleren C_{60}.

Moleküle wie geodätische Kuppeln

Mathematiker kannten sie schon lange, die Struktur des Ikosaeders – eines Polyeders mit 20 gleichen Dreiecksflächen. Gehört sie doch zu den fünf „göttlichen Körpern" Platons, die die Grundlage seiner Theorie der Materie bilden. Kappt man die 12 Ekken des Ikosaeders, wird aus dem kantigen Kristall ein annähernd runder Ball aus zwölf Fünf- und 20 Sechsecken, angeordnet wie auf der Oberfläche eines Fußballs oder eben wie die 60 Kohlenstoffatome im kleinsten stabilen Fulleren, dem C_{60} (Abb. 1).

Der Schweizer Mathematiker Leonard Euler (1707 bis 1783) bewies, dass ein Wabennetz einer beliebigen Zahl an Sechsecken genau zwölf Fünfecke enthalten muss, soll es ein geschlossenes Sphäroid bilden. Aus dem Eulerschen Theorem und dem chemischen Wissen, dass Molekülstrukturen mit direkt benachbarten Fünfringen energetisch ungünstig sind, lassen sich die Strukturen der sogenannten höheren Fullerene mit mehr als 60 Kohlenstoffatomen ableiten. Das nächstgrößere, stabile Fulleren nach C_{60} ist demnach das C_{70}, dessen Struktur experimentell bestätigt wurde und an die Form eines Rugbyballs erinnert.

Bereits im Jahre 1970 behauptete der Japaner Eiji Osawa in einer theoretischen Arbeit, der hochsymmetrische Kohlenstofffußball C_{60} sei ein stabiles Molekül. Bis die Verbindung experimentell nachgewiesen werden konnte, sollten jedoch noch einige Jahre vergehen. Im Sommer 1985 besuchte der Brite Harold Kroto von der Universität Sussex seinen Kollegen Richard Smalley an der Rice-Universität Houston, um dort mit Cluster-Experimenten die Chemie in der Atmosphäre eines Kohlenstoffsterns zu simulieren. Bei der Laserverdampfung von Graphit unter Heliumatmosphäre ragte unter bestimmten experimentellen Bedingungen ein Signal „wie eine Fahnenmast" aus der übrigen Verteilung des Massenspektrums heraus. Der Peak entsprach der Masse eines Clusters aus 60 Kohlenstoffatomen. Als Grund für die außergewöhnliche Stabilität vermuteten die Forscher eine Molekülstruktur, welche die perfekte Symmetrie eines

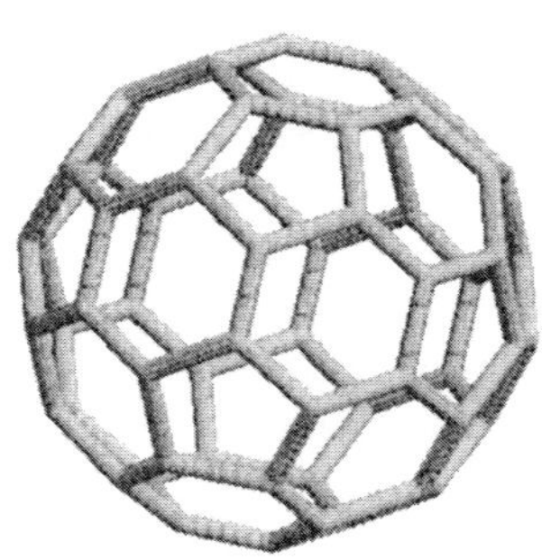

Abb. 1. Buckminsterfulleren C_{60}.

Abb. 2. Der US-Pavillon „Expo-Dome" des Architekten und Philosophen Richard Buckminster Fuller war *die* Attraktion der Weltausstellung 1967 in Montreal. Die Kuppel von 76 m Durchmesser bestand aus einem Stabnetzwerk schlanker Metallstreben abgedeckt mit Acrylglas. Das „Raumschiff Erde", wie Fuller sein Werk nannte, war leicht und wiederverwendbar, wäre es nicht 1976 abgebrannt. (Photo: Michel Proulx aus *Angewandte Chemie*, **1992**, *104*, 119.)

Fußballs besitzt. Das Bauprinzip der Moleküle stimmt genau mit dem der geodätischen Kuppeln überein, die den Architekten und Philosophen Richard Buckminster Fuller (1895–1983) berühmt machten (Abb. 2). Kurzentschlossen benannten die Wissenschaftler das neuentdeckte Molekül nach ihm. Dabei vergaßen die gewissenhaften Chemiker nicht, den Namen des Architekten um die Endsilbe für eine ungesättigte, konjugierte Kohlenstoffverbindung zu ergänzen. Das *Buckminsterfuller-en*, kurz der Buckyball, war geboren. Nun galt es, die vorgeschlagene Struktur durch Experimente zu beweisen. Hierzu fehlten jedoch über mehrere Jahre wägbare Mengen an Fullerenen für Untersuchungen.

Fulleren-Fieber

Fünf Jahre später, im Mai 1990, lösten Wolfgang Krätschmer und sein Mitarbeiter Konstantinos Fostiropoulus eine Rußprobe in Benzol, die sie durch die Verdampfung von Graphitelektroden in einer Heliumatmosphäre erzeugt hatten. Das glasklare Lösungsmittel färbte sich rot! Beim Eindampfen blieben braungelbe Kristalle zurück, die sie mit Infrarot- und Ultraviolettspektroskopie sowie Massenspektrometrie untersuchten. Alle Beobachtungen passten auf den Steckbrief des Buckminsterfullerens. Von diesem Erfolg hörten auch die konkurrierenden Arbeitsgruppen aus Houston und Sussex. Nun überschlugen sich die Ereignisse. In einem Kopf-an-Kopf-Rennen mit den Forschern aus Heidelberg (Arbeitskreis Krätschmer) und Tucson (Arbeitskreis Huffmann) konnten sie als erste die Struktur des C_{60} beweisen: Durch ein NMR-Spektrum zeigten sie, dass alle Kohlenstoffpositionen im Buckminsterfulleren äquivalent sind, und damit eine Struktur ikosaedrischer Symmetrie vorliegen muss. Sechs Jahre später, 1996, sollten Kroto, Smalley und Curl den Chemie-Nobelpreis für die Entdeckung und Strukturaufklärung des Buckyballs erhalten. Der Nobelpreis darf an maximal drei Forscher vergeben werden – so ging Wolfgang Krätschmer leider leer aus.

Die Entwicklungen Anfang der neunziger Jahre führten zu einer Wende in der Fullerenforschung. Nun konnte niemand mehr an der Existenz der faszinierenden Moleküle zweifeln. Zudem war das von Krätschmer und Huffman entwickelte Syntheseverfahren so einfach, dass es in jedem ordentlich ausgerüsteten Labor nachvollzogen werden konnte. Forscher der unterschiedlichsten Disziplinen aus aller Welt stürzten sich auf das rundeste aller Moleküle. Fachzeitschriften publizierten neue Erkenntnisse über Fullerene mit einer atemberaubenden Frequenz von mehreren Artikeln pro Tag.

Schon bald wurden zahlreiche Hohlraummoleküle aus Kohlenstoff entdeckt, die unter der Substanzklasse Fullerene zusammengefasst wurden. Die höheren Fullerene sind nach den gleichen Prinzipien wie C_{60} aus 70, 72, 84 oder mehr Kohlenstoffatomen aufgebaut. „Für jeden der ein Spielzeug sucht, gibt es Kugeln in allen Formen und Größen", beschrieb Kroto 1992 in der Zeitschrift *Angewandte Chemie* die Entwicklung.

Chemie der Fullerene

Nach Entdeckung des Krätschmer-Huffman-Verfahrens wurden Fullerene, löslich in verschiedenen organischen Lösungsmitteln, sehr bald zu Spielbällen einer internationalen Fan-Gemeinde von Chemikern, die sich für Eigenschaften und Anwendungen dieser Kohlenstoffmoleküle interessierte. Fulleren-Chemie bedeutet, das C_{60}-Molekül oder auch die höheren Fullerene mit Fremdatomen oder Molekülen zu modifizieren. Hier bietet das runde Hohlraummolekül gleich mehrere Möglichkeiten: Die 30 ungesättigten Bindungen im C_{60} bilden ideale Angriffspunkte zum Andocken funktioneller Gruppen von außen. Der Hohlraum im Inneren des Moleküls ist groß genug, um Ionen oder Atome aufzunehmen. Kovalent gebundene Atome der Fullerenhülle können durch Nicht-Kohlenstoffatome ersetzt werden. Und schließlich lassen sich die

Eigenschaften des Fullerenfestkörpers verändern, indem Atome oder Ionen in die Kristallstruktur eingebaut werden.

Die letztere und zunächst einfachste Variante der Fullerenumsetzung führte 1991 zur Entdeckung der supraleitenden Fulleride. Die Einlagerungsverbindungen, bei denen Alkali- oder Erdalkali-Ionen die Zwischengitterplätze im C_{60}-Kristall besetzen, sind supraleitend bis zu einer Temperatur von etwa 50 Kelvin. Sie zeigen jedoch diese Eigenschaft nur unter völligem Luft- und Feuchtigkeitsausschluss, so dass eine industrielle Anwendung der Verbindungen als Supraleiter nicht möglich sein wird.

Einen weiteren Traum, die Darstellung von Fulleren-Einschlussverbindungen, sogenannter endohedraler Fullerene, erfüllten sich die Wissenschaftler ebenfalls bereits Anfang der neunziger Jahre. Durch Ionenstrahlexperimente sperrten sie unterschiedliche chemische Elemente und Ionen in verschieden große Fullerenkäfige ein. Abbildung 3 (links) zeigt ein einzelnes Stickstoffatom gefangen im Zentrum eines Buckyballs. Auf diese Weise konnte erstmals Stickstoff in atomarer Form unter Normalbedingungen stabilisiert werden.

C_{60} ist kein „Superaromat“, wie es der Japaner Osawa 1970 voraussagte, das kugelrunde Kohlenstoffmolekül bietet jedoch im Vergleich zum aromatischen Sechsring Benzol eine ideale Basis für dreidimensionale Chemie. Grund genug für den Entdecker Smalley zu schwärmen: „Wenn ich morgens aufstehe und an Fullerene denke, ist es mir, als sei das Benzol neu erfunden worden.“ Im vergangenen Jahrzehnt haben Chemiker Hunderte von Fullerenaddukten dargestellt (Abb. 3 rechts). Dabei haben sie ihre anfänglichen Schwierigkeiten, oft bedingt durch die geringen Fullerenmengen, die ihnen für ihre Reaktionen zur Verfügung standen, in den Griff bekommen. Sie bestimmen den Angriffsort, die Zahl der einzuführenden Gruppen und isolieren die hergestellten Substanzen in hochreiner Form. Durch Addition polarer Reste auf die Oberfläche von C_{60} entstanden wasserlösliche Fullerene, ein wichtiger Schritt in Richtung pharmazeutische Anwendungen. Die ersten flüssigen Fullerene, mit langen Kohlenstoffketten auf der Oberfläche, wurden bereits in Probengläschen gefüllt. Selbst

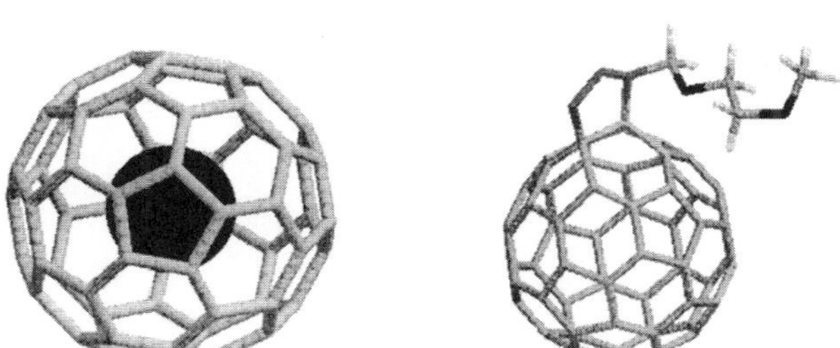

Abb. 3. Buckminsterfulleren gefüllt mit einem Stickstoffatom (links) sowie ein C_{60}-Derivat mit Seitenkette (rechts).

der Ersatz eines einzelnen Kohlenstoffatoms der Fullerenhülle durch ein Stickstoffatom ist den Organikern über eine mehrstufige Synthese gelungen. Beobachtet man die rasante Entwicklung der Fulleren-Chemie, scheinen Anwendungen auf Fullerenbasis nur noch eine Frage der Zeit zu sein.

Interdisziplinäre Fullerenforschung

Was machte Anfang der neunziger Jahre die Faszination des Buckminsterfullerens aus? Erstmals gab es eine chemische Verbindung, deren Struktur sich jeder vorstellen konnte. Neben der ästhetischen Struktur von C_{60} waren es auch dessen ungewöhnlichen elektronischen, optischen und chemischen Eigenschaften, die auf neuartige Werkstoffe und Wirkstoffe hoffen ließen. Chemiker, Physiker, Mediziner, Biologen – alle träumten sie von Innovationen aus Fullerenen. In der Presse las man gar von Wundermolekülen, die „die Welt verändern, wie einst die Kernspaltung". Visionen wie Raketentreibstoffe, molekulare Kugellager und Supercomputer ließen die breite Öffentlichkeit aufhorchen. Doch schon bald zeigte sich, dass Fullerene noch weit von ihrer technischen Anwendung entfernt waren. Die Ernüchterung bei Forschern, Industrie und Öffentlichkeit spiegelt sich in der Frage wider, die ein englischer Lord während der Diskussion über das Buckminsterfulleren im britischen Oberhaus stellte: „Kann es sein, dass es (das Fulleren) nichts im Besonderen tut? Und dies besonders gut?"

Nichts desto trotz gibt es heute – 15 Jahre nach der Entdeckung – zahlreiche Patente über Fullerenanwendungen. Die Palette reicht vom Wasserstoffspeicher über Diamantherstellung und pharmazeutische Anwendungen bis hin zu optischen und elektronischen Geräten. Doch sind die Kohlenstoffmoleküle in erster Linie Gegenstand der Grundlagenforschung geblieben. Dennoch, die Entwicklung der Fullerenforschung sucht ihres Gleichen. Die intensive, interdisziplinäre Zusammenarbeit der Wissenschaftler führte in kürzester Zeit zu einem breiten und tiefen Verständnis der Eigenschaften, insbesondere der Fulleren-Chemie. Die Entwicklung einer äquivalenten Benzol-Chemie dauerte hingegen ein ganzes Jahrhundert. Das heute vorhandene breite Wissen über Fullerene ist eine wichtige Voraussetzung für technische Anwendungen der Zukunft.

Flüssigkristalle

Sebastian Koltzenburg

Beim Lesen dieser Überschrift kommt man ins Grübeln – flüssige Kristalle? Was für ein Unsinn! Wir alle kennen feste, flüssige und gasförmige Stoffe mit ihren typischen Eigenschaften: Ein Gas ist leicht wie Luft, lässt sich sehr leicht bewegen, und man kann es auch gut komprimieren – zum Beispiel beim Aufpumpen eines Autoreifens. Eine Flüssigkeit ist schon viel schwerer und kann nicht fliegen. Aber sie fließt leicht durch sämtliche Löcher eines undichten Gefäßes oder aus dem Glase in unseren Mund. Und dann gibt es noch die festen Stoffe. Meistens sind sie kristallin, also sehr hart, und haben Ecken und Kanten. Die meisten Festkörper, die wir aus der Natur kennen, sind auch ziemlich spröde, d. h. wenn man sie verformt, passt sich ihre Form nicht an, sondern sie zerbrechen (auch wenn man hierfür manchmal erhebliche Kräfte aufbieten muss). Aber zwischen fest, flüssig und gasförmig gibt es doch klare Grenzen! Wasser kann fließen. Eis kann es nicht, und Granit erst recht nicht. Also kann ein Kristall doch nicht flüssig sein. Oder etwa doch?

Fassen wir uns doch mal selbst an die eigene Nase. Ja, das ist wörtlich gemeint! Denken wir doch mal über das nach, was uns, rein physikalisch gesehen, am nächsten liegt: unseren eigenen Körper. Ist so eine Nase jetzt eigentlich fest oder flüssig? Nicht ganz einfach zu beantworten, diese Frage! Flüssig ist sie schon mal nicht, denn sonst würde sie ja herunterfließen und auf dieses Buch tropfen. Aber fest ist sie auch nicht, denn sonst würde sie ja abbrechen, wenn wir ein wenig an ihr herumbiegen. Es gibt sie also doch, diese Grauzone zwischen „fest" und „flüssig", und sie ist offensichtlich ganz eng mit dem verknüpft, was wir als „das Leben" definieren. Kristallin, fest, das heißt auch starr, sehr geordnet, unbeweglich und damit tot. Flüssig bedeutet dagegen fließend, ungeordnet, unorganisiert, chaotisch. Durch ein ungeordnetes System lässt sich kein Leben aufbauen. Folglich lassen sich durch flüssige Zustände ebenso wenig lebendige Systeme aufbauen wie durch feste.

Gehen wir einmal zurück ins schöne Prag im Jahre 1888: Der Botaniker Friedrich Reinitzer beschäftigt sich mit einem Stoff aus der Wurzel der Möhre und bestimmt in diesem Zusammenhang den Schmelzpunkt einer Verbindung, die er aus Cholesterin hergestellt hat – und findet derer zwei. Denn beim Schmelzen verwandelt sich die Verbindung zuerst in eine in allen Farben schillernde, zäh fließende Flüssigkeit, die sich in eine klare, unauffällige Flüssigkeit umwandelt, wenn er die Temperatur noch weiter erhöht.

Friedrich Reinitzer konnte damals noch nicht absehen, welche Bedeutung seine Entdeckung einmal haben würde. Im Prinzip machte sie ihn zum geistigen Vater des Flachbildschirms, den wir von Laptops oder, in einfacherer Form, von Digitaluhren her kennen – auch wenn diese Produkte erst in den sechziger Jahren des folgenden Jahrhunderts ihre ersten zaghaften Gehversuche machten.

Reinitzer war der Entdecker der Flüssigkristalle, jener Substanzklasse also, die sich in einer kleinen Schnittmenge zwischen den Welten der Kristalle und den Meeren der Flüssigkeiten befindet (Abb. 1). Seit Reinitzers Entdeckung wuchs das Interesse an dieser damals so exotischen Verbindungsklasse explosionsartig. 100 Jahre später waren bereits über 15 000 flüssigkristalline Verbindungen, die man oftmals kurz als LCs (für das englische *Liquid Crystals*) bezeichnet, bekannt. Was ist das Besondere an diesen Stoffen? Was genau haben ihre „Eltern" – Kristall einerseits, Flüssigkeit andererseits – ihnen vererbt?

Kristalle sind harte, spröde Substanzen, deren einzelne Bausteine sehr exakt in nahezu unendlicher Wiederholung angeordnet sind. Jeder Baustein weiß genau, wo er hingehört; und jeder ist auch gleich orientiert, d. h. alle Bauteile „schauen" in dieselbe Richtung. Zwischen diesen Bausteinen, den einzelnen Molekülen, wirken starke

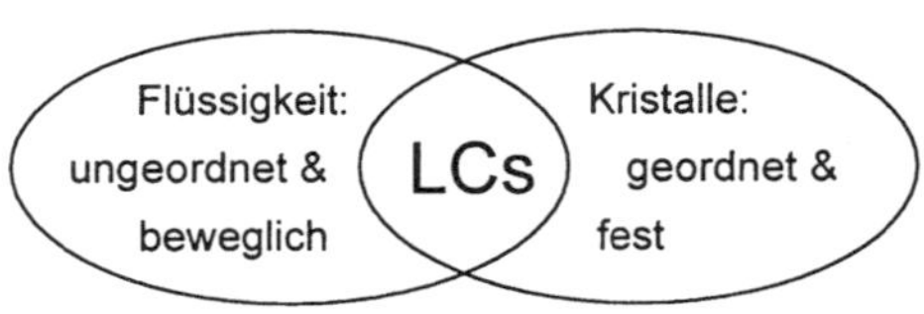

Abb. 1. Manche Eigenschaften von Flüssigkristallen (Liquid Crystals, LCs) können sowohl den typischen Eigenschaften fester als auch denen flüssiger Stoffe zugeordnet werden. Dies symbolisiert die Schnittmenge dieser Darstellung.

Anziehungskräfte. Wenn wir die Ordnung der Bestandteile verändern wollen, bricht der Kristall. Flüssigkeiten hingegen weisen keine ausgedehnte innere Ordnung auf. In ihrem Innern bewegen sich die einzelnen Teilchen munter umeinander und können dabei im Prinzip jede beliebige Orientierung zueinander einnehmen. Daraus resultiert die Beweglichkeit von Flüssigkeiten.

Flüssigkristalle haben nun von den Kristallen die innere Ordnung abgeschaut. Aber ähnlich wie bei den Flüssigkeiten sind die zwischen ihren Einzelteilchen wirkenden Kräfte so gering, dass die Flüssigkristalle beweglich bleiben. Man kann sich einen Flüssigkristall wie Baumstämme, die auf einem Fluss treiben, vorstellen: Die meisten Stämme ordnen sich parallel zur Fließrichtung des Wassers an, aber das gesamte Ensemble ist nach wie vor flexibel. So können sich einzelne Baumstämme problemlos gegeneinander verschieben und drehen.

Vor allem zwei Aspekte sind es, die diese Verbindungsklasse für unser tägliches Leben so wichtig machen: Versteht man das Prinzip von flüssigkristallinen Verbindungen, dann weiß man auch mehr über „das Leben". Viele Prozesse in unserem Körpers basieren darauf, dass sich Moleküle zu ausgedehnten Systemen zusammenfügen, die zwar ein Ordnungsmuster haben, aber auch in einem bestimmten Maße beweglich sind. Durch ihre charakteristische Ordnung können sie bestimmte Funktionen wahrnehmen, durch ihre Beweglichkeit machen sie biochemische Vorgänge in unserem Körper überhaupt erst möglich. Wir haben es also mit einer Erscheinung zu tun, die eng mit den Phänomenen der supramolekularen Chemie (siehe Seite 253 ff.) zusammenhängt. Der andere Aspekt der Alltagsrelevanz von Flüssigkristallen ist ihre Bedeutung in der Technik. Diese beruht vor allem auf der Art und Weise, wie Flüssigkristalle mit Licht in Wechselwirkung treten.

Was Flüssigkristalle sind, wissen wir mittlerweile. Um näher zu verstehen, was sie mit Licht machen, müssen wir uns anschauen, was eigentlich Licht ist. Das ist gar nicht so einfach, denn Licht lässt sich manchmal treffend als Teilchen beschreiben, ähnlich einem Tennisball. Manchmal verhält sich Licht aber auch wie Wellen, also etwa wie eine Meereswelle am Strand, die auf uns zu rollt. Um die Wechselwirkung von Flüssigkristallen mit Licht zu verstehen, vereinfachen wir und stellen uns Licht immer nur als Welle vor.

So eine Welle schwingt. Eine Lichtwelle, die sich durch unser Wohnzimmer ausbreitet, kann dies auf verschiedene Arten tun. Sie kann „aufrecht" schwingen, also senkrecht zum Fußboden, oder sie kann „flach" schwingen, also parallel zu ihm. Natürliches Licht ist eine Mischung aus Lichtwellen mit allen möglichen Schwingungsebenen.

Es gibt nun Stoffe, die auf Licht wie eine Art Gitter wirken: die sogenannten Polarisatoren. Auch der Polfilter von Fotoapparaten gehört dazu. Als Gitter lassen sie nur Lichtwellen durch, deren Schwingungsebene parallel zu den Gitterstäben liegt (Abb. 2). Nach dem Durchgang durch einen Polfilter ist das Licht polarisiert, d. h. alle Licht-

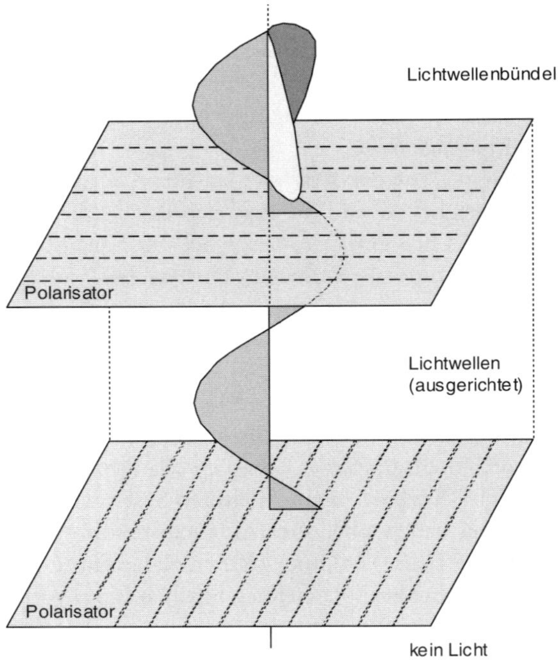

Abb. 2. Polarisierung von Licht. Kombiniert man zwei senkrecht aufeinander stehende Polfilter, so kann kein Licht mehr passieren.

wellen schwingen in derselben Ebene. Lichtwellen, die nicht parallel zum Gitter schwingen, können den Filter überhaupt nicht passieren. Wenn man nun einen zusätzlichen Polfilter anbringt, dessen Gitterstäbe senkrecht zu den des ersten angeordnet sind, kann kein Licht mehr hindurch dringen.

Innerlich geordnete Substanzen – wie Kristalle und Flüssigkristalle – sind in der Lage, die Schwingungsebene des Lichts, das sie durchdringt, zu drehen. Bringt man also zwischen zwei gekreuzte Polfilter eine kristalline oder flüssigkristalline Probe, so dreht sich die Schwingungsebene des Lichts um einen bestimmten Winkel. Deshalb scheint aus dem zweiten Polfilter auf einmal Licht (Abb. 3). Die Bilder, die sich bei einem solchen Vorgang ergeben, sind zum Teil außerordentlich ästhetisch (Abb. 4).

Wesentliche Quintessenz ist: Wenn wir zwischen zwei im 90°-Winkel gekreuzte Polarisatoren einen Flüssigkristall bringen, wird diese Anordnung auf einmal lichtdurchlässig. Diese Fähigkeit ist die Grundlage für die digitalen Anzeigen in Armbanduhren, Taschenrechnern und den Flachbildschirmen eines Laptops. Diese sogenann-

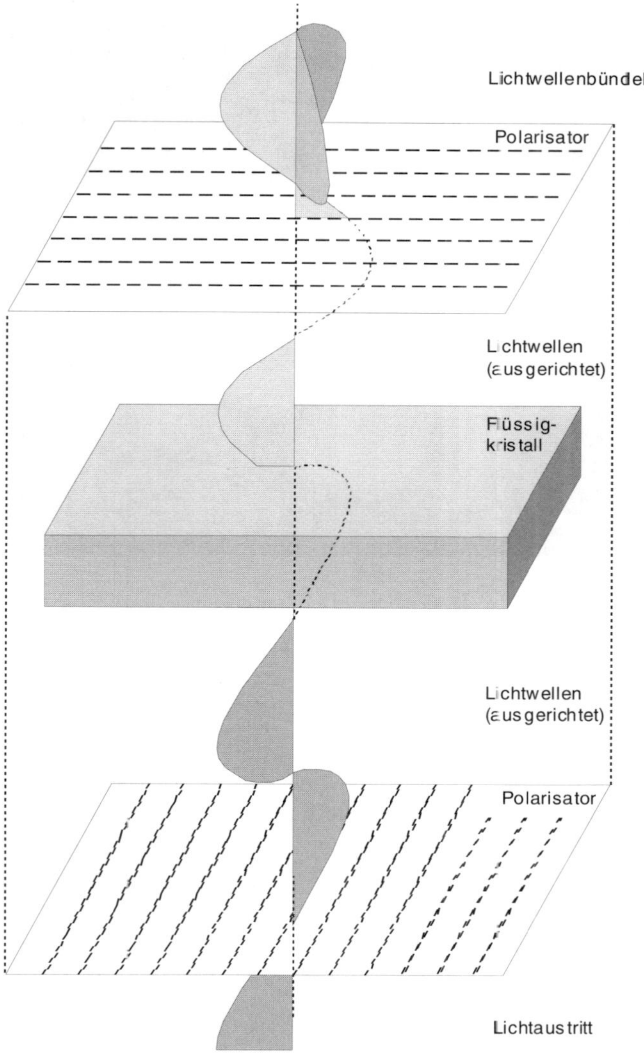

Abb. 3. Durch Wechselwirkung mit Flüssigkristallen wird die Schwingungsebene des polarisierten Lichts gedreht und kann einen zweiten, dazu senkrechten Polfilter passieren.

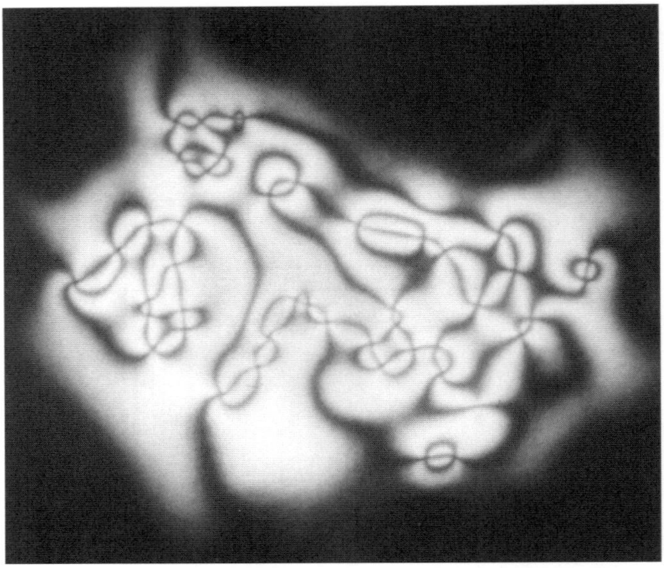

Abb. 4. Beispiel für ein Muster, das sich bei Betrachtung eines Flüssigkristalls zwischen zwei gekreuzten Polfiltern ergibt.

ten Displays bestehen aus vielen kleinen Bildpunkten, die man sich alle aus zwei solchen gekreuzten Polfiltern aufgebaut vorstellen kann. Zwischen den Polfiltern befindet sich der Flüssigkristall, und zusätzlich sind um die Polfilter herum noch zwei Elektroden angebaut. Das Ganze sieht dann so aus wie in Abbildung 5.

Wie wir eben gelernt haben, bewirkt eine flüssigkristalline Verbindung zwischen den Polfiltern, dass diese Anordnung Licht passieren lässt. Die Anzeige erscheint also hell, wenn man sie von hinten beleuchtet oder einfach einen Spiegel dahinter stellt, der das Licht reflektiert. Das ist nichts Ungewöhnliches. Interessant wird es erst, wenn wir den Flüssigkristall zwischen den Polfiltern so wählen, dass er auf elektrische Spannungen (genauer gesagt: auf elektrische Felder) reagiert. Wenn man eine elektrische Spannung an die Zelle anlegt, wird die flüssigkristalline Ordnung, die in der Zelle herrscht, gestört. Die Moleküle werden durch das äußere elektrische Feld dazu gezwungen, sich anders anzuordnen, als ihnen lieb ist. Das führt dazu, dass die Flüssigkristallinität verloren geht – und folglich kann die Zelle auch kein Licht mehr passieren lassen. Das Display wird dunkel, es „geht aus". Wenn man jetzt die Spannung jedoch abschaltet, kehrt das System wieder zu seinem ursprünglichen Ordnungszustand zurück. Das Display wird wieder hell. Und wenn man darüber hinaus die Displays

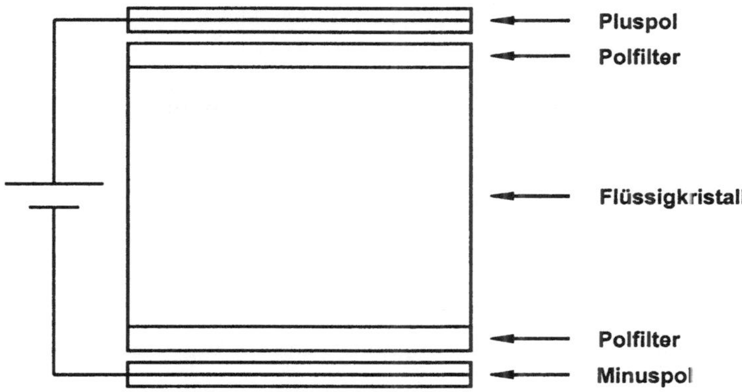

Abb. 5. Schematischer Aufbau eines LCDs. Solange an den Elektroden keine Spannung anliegt, bleibt der Flüssigkristall ungestört, das Display wirkt hell. Schaltet man eine elektrische Spannung an die Elektroden, wird der Flüssigkristall gestört, und das Display verdunkelt sich.

klein genug wählt und viele von ihnen nebeneinander platziert, erhält man eine digitale Armbanduhr oder einen Flachbildschirm.

Einer der großen Vorteile dieser Liquid Crystalline Displays (abgekürzt LCDs) ist der geringe Stromverbrauch. Flüssigkristalle leiten im allgemeinen keinen elektrischen Strom. Fließt durch ein LCD kein Strom, kann folglich auch keiner verbraucht werden. Die Energie, die man benötigt, um eine Spannung an das LCD anzulegen, ist außerordentlich gering. Nur so ist es möglich, dass eine digitale Armbanduhr Monate, ja sogar Jahre mit einer einzigen Batterie auskommt!

Auch wenn digitale Anzeigen als Paradebeispiel für die Nützlichkeit und den Erfolg von Flüssigkristallen gelten können, so sind mit diesem Beispiel die potentiellen Produkte aus Flüssigkristallen noch keineswegs ausgeschöpft. Flüssigkristalle werden auch im Bereich der zerstörungsfreien Werkstoffprüfung und der medizinischen Diagnostik eingesetzt. Diese Anwendungen beruhen darauf, dass es Flüssigkristalle gibt, die ihre Farbe in Abhängigkeit von der Temperatur sehr empfindlich ändern:

Wird ein Körperteil in der Nähe der Oberfläche von einer Blutbahn durchzogen, so ist diese Stelle der Haut etwas wärmer als die Umgebung. Durch das einfache Auflegen eines Films aus speziellen Flüssigkristallen kann der Verlauf der Blutbahnen unter der Haut einfach und schmerzfrei nachgezeichnet werden. Mit dieser Methode kann man beispielsweise Durchblutungsstörungen frühzeitig erkennen und behandeln. Auch andere Krankheitssymptome wie Tumore lassen sich durch ihre gegenüber der Umgebung veränderte Temperatur diagnostizieren – eine Technik, die insbesondere im Zusammenhang mit Brustkrebs von Interesse ist.

Auch in technischen Systemen kann man durch Messung der Oberflächentemperatur und ihrer Verteilung auf das Innere des Werkstückes schließen. Ist ein elektrischer Kreislauf gestört, resultieren höhere (wenn zum Beispiel durch einen Herstellungsfehler dort ein anomal hoher Widerstand herrscht) oder niedrigere (wenn dort zuwenig oder gar kein Strom fließt) Temperaturen. Auch bei Werkstoffen, die unter anderem im Flugzeugbau eingesetzt werden, kann aus der Art und Weise, in der Wärme durch den Gegenstand fließt, auf etwaige Fehler in seiner Stabilität geschlossen werden.

Selbst über ein Jahrhundert, nachdem Friedrich Reinitzer an seinen Cholesterinderivaten eine „eigenthümliche, sehr prächtige Farbenerscheinung" beobachtete und folgerte, „dass dieselbe mit der Ausscheidung und dem Wiederauflösen einer bis jetzt noch völlig räthselhaften Substanz in innigem Zusammenhang steh[e]", haben Flüssigkristalle nichts von ihrer Faszination verloren. Auch heute noch geht der Ehrgeiz vieler Naturwissenschaftler dahin, viel Wissenswertes über diese faszinierende Werkstoffklasse an der Grenzlinie zwischen Flüssigkeit und Kristall herauszufinden. Sie werden noch eine Weile beschäftigt sein.

„Mehr Licht …"

Ralf Fink

„Mehr Licht …" sollen die letzten Worte des Dichterfürsten Johann Wolfgang von Goethe gewesen sein. Kein Wunder, waren die Zimmer in diesem Jahrhundert nur durch das flackernde Licht von Kerzen nach Sonnenuntergang erhellt. Gaslampen konnten einen Raum schon viel besser ausleuchten. Doch wer den Film „Das Haus der Lady Alquist" mit Ingrid Bergmann in der Titelrolle kennt, weiß, wie gefährlich Gaslampen sein können, will doch der Schurke von einem Ehemann sie in den Wahnsinn treiben. Dazu nutzt er unter anderem die Gaslampen, deren Helligkeit er manuell beeinflusst, aber die Veränderungen stets verleugnet.

Licht- und Leuchtquellen spielen aber nicht nur in der Kunst eine Rolle, sie sind aus unserem Alltag nicht wegzudenken: Die Lampen und Leuchten in Gebäuden – die Nachttischlampe, die Kellerleuchte … –, aber auch die Straßenbeleuchtung, die Autoscheinwerfer oder die Flutlichtanlagen in Stadien.

Licht- und Leuchtquellen haben immer schon den Geist der Erfinder fasziniert. Wie auf vielen anderen Gebieten erzielte Thomas Alva Edison hier einen Durchbruch: Zunächst war es ein einfacher Kohlefaden, der den Strom einer Batterie in einem luftleeren Gefäß zum Leuchten brachte – die Geburtsstunde der Glühlampe. Die ersten Lampen hatten aber eine aus heutiger Sicht kaum akzeptable Leuchtleistung und „lebten" nur kurz. Erst als man den Kohledraht durch einen aus Wolfram ersetzte und die Glühbirnen mit Edelgas füllte, verbesserten sich die Lebensdauer und Leuchtleistung deutlich. So wurde die Glühlampe zur – auch heute noch – meist verwendetsten Lichtquelle.

Schaltet man eine Glühlampe an, so wird die Glühwendel jedoch nicht nur hell, sondern auch extrem heiß (2500–3000 °C). Damit ist verständlich, dass auch heute noch intensiv nach effizienteren Lichtquellen gesucht wird, denn Glühlampen wandeln die meiste elektrische Energie in – für diesen Zweck – nutzlose Wärmeenergie um. Gerade in modernen elektronischen Geräten wie Laptops, den noch kleineren Palmtops und Handys werden energiesparende Displays immer wichtiger. Schließlich will man nicht Batterien für ein Display mit sich herumschleppen, die schwerer als die gesamte übrige Elektronik sind.

Leuchtdioden

Ein ganz anderes Prinzip zur Lichterzeugung macht man sich bei Leuchtdioden zu nutze, wie sie jeder schon seit Jahren aus Radioweckern, als drittes Rücklicht moderner Autos oder aber einer Vielzahl anderer einfacher Anzeigenelemente in elektronischen Geräten kennt. Chemischer Hauptbestandteil sind anorganische Halbleiter aus Aluminium-, Phosphor-, Silicium- und Galliumarsenid-Verbindungen. Diese Leuchtdioden sind meist rot; es gibt aber auch gelbe, grüne und blaue. Ihre hervorstechendsten Vorteile sind insbesondere die hohen Lebensdauern von bis zu mehreren hunderttausend Stunden, der geringe Stromverbrauch und der relativ geringe Preis. Allerdings ist die Herstellung der Leuchtdioden, auch LEDs (LED = light emitting diode) genannt, technisch aufwendig: Die Halbleitermaterialien müssen gasförmig im Vakuum bei hoher Temperatur als definierte Einkristalle abgeschieden werden. Hierdurch ist die (wirtschaftlich) erreichbare Größe einer anorganischen Leuchtdiode begrenzt, d. h. im Konkreten, dass beispielsweise Displays in der Größe eines Computerbildschirms aus Dioden technisch oder wirtschaftlich nicht möglich sind.

Der Weg zur organischen Leuchtdiode

Organische Verbindungen, also Materialien, deren Hauptbestandteil das Element Kohlenstoff ist, galten lange Zeit ausschließlich als klassische Isolatoren. Nicht ohne Grund, denn bis heute sind die Isolationen von elektrischen Leitungen aus einem organischen Material, z. B. dem „Kunststoff" PVC. Niemand erwartete, dass solche „Isolatoren" als halbleitende Materialien in einem elektronischen Bauteil jemals Verwendung finden könnten. Aber organische Moleküle sind überraschend vielseitig, und

Forscher können sich irren: Seit kurzem werden „organische LEDs“, aufgebaut aus organischen Halbleitermaterialien, in Displays von Autoradios eingesetzt. Wie kam es zu dieser Innovation?

Die organische Elektrolumineszenz wurde schon vor einigen Jahren entdeckt. 1965 gelang es bei Spannungen von ca. 100 V, Einkristalle der organischen Substanz Anthracen zu einer sichtbaren Emission anzuregen, d. h. zum Leuchten zu bringen. Zwar war die Effizienz und vor allem die Lebensdauer dieser Leuchtquelle bei diesen großen elektrischen Feldern gering, aber das Prinzip funktionierte. Dennoch dauerte es nahezu 25 Jahre, bis die Idee einer organischen Leuchtdiode wieder aufgegriffen wurde. Sowohl japanische als auch britische Forscher erkannten, dass organische LED-Materialien im Gegensatz zu den anorganischen nicht kristallin sein müssen. Während sich die japanischen Forscher vor allem auf niedermolekulare, glasig erstarrende Verbindungen konzentrierten, untersuchten die britischen Forscher polymere Verbindungen. Entscheidend für den rasanten Fortschritt seit Ende der achtziger Jahre war es, die wichtigsten Elementarprozesse in einer organischen Diode zu verstehen.

Das Prinzip

Worin unterscheidet sich nun eine Leuchtdiode von einer Glühbirne? In einer „klassischen“ Diode wird Strom bevorzugt in einer Richtung durchgelassen. Hierbei werden Ladungen von den jeweiligen elektrischen Polen in das Diodenmaterial, den Halbleiter, ab einer bestimmten elektrischen Spannung, der Einsatzspannung, injiziert. Dasselbe gilt für eine Leuchtdiode: Positive und negative Ladungsträger werden über die Elektroden in den Halbleiter injiziert und bewegen sich im elektrischen Feld aufeinander zu. Treffen nun die positiven und negativen Ladungen aufeinander, bilden sie eine elektrisch neutrale, aber energetisch angeregte Spezies. Diese angeregte Spezies kann nun in einer Leuchtdiode unter Abgabe von Licht durch die transparente Indium-Zinn-Elektrode (ITO) oder aber strahlungslos, d. h. unter Abgabe von Wärme, zerfallen. Die erreichbare Effizienz dieser Prozesse liegt mit 25 Prozent weit über der einer Glühbirne (Abb. 1).

Diese physikalischen Elementarprozesse – Ladungsinjektion, Ladungstransport, Ladungsrekombination und strahlender Zerfall – bestimmen die Effizienz sowohl einer anorganischen als auch einer organischen LED. Auf der Suche nach geeigneten organischen Halbleiter-Verbindungen konzentrierten sich zunächst die Forscher auf „Alleskönner“, also auf Materialien, die positive und negative Ladungen transportieren und auch sichtbare Strahlung abgeben können. Die unterschiedlichen Ansätze der Wissenschaftler brachten ebenso unterschiedliche Lösungen hervor. Während die ei-

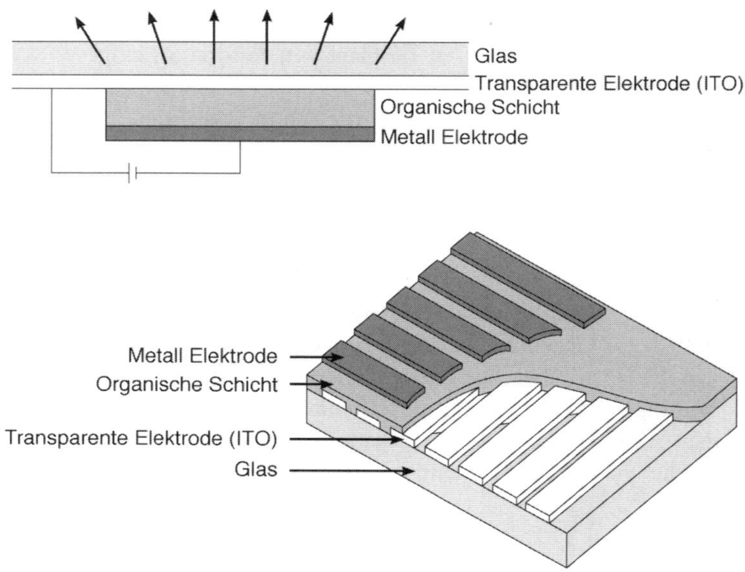

Abb. 1. Schematischer Aufbau einer organischen Leuchtdiode (O-LED).

nen den Schwerpunkt auf konjugierte Polymere wie PPV (Poly-p-phenylen-vinylen) legten, experimentierten andere mit niedermolekularen Substanzen.

Bald war klar, dass ein einziges Material allein die vielen Anforderungen nicht gleichermaßen gut erfüllen kann. Die ersten Dioden leuchteten nur wenige Stunden und waren weit von der Helligkeit eines Computerbildschirmes entfernt, der etwa 100 Candella pro Quadratmeter erreicht. Viele Materialien konnten beispielsweise positive Ladungen (Löcher) meist wesentlich besser transportieren als negative. Andere eigneten sich als Emittermaterial, konnten aber keine Ladungen transportieren. Es schien, als ob sich keine Materialeigenschaft optimieren ließ, ohne dass eine andere darunter litt. Die innovative Lösung war die Idee eines Materialsandwiches: Mehrere organische Materialien werden in Schichten zwischen den Elektroden platziert, und jede Schicht erfüllt ihre spezielle Aufgabe (Abb. 2).

Natürlich ließ sich die Idee nicht problemlos umsetzen. Insbesondere Sandwiches aus Schichten auf Basis von Polymeren sind schwer herzustellen, da Polymere ausschließlich aus Lösungen verarbeitet werden können. In der Regel wird dabei die jeweils darunterliegende Schicht wieder angelöst, d. h. die resultierenden Polymer-Polymer-Grenzflächen durchmischen sich und bei Schichtdicken von nur 20 bis 200 Nanometern kann keine definierte Sandwichstruktur aufgebaut werden. Diese Schwie-

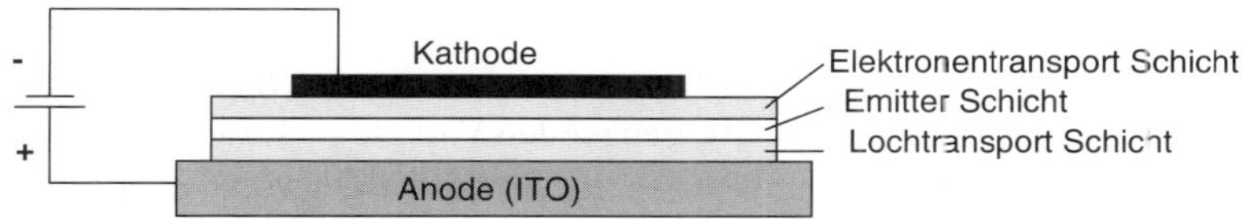

Abb. 2. Sandwich-artiger Aufbau einer organischen Leuchtdiode.

rigkeit konnte gelöst werden: Die Polymerschichten werden nachträglich vernetzt, so dass sie nicht mehr angelöst werden können.

Ganz andere Probleme hatten die Forscher, die auf niedermolekulare Verbindungen als Diodenmaterial setzten. Zwar ist das Aufdampfen unterschiedlicher Schichten niedermolekularer Verbindungen technisch recht einfach, jedoch erwiesen sich diese Schichten als thermisch instabil. Die niedermolekularen Verbindungen bildeten keine stabilen organischen Gläser, sie kristallisierten mit der Zeit, und die Dioden fielen frühzeitig aus. Wiederum war die Kunst der Chemiker gefordert: Sie mussten Verbindungen synthetisieren, die auch bei hoher Temperatur stabile organische Gläser bilden. Hochverzeigte Moleküle, beispielsweise auf der Basis von Trisarylaminen, lösten dieses Problem.

Die organischen Dioden erzielten bald eine viel höhere Leuchtstärke als Computerbildschirme – Werte von mehreren tausend Candella waren kein Problem mehr – und auch die Grundfarben Rot, Gelb und Blau standen zur Verfügung, aber die Lebensdauern waren weiter unbefriedigend. Durch geringste Mengen von Luftsauerstoff und Feuchtigkeit erloschen die Dioden frühzeitig. Erst die konsequente Anwendung von Reinraumbedingungen wie bei der Chip-Herstellung von Computern und die Einkapselung der Dioden unter Ausschluss von Sauerstoff und Feuchtigkeit führte schließlich, schon wenige Jahre nach Beginn der intensiven Forschungsarbeiten, zu ersten Anwendungen von monochromatischen organischen LEDs mit hohen Leuchtstärken und guten Lebensdauern.

Neben den erwähnten ersten Anwendungen in den Displays von Autoradios (Abb. 3), arbeiten heute weltweit zahlreiche Firmen wie Sanyo, Cambridge Display

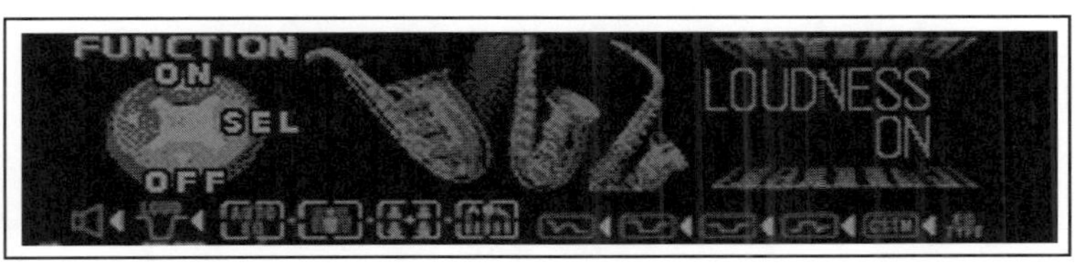

Abb. 3. Beispiel eines Autoradio-Displays der Fa. Pioneer auf Basis von O-LEDs.

Technology, Philips und Hoechst an der Weiterentwicklung der organischen LEDs. Sind einmal mehrfarbige Displays mit organischen Leuchtdioden (O-LEDs) auf dem Markt, wird diese Technik mit ihren überzeugenden Vorteilen – Leuchtstärke, Lebensdauer, geringer Stromverbrauch und Ablesbarkeit, unabhängig von der Blickrichtung des Nutzers – sich durchsetzen.

Wenn Thomas Alva Edison sehen würde, was aus seinen Bemühungen geworden ist, würden ihm die Augen leuchten. Und noch ist kein Ende der Entwicklungen abzusehen.

Supramolekulare Chemie – Chemie jenseits des Moleküls

Sebastian Koltzenburg

Von einer großen Anzahl derjenigen Moleküle, die unser tägliches Leben gestalten und mitbestimmen, ist in diesem Buch die Rede – von einfachen, kleinen Molekülen wie Stickstoffmonoxid NO (siehe Seite 3 ff.) bis hin zu den großen Proteinen und DNA-Molekülen unserer Erbsubstanz mit außerordentlich komplexer chemischer Struktur (siehe Seite 16 ff.). Viele dieser Moleküle sind für unser tägliches Leben, für das biochemische Zusammenspiel, aus dem sich letztlich unser Leben ergibt, von immenser Bedeutung. Während die chemische Struktur dieser Moleküle größtenteils aufgeklärt ist, sind die Wechselwirkungen zwischen den jeweiligen Molekülen oftmals so komplex, dass wir sie immer noch nicht vollständig verstehen.

Genau dies ist Gegenstand der sogenannten *supramolekularen Chemie*: Die Aufklärung der Prinzipien, nach denen Moleküle miteinander in Wechselwirkung treten, sich gegenseitig beeinflussen und Überstrukturen bilden. Eine der Schlüsselfiguren der heutigen supramolekularen Chemie, der Straßburger Nobelpreisträger Jean-Marie Lehn, charakterisierte sie einst als „Chemie jenseits des Moleküls". Der von der supramolekularen Chemie untersuchte Bereich ist jedoch keinesfalls auf die Biochemie beschränkt; sie entwirft auch gezielt Systeme, die in der Natur nicht vorkommen, nimmt die Natur hier also weniger als Vorbild, sondern eher als Ideenquelle. Will man die Frage beantworten, wie sich Moleküle gegenseitig beeinflussen, nutzt man Techniken aus den verschiedensten naturwissenschaftlichen Forschungsrichtungen, vor allem der Physik, der Chemie und der Biologie. Insofern ist die Bezeichnung supramolekulare *Chemie* eigentlich nicht ganz korrekt; sie ist eine fachübergreifende Wissenschaft, wenn auch ohne den Anspruch, die drei genannten Forschungsfelder vollständig zu ersetzen.

Was ist also der Gegenstand dieser Forschungsrichtung? Sie konzentriert sich nicht – wie die klassische Chemie – auf die Bindungen *innerhalb* eines Moleküls, also die Kräfte, die ein Molekül als Ganzes zusammenhalten, sondern untersucht die schwachen Wechselwirkungen *zwischen* diesen als definierte Einheiten auftretenden Molekülen.

Vergleichen wir das mal mit Angelegenheiten, die wir aus unserem täglichen Leben kennen, beispielsweise unserem Zusammenleben in der menschlichen Gesellschaft. Die Medizin beschäftigt sich damit, wie ein Mensch als begrenzte Einheit aufgebaut ist, bis zu seiner äußeren Grenze, der Haut. Der Mediziner beschäftigt sich damit, wo die einzelnen Organe lokalisiert sind, wie das Skelett aufgebaut ist und so weiter. Durch den Aufbau des menschlichen Körpers sind die verschiedensten Dinge festgelegt: Größe, Gewicht, äußere Form, Leistungsfähigkeit. Genau dasselbe ist es, womit sich die Chemiker auf der Ebene des einzelnen Moleküls beschäftigen: Sein Aufbau aus unterschiedlichen Atomen legt ganz genau fest, wie groß und wie schwer es ist. Aus der Kenntnis des Aufbaus schließt der Chemiker auf seine äußere Form, seine Fähigkeit, sich in andere Moleküle umzuwandeln, und auf seine Stabilität.

Jetzt werden wir im täglichen Leben allerdings nicht nur mit uns selbst konfrontiert, sondern auch mit viel mehr: unseren Mitmenschen. Die Art und Weise, in der wir miteinander umgehen, ist nur noch am Rande Gebiet der Medizin, sondern wird von vielen anderen Fachgebieten untersucht, beispielsweise der Soziologie, der Psychologie oder den Rechtswissenschaften. Das ist, wiederum auf molekularer Ebene gesehen, das Betätigungsfeld der supramolekularen Chemie: Der „Supramolekularchemiker“ ist derjenige, der sich damit beschäftigt, wie Moleküle miteinander umgehen, also wie sie miteinander in Wechselwirkung treten, sich abstoßen oder anziehen, welche Orientierung sie hierbei relativ zu einander einnehmen und wie sie einander beeinflussen. Den genauen Aufbau der Moleküle nimmt er in der Regel als gegeben hin, oder er kennt sie ohnehin schon aus den weitgehenden und erfolgreichen Arbeiten seiner Kollegen, der Molekülchemiker.

Insbesondere beschäftigt sich der Supramolekularchemiker mit der Frage, wie in Molekülen Informationen gespeichert werden können und wie durch diese Informationen chemische, biologische oder physikalische Prozesse gesteuert werden können – eine Frage, die von fundamentaler Bedeutung für die Existenz unseres Lebens ist, das ja letztendlich auf dem exakten Wechselspiel von Erbsubstanz, Enzymen, Hormonen und einer Vielzahl anderer Moleküle beruht. Viele Funktionen unseres Körpers beruhen auf der Wechselwirkung dieser Komponenten. Dazu zählt beispielsweise der Erkennungsprozess eines Antikörpers durch das entsprechende Antigen, das die körpereigene Immunabwehr auslösen kann. Auch Gefühlen liegen molekulare Wechselwirkungen zu Grunde. So entstehen Glücksgefühle durch Wechselwirkungen von Rezeptoren mit den sogenannten Endorphinen.

Die fundamentalen Prozesse, denen wir in diesem Zusammenhang immer wieder begegnen, sind:

- molekulare Erkennung,
- gegenseitige Umwandlung *(Transformation)* und
- Ortswechsel *(Translokation)*.

Unter der *molekularen Erkennung* versteht man die *Selektivität* bei der Bindung eines Moleküls durch ein anderes. Auch das kennen wir aus unserem täglichen Leben: Von manchen Menschen fühlen wir uns besonders angezogen, von anderen hingegen nicht. Genau dasselbe gibt es auch in den Beziehungen der Moleküle untereinander. Manche Moleküle stoßen sich gegenseitig ab, manche aber bilden starke Bindungen untereinander aus. Insofern passt die Bezeichnung „molekulare Soziologie", die – halb im Scherz, halb im Ernst – für die supramolekulare Chemie geprägt wurde. Wie kann so etwas aber auf molekularer Ebene möglich sein?

Wie wir bereits oben gesehen haben, wird durch den Aufbau eines Moleküls aus einzelnen Atomen auch seine äußere Form festgelegt. Mehr noch, die Verteilung der Elektronen, jener elektrisch geladenen Teilchen also, die der „Klebstoff" für die Verbindung der Atome zu Molekülen sind, wird exakt festgelegt. Dies erfolgt keineswegs gleichmäßig. An manchen Atomen liegt etwas mehr Ladung vor, an manchen dagegen weniger. Dies führt dazu, dass Moleküle oftmals an einer Stelle positiv geladen sind, an anderen eher negativ, abhängig davon, an welcher Stelle sich mehr oder weniger Elektronen befinden. Beim Bau mancher Moleküle wurde sogar soviel Klebstoff verwendet, dass das Molekül als Ganzes eine oder sogar mehrere Ladungen trägt. Diese Effekte führen dazu, dass kein Molekül sich gegenüber anderen so verhält wie ein anders aufgebautes. Wenn zwei Moleküle miteinander eine Bindung eingehen wollen, bedeutet dies natürlich, dass sowohl ihre Form als auch ihre Ladungsverteilung zueinander passen muss.

Auch das kennen wir aus dem täglichen Leben: Die rechte Hand passt nicht in den linken Handschuh, und pressen wir sie doch hinein, fühlt sie sich dort mitnichten so wohl wie in dem, in den sie eigentlich hineingehört. Und auch wenn die Form zweier Objekte zueinander passt, heißt dies keinesfalls, dass man sie auch gut zusammenfügen kann: Dies sehen wir, wenn wir beispielsweise versuchen, zwei Magnete mit den gleichen Polen zusammenzufügen. Genau dasselbe Prinzip gilt für die Wechselwirkung von Molekülen unter dem Blick des Supramolekularchemikers: Eine Bindung zwischen Molekülen ist umso stärker, je besser diese zueinander passen – ist ja bei Menschen auch nicht anders. (Bitte beachten Sie: „zueinander passen" heißt keinesfalls „gleich sein".)

Paradebeispiel für eine solche selektive Bindung ist die Paarung der Basen in der menschlichen Erbsubstanz, kurz DNA genannt: Es treten immer nur die Basen Adenin und Thymin oder Cytosin und Guanin miteinander in Verbindung, nie aber Adenin und Cytosin. Die Bedeutung dieses Prinzips wurde zum ersten Mal schon vor über 150 Jahren von Emil Fischer formuliert, als er den berühmten Begriff des „Schlüssel-Schloss-Prinzips" prägte: Es passt immer nur *ein* Schlüssel in genau *ein* Schloss. Ohne diese Selektivität wäre der Aufbau unserer DNA und damit unseres gesamtes Leben unmöglich! Man kann sich eine solche Selektivität mit dem Funktionsprinzip eines Puzzles veranschaulichen: Von den vielen einander sehr ähnlich sehenden Teilen eines Puzzles passen doch immer nur genau zwei Teile an zwei bestimmten Stellen zueinander.

In Analogie zur Biologie wird meist eines der beteiligten Moleküle als Substrat, das andere als Rezeptor bezeichnet. Grafisch wird eine solche selektive Bindung mit einem Rezeptor-Substrat-Komplex dargestellt (Abb. 1).

Wird ein solcher Komplex gebildet, kann es zu Aggregaten von sehr unterschiedlicher Größe kommen. Haben diese eine definierte, meistens beschränkte Größe oder eine definierte Anzahl an Substrat- und Rezeptoreinheiten, spricht man von Supermolekülen. Ein einfaches Beispiel ist *ein* Schlüssel, der in *einem* Schloss steckt.

Ähnlich wie beim Zusammenfügen der Einzelteile eines Puzzles können jedoch auch ausgedehnte molekulare Anordnungen wachsen, deren Struktur durch die der Einzelmoleküle vorgegeben ist. Wenn beispielsweise jedes Rezeptormolekül und jedes Substratmolekül zwei bindungsfähige Stellen anbieten, können kettenförmige Moleküle entstehen (Abb. 2).

Anders als beim Puzzle ist hier die Größe des entstehenden Ensembles meist nicht genau vorgegeben. Die Anordnungen, die sich hierbei bilden, können ganz andere Eigenschaften entwickeln als die Ausgangsmoleküle. (Auch dies ist uns aus unserem

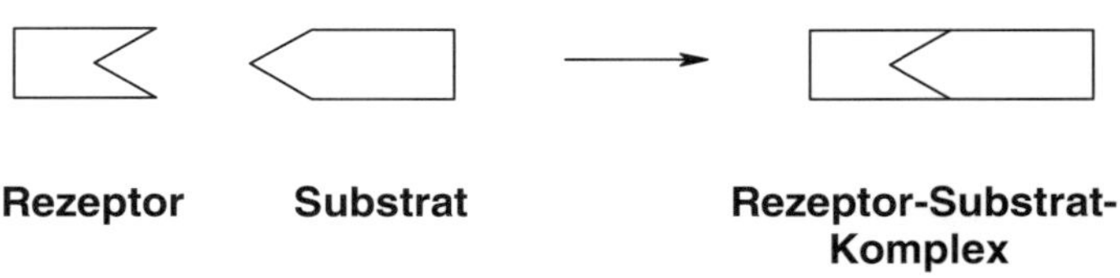

Abb. 1. Bindung eines Substrats an einen Rezeptor. Die Bindung kann durch die verschiedensten Bindungskräfte zustande kommen.

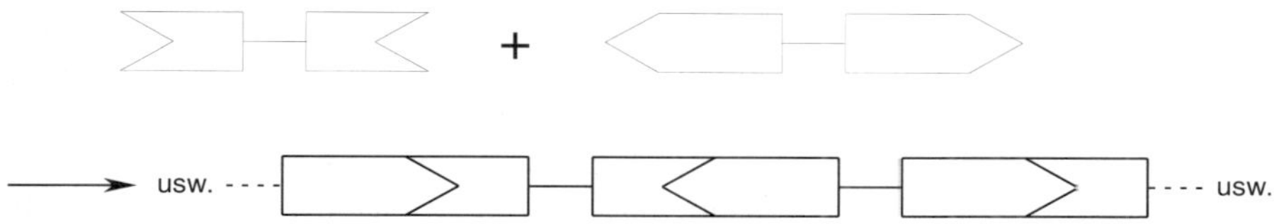

Abb. 2. Bildung eines supramolekularen Polymers. Dadurch, dass jeder Baustein an beiden Enden reagiert, entsteht ein langes, kettenförmiges Polymer.

Alltag bekannt: Viele Menschen verhalten sich in der Gruppe anders als im Zweiergespräch.)

Die meisten dieser zwischenmolekularen Bindungen in supramolekularen Strukturen sind weniger stabil als die Bindungen innerhalb eines einzelnen Moleküls. Unser Leben, genauer die biochemischen Prozesse, die unserem Leben zugrunde liegen, greifen auf beide Bindungsprinzipien zurück. Während für die Speicherung von Information wie den Erbanlagen eine stabile Bindung *innerhalb* der Moleküle geknüpft werden muss, wäre die ausschließliche Verwendung einer solch starken Bindung zur „starr", um die vielfältigen enzymatischen Prozesse, die unser Leben ausmachen, ablaufen zu lassen.

Nun lassen sich die komplexen Vorgänge und unser Leben an sich nicht nur auf die Bildung von Überstrukturen zurückführen. Um komplexe biochemische Vorgänge zu verstehen, muss man nicht nur wissen, wie Moleküle sich gegenseitig erkennen und selektiv binden. Darüber hinaus müssen wir uns auch Gedanken machen, wie Moleküle sich nach einer selektiven Bindung gegenseitig in andere chemische Moleküle überführen können.

Die Bindung eines Moleküls an ein anderes ist die grundlegende Voraussetzung für katalytische Prozesse. Zwei Moleküle treten zuerst in Wechselwirkungen, reagieren miteinander und wandeln sich dabei in ein anderes Molekül um; dies nennt man Transformation. Nichts anderes geschieht bei den täglich in unserem Körper stattfindenden Prozessen. Auch hier sind Systeme am Werk, die zunächst ein Substrat selektiv an sich binden und danach selektiv umsetzen – um beispielsweise an ein Protein ganz genau eine bestimmte Aminosäure anzuhängen.

Der dritte grundlegende Prozess der supramolekularen Chemie ist die sogenannte Translokation – der gezielte Transport eines Stoffes an einen bestimmten Ort, etwa an eine Zellmembran oder durch diese hindurch. Hierzu müssen wir wissen, dass die Zellen unseres Körpers weder völlig abgeschlossene Räume (dann wäre ja kein Transport von Stoffen wie Sauerstoff oder Vitaminen innerhalb unseres Körpers möglich) darstellen, noch durch „löcherige" Wände, die alles passieren lassen, umgeben sind (denn wir wollen ja, das zum Beispiel Giftstoffe selektiv ausgeschieden werden und nicht frei in unserem Körper umherwandern können). Im Gegenteil, unsere Zellen sind von hochspezialisierten Membranen umgeben, die ganz genau erkennen, was durch darf und was nicht. Nun kommt es trotzdem manchmal vor, dass eine Zelle etwas benötigt, was eigentlich nicht durch die Membran passieren kann. In einem solchen Fall greifen dann die sogenannten Carrier ein, Moleküle, die den benötigten Stoff an sich binden – natürlich selektiv – und sicher durch die Membran in die Zelle einschleusen. Vergleichen Sie das mit einem Feuerwehrmann, der durch eine Flammenwand hindurch muss. Hierzu zieht er einen Schutzanzug an (in den er natürlich genau hineinpassen muss – selektive Bindung!) und kann damit ungehindert – mit dem Schutzanzug als Carrier – durch das Hindernis hindurch.

Die Art und Weise, wie unser Körper funktioniert, ist also geprägt von unzähligen kleinen Funktionsschritten, die immer wieder voraussetzen, dass Moleküle nicht nur „leblose“, isolierte Einheiten sind, sondern sich gegenseitig erkennen und miteinander genau das Richtige tun, damit unser Körper auch das tut, was wir von ihm erwarten. Aber auch im Bereich der Materialwissenschaften spielt die supramolekulare Chemie eine wichtige Rolle. Denken Sie an das obige Beispiel: Moleküle, die sich gegenseitig gebunden haben, können ganz andere Eigenschaften haben als die Bausteine, aus denen sie entstanden sind. Insofern stellt die supramolekulare Materialwissenschaft eine unendliche Fundgrube dar, um Materialien und somit Geräte herzustellen, die völlig neue Eigenschaften und Funktionen haben können – man denke nur an Flüssigkristalle, das Material der Computerbildschirme. Trotz der beeindruckenden Erfolge steht die supramolekulare Materialwissenschaft noch völlig am Anfang der Entwicklung zu einer neuen, faszinierenden Wissenschaft.

Der Reiz der großen Zahlen – die kombinatorische Chemie

Doris Fischer-Henningsen

Was hat sich denn dieser Wissenschaftler bei einer solchen Synthesestrategie gedacht? Stellt eine wilde Substanzmischung her, die er doch überhaupt nicht mehr trennen und analysieren kann! Das soll gezielte, zukunftsorientierte Forschung sein? Doch wohl eher ein Aprilscherz ...

Ähnliches wird sich so mancher Chemiker gedacht haben, als er zum ersten Mal etwas von „kombinatorischer Chemie" gehört oder gelesen hat. Das ist nicht verwunderlich, denn kombinatorische Methoden stellen das Prinzip der klassischen Synthese auf den Kopf: In der Vergangenheit – und auch in den meisten Fällen heute – war und ist es stets das Ziel einer Synthese, ein einzelnes Produkt mit definierter Struktur in möglichst hoher Ausbeute zu erhalten. Nach der Herstellung der Substanz wurden deren Eigenschaften – beispielsweise deren biologische Wirkung – geprüft und gegebenenfalls durch Synthesevarianten optimiert. Diese selektive Synthese einzelner Substanzen wird bei der Kombinatorik durch die gleichzeitige Synthese einer Vielzahl von ähnlichen Verbindungen, einer sogenannten Substanzbibliothek, ersetzt. Ein einzelnes Produkt aus der Produktmischung entspricht einem Buch, alle Produkte zusammen ergeben die Bibliothek. Aus der jeweiligen Substanzbibliothek werden die vielversprechendsten Kandidaten hinsichtlich den gewünschten Eigenschaften durch spezifische Tests, sogenannte Screenings, ermittelt. So kann man recht schnell erkennen, ob sich überhaupt eine wirksame Verbindung in der Mischung befindet oder ob man mit völlig anderen Substanzen nochmals von Anfang an beginnen muss.

Die kombinatorische Synthese hat sich innerhalb weniger Jahre von einer Laborkuriosität zu einer vielgenutzten Methode und zum Gegenstand intensiver Forschungen entwickelt. Antriebsmotor war dabei die Suche nach neuen Wirkstoffen – seien es Arznei- oder Pflanzenschutzmittel – denn dies ist eine schwierige, zeit- und kostenintensive Aufgabe. Will eine Firma ein neues Medikament auf den Markt bringen, müssen derzeit im Durchschnitt rund 50 000 Substanzen synthetisiert und getestet werden! Im Vergleich zu dieser beeindruckend großen Zahl nehmen sich die maximal 500 neuen Substanzen, die ein Synthesechemiker pro Jahr herstellen kann, hoffnungslos bescheiden aus. Mit diesem Vergleich ist auch die Herausforderung an die Chemie klar definiert: Man benötigt Verfahren, die eine Vielzahl neuer Substanzen innerhalb kurzer Zeit liefern, um im Wettlauf gegen Medikamentresistenzen und gegen neue Erreger eine Chance zu wahren. Und ein solches Verfahren ist die kombinatorische Chemie!

Das Prinzip der kombinatorischen Synthese

Auch wenn kombinatorische Synthesen Gemische von vielen Produkten – zum Teil hunderttausend Substanzen – ergeben, ist die Strategie weder planlos noch zufällig: Das Ziel ist, viele unterschiedliche Produkte mit definierter Struktur herzustellen. Der kombinatorische Ansatz zeichnet sich im Unterschied zur klassischen Synthese dadurch aus, dass in einem Reaktionsschritt nicht nur ein Baustein, sondern viele ähnliche Bausteine gleichzeitig umgesetzt werden: Statt die Verbindungen A und B zum Produkt AB umzusetzen, reagieren die strukturell ähnlichen Bausteine A_{1-m} mit den ebenfalls ähnlichen Bausteinen B_{1-n}, wobei jeder Baustein vom Typ A mit jedem Baustein vom Typ B reagieren soll (Abb. 1). Die parallelen Reaktionen können sowohl zusammen in einer Mischung der Bausteine ablaufen, aber auch „übersichtlicher" in verschiedenen Gefäßen. Verwendet man etwa 10 Aminosäuren vom Typ A sowie vom Typ B, erhält man in einem einzigen Reaktionsschritt bereits 100 Dipeptide als Produkte. Setzt man diese in einem weiteren Schritt sukzessive mit jeweils 10 Aminosäuren vom Typ C und Typ D um, hat man im Nu 1000 Tripeptide bzw. 10 000 Tetrapeptide in Händen!

Auch die Natur arbeitet kombinatorisch: Sie baut aus nur 20 Aminosäuren die unzähligen Peptide und Proteine in unserem Körper auf, die unterschiedlichste Funktionen übernehmen. Ohne sie wären wir nicht lebensfähig.

$$A + B \rightarrow AB$$

$$A_{1-10} + B_{1-10}$$

	A_1	A_2	..	A_9	A_{10}
B_1	A_1B_1	A_2B_1	..	A_9B_1	$A_{10}B_1$
B_2	A_1B_2	A_2B_2	..	A_9B_2	$A_{10}B_2$
.	.	.	..	.	.
.	.	.	..	.	.
B_9	A_1B_9	A_2B_9	..	A_9B_9	$A_{10}B_9$
B_{10}	A_1B_{10}	A_2B_{10}	..	A_9B_{10}	$A_{10}B_{10}$

Abb. 1. Bei der konventionellen organischen Synthese reagiert ein Baustein A mit einem Baustein B. Nach kombinatorischen Prinzipien setzt man unterschiedliche Bausteine vom Typ A und vom Typ B miteinander um, wobei jeder Baustein A mit jedem des Typs B reagieren soll.

Peptide als Ausgangspunkt der kombinatorischen Chemie

Bei klassischen Synthesen kann jeder Reaktionsschritt und seine Bedingungen auf das eine gewünschte Produkt zugeschnitten werden. Dagegen müssen in der kombinatorischen Synthese die Reaktionsbedingungen, Reagenzien und Bausteine so gewählt werden, dass alle Kombinationen zuverlässig reagieren. In Hinblick auf den Zeitfaktor sollten sich die Umsetzungen zusätzlich auch automatisieren lassen.

Diese Voraussetzungen waren für die Peptidsynthesen schon seit längerer Zeit erfüllt. Zwar hat man es hier mit nur einer sich wiederholenden Verknüpfungsreaktion zu tun – der Bildung eines Amids aus einem Amin und einer aktivierten Acylverbindung –, aber die Möglichkeit, Substanzbibliotheken herzustellen, wird bei Peptiden seit den achtziger Jahren genutzt. Den Grundstein dafür legte R. B. Merrifield mit der Entwicklung der Festphasenpeptidsynthese, für die er 1984 den Chemie-Nobelpreis erhielt. Bei der Merrifield-Technik werden Aminosäuren über ein Bindeglied an ein unlösliches Harz – die feste Phase – gebunden. Anschließend werden die zur Knüpfung der Peptidbindung nötigen Arbeitsschritte vorgenommen: Entfernen der Schutzgruppe an der am Harz verankerten Aminosäure, Kupplung mit der nächsten Aminosäure, Waschen. Mit dieser Reaktionsfolge werden sukzessive mehr und mehr Aminosäuren aneinander geknüpft, bis das gewünschte Peptid aufgebaut ist. Als abschließender Schritt wird das Peptid vom Harz abgelöst. Da der Reaktionsablauf stereotyp abläuft, hat man bald zur Automatisierung der Reaktionssequenz Syntheseroboter entwickelt – ein wichtiger Schritt in Bezug auf zeit- und kosteneffizientes Arbeiten.

Leider kommen Peptide als Medikamente für viele medizinische Indikationen nicht in Frage, da sie als Wirkstoffe eine Reihe von Nachteilen haben: Sie werden im Körper schnell abgebaut und können bei oraler Einnahme des Medikaments meist nicht an den angestrebten Zielort gelangen. Im Bereich der Wirkstoffsuche hat sich daher der Schwerpunkt der kombinatorischen Forschung bald auf die Herstellung von Bibliotheken kleinerer organischer Verbindungen verlagert.

Und auch wenn bei Peptiden die Festphasensynthese im Vordergrund steht, können kombinatorische Synthesen prinzipiell an fester Phase oder in Lösung durchgeführt werden. Jede dieser Methoden hat ihre Vor- und Nachteile, und die Entscheidung für Flüssig- oder Festphasensynthese wird in erster Linie von der Aufgabenstellung bestimmt. Manchmal ist es sogar sinnvoll, beide Methoden zu kombinieren. Und dass nicht immer „wilde Substanzgemische" aus tausenden von Verbindungen am Ende einer kombinatorischen Synthesemethode stehen müssen, zeigt Abbildung 2. Hier ist eine Idee aus der Peptidsynthese abgebildet, wie man Reaktionen parallel, aber doch in getrennten Gefäßen durchführen kann. Ein Baustein sitzt auf den streichholzartigen Stäbchen, der andere in den Vertiefungen der Platte darunter, und durch Eintauchen der Streichhölzchen in die Vertiefungen bringt man die Reaktion in Gang.

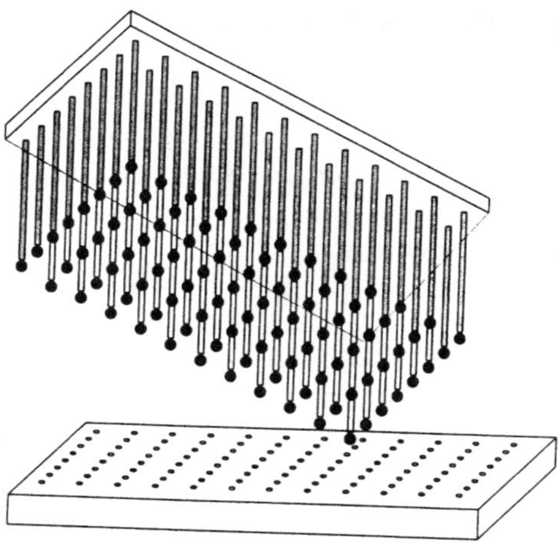

Abb. 2. Parallele Synthese nach dem Pin-Prinzip. Eine Verbindung befindet sich auf dem „Streichholz", dem Pin, die andere in einer der Vertiefungen der Platte darunter. Die Reaktion erfolgt nach dem Eintauchen der Pins in die Platte. Nach der Umsetzung ist jedes Produkt entweder auf einem der Pins zu finden oder in einer der Vertiefungen, d. h. die entstehende Mischung liegt dennoch in Einzelprodukte getrennt vor. (Quelle: G. Jung, A. G. Beck-Sickinger, *Angewandte Chemie,* **1992,** *104,* 375.)

Ohne Hochleistungsscreenings keine kombinatorische Synthese

Liegt die neu hergestellte Verbindungsbibliothek als „Einzelsubstanzen" vor, d. h. man weiß ähnlich der in Abbildung 2 gezeigten Anordnung, an welchem Platz sich welche Substanz befindet, unterscheidet sich die Identifizierung der Produkte nicht von derjenigen klassischer Synthesen. Man setzt in diesen Fällen spektroskopische Methoden wie die NMR-Spektroskopie oder Massenspektrometrie ein. Hat man dagegen mit Substanzgemischen zu tun, ist die direkte Charakterisierung mit Hilfe der Spektroskopie sehr schwierig, da man nicht mehr unterscheiden kann, welche Signale von welcher Verbindung des Gemisches stammen.

Solche Mischungen kann man mit Hilfe von Screenings charakterisieren, einem Verfahren, das in der Biologie schon lange angewendet wird. Ein Screening ist ein Testverfahren, das für jede Fragestellung unterschiedlich ist. Nehmen wir einmal an, wir suchen ein neues Medikament gegen Kopfschmerzen, so müssen wir zuerst auf molekularer Ebene erforschen, welche Reaktionen in unserem Körper ablaufen, wenn wir Kopfschmerzen haben, wo ein Medikament wirken muss, um den Kopfschmerz „auszuschalten". Wissen wir das, so kann man mit molekularbiologischen Methoden Tests entwickeln, die gewissermaßen im Reagenzglas das Geschehen im Körper simulieren. Ist der neu hergestellte, potentielle Wirkstoff tatsächlich biologisch aktiv, so löst er eine charakteristische Reaktion, eine Art Antwort aus, die dem Wissenschaftler zeigt, ja, die neue Verbindung reagiert am Wirkort und löst die richtigen Folgereaktionen aus. Eine solche Reaktion kann beispielsweise am Auftreten einer Fluoreszenz erkannt werden, d. h. man kann die Abgabe von Strahlung mit einer bestimmten Wellenlänge nachweisen, ähnlich, als ob eine Lampe bei der richtigen Reaktion angeschaltet würde.

Die Ausarbeitung eines Screening-Tests ist nicht trivial, steht er aber einmal zur Verfügung, liegen die Vorteile auch klar auf der Hand. Man muss beispielsweise die Wirksamkeit in der vorklinischen Entwicklungsphase eines Medikaments nicht an Tieren testen. Diese Tierversuche sind umstritten und zudem oft sehr zeitintensiv. Konnten selbst große Pharmafirmen vor fünfzehn Jahren mit Tierversuchen maximal 1000 Substanzen jährlich testen, schafft man inzwischen mit automatisierten Hochleistungsscreenings mühelos 10 000 pro Woche. Und waren früher bis zu einem Gramm Substanz notwendig, um ein Screening durchzuführen, so genügen heute ein Milligramm und weniger für die Entscheidung wirksam oder nicht. War früher die Analytik der Flaschenhals bei der Wirkstoffsuche, wurde mit dem Hochleistungsscreening erstmals der Bereitstellung von Testsubstanzen der Schwarze Peter zugeteilt.

Natürlich zählt nicht nur die Quantität – möglichst viele neue Substanzen herstellen und testen allein genügt nicht. Auch nicht jede Substanz mit biologischer Wirkung im Screening ist ein wirksames Medikament; dafür sind die Abläufe in unserem

Körper dann doch zu komplex. Aus gutem Grund werden in verschiedenen Stufen neu entwickelte Medikamente immer wieder auf den Prüfstand gestellt, so dass es etwa zwölf Jahre dauert, bis alle Tests abgeschlossen sind und ein Medikament auf den Markt kommt. Deshalb kann hier auch leider kein Medikament präsentiert werden, das mit kombinatorischen Methoden hergestellt wurde. Dafür ist die Methode einfach noch zu jung!

Die kombinatorische Chemie jenseits der Wirkstoffsuche

Nicht nur neue Medikamente, auch die Nachfrage nach neuen Materialien und Werkstoffen steigt kontinuierlich an. In vielen Fällen ist es beispielsweise nicht möglich, die Eigenschaften der Produkte in Abhängigkeit von der Zusammensetzung der Ausgangsverbindungen, den Reaktionsbedingungen wie Temperatur, Druck oder Reaktionsdauer, vorherzusagen. So hielten die kombinatorischen Methoden jüngst auch Einzug bei der Suche nach neuen Materialien und Katalysatoren. Allerdings ist man hier vom Entwicklungsstand der kombinatorischen Wirkstoffsuche noch weit entfernt: Die gesuchten Materialien und Katalysatoren sind oft aus vielen Komponenten zusammengesetzte Systeme mit einer Oberflächenstruktur, die durch Faktoren wie die Verteilung der einzelnen Komponenten, die Porengröße und die Morphologie charakterisiert sind. Effiziente Testsysteme für solche Faktoren zu entwickeln, ist nicht einfach und steckt noch in den Kinderschuhen. Dennoch könnte in diesen Anwendungen ein enormes Potential schlummern, denkt man beispielsweise daran, dass neunzig Prozent der Produkte der chemischen Industrie im Laufe ihrer Entstehung mit mindestens einem Katalysator „zusammentreffen" … Die Erfolgsgeschichte der kombinatorischen Methoden geht sicherlich weiter.

Kleine Mörder aus der Retorte

Jo Schilling

Sie haben die Lizenz zum Töten: Antibiotika. Der Name spricht für sich, denn „Anti-Biotikum" heißt nichts weiter als „gegen das Leben", auch wenn wir sie einsetzen, um unser Leben zu schützen. Entdeckt wurde das Prinzip der Antibiose durch eine Nachlässigkeit bei der Laborarbeit. Der Brite Alexander Flemming hat 1928 nicht aufgepasst und eine Staphylokokken-Kultur mit Pilzen verschmutzt. Diese eingeschleppte Pilzkolonie aus *Penicillinum notatum* hinderte die Bakterienkultur am Wachsen – das Penicillin war entdeckt. Allerdings gelang es Flemming nicht, den Wirkstoff zu isolieren. Er verwendete zunächst nur rohe Extrakte der Pilzkulturen. Erst 13 Jahre später gelang es den Amerikanern Howard Walter Florey und Ernst Boris Chain das Penicillin in großem Maßstab zu produzieren und gegen Infektionskrankheiten wie Syphilis, Blutvergiftung, Hirnhaut- und Lungenentzündung einzusetzen. Dann erst trat es seinen Siegeszug an und die drei Wissenschaftler teilten sich daraufhin 1945 den Nobelpreis.

Das neue Medikament rettete unzählige Leben im zweiten Weltkrieg. Wo Penicillin jedoch rar war, entwickelte sich ein schmutziger Schwarzhandel mit dem Medikament. Graham Green webte aus diesem Stoff seinen weltberühmten Roman „Der Dritte Mann", der packend mit Orson Wells in der Rolle des Penicillin-Dealers verfilmt wurde.

Zunächst schien ein Wundermittel gegen viele bisher lebensbedrohliche Infektionen gefunden worden zu sein. Mit der Zeit versagte das Penicillin aber immer häufiger – die ersten Resistenzen stellten sich ein. Die Krankheitserreger wehrten sich gegen den Feldzug, den die Ärzte gegen sie führten und entwickelten eine sehr erfolgreiche Strategie gegen das Penicillin: Sie bilden das Enzym Penicillinase und zerstören damit den todbringenden Eindringling. Damit nicht genug: Diejenigen, die diese Waffe besitzen, geben sie sogar an noch unbewaffnete weiter, indem die ihre genetischen Informationen untereinander austauschen.

Dem Penicillin folgten Hunderte neuer Antibiotika, die Forscher aus Mikroorganismen isolierten, aber nur eine Hand voll kann als Medikament verwendet werden. Denn wenn sie ihrem Namen zu viel Ehre machen und alles Leben um sich herum vernichten, schädigen sie auch den Körper, dem sie eigentlich nützen sollen. So begann eine Jagd auf Wirkstoffe, die zwar Zellen töten, jedoch nur solche, die unerwünscht sind. Jedes dieser neuen Medikamente verliert aber über kurz oder lang seine Kraft, da die Mikroorganismen immer neue Strategien finden um sich zu wehren. Das geht so weit, dass sie sogar Mechanismen entwickeln, um die Wirkstoffe wie einen lästigen Eindringling einfach aus der Zelle zu werfen, sobald sie ins Innere vorgedrungen sind. Ironischer weise war der Staphylokokkenstamm, durch den Fleming das Penicillin entdeckte, auch der erste, der sich durch keines der vielen Antibiotika mehr bekämpfen lässt, die Wissenschaftler in den letzten 60 Jahren entwickelt haben.

Die meisten medizinisch wichtigen Antibiotika stammen von Mikroorganismen ab, und ständig suchen Wissenschaftler nach neuen Quellen. Langfristig konnten sich die Wirkstoffe aus der Klasse der sogenannten ß-Lactame durchsetzen, zu denen Penicillin und Cephalosporin gehören.

Als Forscher herausfanden, dass sich Naturstoffe chemisch im Labor optimieren lassen, begann die nächste Welle der Antibiotikaforschung: Die halbsynthetischen Antibiotika wurden entwickelt. Die Vorgehensweise ist mühsam. Zunächst gilt es die Struktur der Naturstoffe vollständig aufklären. Mit analytischen Methoden muß dazu die Position jedes einzelnen Atoms und wie es mit den anderen verknüpft ist bestimmt werden. So ergibt sich ein Modell von der gesamten Verbindung. Die charakteristischen Merkmale des Moleküls werden dann durch chemische Reaktionen verändert, und jedes dieser neu gebauten sogenannten Derivate wird an Bakterienkulturen getestet. Mit viel Geduld und Glück verbessern so die Forscher die Wirkung des Vorbildes.

Ein anderer Weg halbsynthetische Antibiotika herzustellen, ist die Partialsynthese. Dabei wird zuerst ein Naturstoff in kleine Teile zerlegt, und diese anschließend mit künstlichen Bausteinen verknüpft. So versuchen die Wissenschaftler den Teil des Moleküls zu finden, der eigentlich für die Wirkung im Bakterium verantwortlich ist. Auf diese Weise werden zum Beispiel alle Penicilline hergestellt, die heute im Handel sind. Durch variieren an den natürlichen Molekülen ergeben sich immer neue Möglichkeiten und wichtige Medikamente wie das Ampicillin, Carbenicillin oder Oxacillin entstanden nach diesem Konzept.

Die Vorteile der ersten halbsynthetischen Penicilline waren zunächst überwältigend: Wird das ursprüngliche Medikament noch zur Hälfte im Magen zersetzt, bevor es wirken kann, widerstehen die moderneren Verbindungen der Magensäure. Zudem werden sie leichter vom Organismus aufgenommen, und die Hauptwaffe der Bakterien, die Penicillinase, ist machtlos gegen sie. Dennoch wirken sie nach dem gleichen Mechanismus wie ihre natürlichen Verwandten. Sie dringen durch die Poren der Zellen in den Raum zwischen Zellwand und Membran ein. Dort verhindern sie bei wachsenden und sich teilenden Zellen die Quervernetzungen in der festen Wand. Diese gibt den Bakterien als eine Art Korsett Form und Halt. Ohne die stützenden Brücken bilden sich Löcher und die feste Ummantellung der Keime zerplatzt nach einiger Zeit unter dem Druck der Zellflüssigkeit. Da menschliche Zellen keine Wände, sondern nur Membranen haben, können die ß-Lactame unserem Organismus nichts anhaben. Mit der Zeit verlieren aber auch die halbsynthetischen Antibiotika an Kraft, denn die Krankheitserreger entwickeln zu jedem neuen Medikament auch einen neuen Abwehrmechanismus.

Um den ständig neu entstehenden Resistenzen immer einen Schritt voraus zu sein, arbeiten Forscher laufend an neuen Strukturen. Allerdings sind die halbsynthetischen selten wirksamer als die natürlichen Vorbilder. Der einzige Vorteil der Laborprodukte: Chemiker gehen nach anderen Kriterien vor, als die Natur und zwingen so die Krankheitserreger, auf ihre Einfälle zu reagieren. Bis diese sich der neuen Situation angepasst haben, konnte wieder vielen Kranken geholfen werden.

Als letzte Reserve galten lange die Vancomycine. Diese sogenannten Glycoproteine bestehen aus Eiweiß- und Zuckerbausteinen. Sie werden in der Medizin nur sparsam verwendet, da sie einige schwere Nebenwirkungen auslösen. Gegen Antibiotika, die wenig benutzt werden, entwickeln sich nur langsam Resistenzen, so dass die Ärzte Vancomycine als Notfallmedikament einsetzen, wenn die Erreger allen anderen Antibiotika widerstehen. Inzwischen sind aber auch diese häufig machtlos, da die Resistenzgene regelrecht systematisch in Tieren herangezüchtet werden. Vancomycine werden in der Massentierhaltung verfüttert, um die Viehbestände prophylaktisch vor Infektionen zu schützen. Für Bakterien ein gefundenes Fressen, denn dort können sie fleißig an besonders effektiven Resistenzmechanismen arbeiten, da der Gegner ständig als Sparingspartner bereitsteht.

Vollsynthetische Antibiotika gibt es nur wenige, denn erfinderischer als die Natur zu sein, ist schwierig. Das erste reine Laborprodukt, mit dem Infektionen im Körper bekämpft wurden, war das Sulfonamid Prontosil. Bei den Bayer-Werken der I. G. Farben hatte Gerhard Domagk als Pathologe die Aufgabe, neu entwickelte Azoverbindungen auf ihre chemotherapeutischen Eigenschaften zu testen. Eigentlich ein Farbstoff, zeigte das Prontosil erstaunliche Wirkung: Einerseits schien es nahezu ungiftig, wirkte andererseits aber gegen Streptokokken, die bei Menschen tödlich verlaufende Erkrankungen verursachen. Lange bevor Domagk seine Ergebnisse in der medizinischen Fachpresse veröffentlichte, wurde das orangerote Medikament in Krankenhäusern getestet. Als 1936 in einer Londoner Klinik das Kindbettfieber ausbrach, rettete Prontosil 35 von 38 Frauen das Leben. Damit war seine Wirkung bewiesen. Für seine Leistungen wurde Domagk 1939 der Nobelpreis zugesprochen. Erfreut nahm er an und schrieb einen Dankesbrief an das Stockholmer Karolinska-Institut, das die Nobelpreise für Medizin vergibt. Daraufhin wurde er von der Gestapo gefangen genommen und elf Tage lang verhört. Am Ende teilte er der Nobel-Preis Kommission mit, dass er den Preis ablehne. Hitler hatte ein Gesetz erlassen, nach dem es ein anti-deutscher Akt sei, ihn anzunehmen. Auslöser dafür war der Friedens-Nobel-Preis 1935. Den sollte der Hamburger Pazifist und Gegner Hitlers Carl von Ossietzky erhalten, was Hitler jedoch verhinderte. Als Domagk 1947 in Stockholm endlich frei sprechen konnte, erhielt er zwar nachträglich die Urkunde und Goldmedaille, doch sein Anspruch auf den Geldbetrag, der mit dem Preis verbunden ist, war verjährt und das Geld an den Nobel-Fonds zurück gegangen.

Auch moderne vollsynthetische Antibiotika haben inzwischen eine große Bedeutung, beispielsweise die Chinolone. Sie hemmen bei Einzellern das Enzym Gyrase, das die Mikroorganismen benötigen, um ihre Erbsubstanz zu vervielfältigen, abzulesen und zu reparieren. Sie sind äußerst aktiv, bekämpfen auch Problemkeime und erreichen sogar Stellen, an die andere Antibiotika nicht herankommen: Knochen- und Prostatagewebe. Aber auch für diese durch und durch künstlichen Moleküle, entwickeln die Mikroorganismen eine Abwehr. Sie bilden sogar überraschend schnell Resistenzen gegen die Chinolone aus, obwohl die Wirkstoffe sehr wirksame Bakterienkiller sind. So bleibt also die Natur weiterhin die wichtigste Quelle für künftige Antibiotika, denn den Molekülen, die sich in der Natur bereits bewährt haben, können auch Keime nicht ganz so schnell etwas entgegensetzen.

Sollen Antibiotika jedoch auch in Zukunft ein mächtiges Mittel gegen die kleinen Feinde der großen Organismen bleiben, ist ein sinnvollerer Umgang mit den Medikamenten nötig. Über die Hälfte der Anwendungen ist unnötig, falsch oder zumindest falsch dosiert. Antibiotika sind überall: Als Wachstumsförderer in der Landwirtschaft, in Haushaltsreinigern, Seifen, Zahnpasta und sogar Plastikspielzeug. Dadurch können sich die Mikroben an allen möglichen Substanzen erproben. Sie erhalten eine hervorragende Ausbildung in der Medikamentenabwehr und wenn sie fertig mit dem Weiterbildungsprogramm sind, begeben sie sich wieder an die Öffentlichkeit. So machen sich etwa einige Zweige des Tuberkulose Erregers wieder auf, die Welt zu erobern, denn inzwischen sind sie gegen nahezu alle bekannten Antibiotika resistent.

Karotten sind gut für die Augen: über Vitamin A und andere

Hansgeorg Ernst*

Vitamine sind heute in den industrialisierten Ländern in aller Munde – buchstäblich, und im übertragenen Sinne: Angaben über den Vitamingehalt von Lebensmitteln, Kosmetika und nicht zuletzt von Haustierfutter gehören inzwischen zu den Selbstverständlichkeiten. Vitamine begegnen uns als Stabilisatoren und zur Färbung von Lebensmitteln sowie vor allem in zunehmendem Maße zur Nahrungsergänzung in Form von Pillen und Dragees.

Beispielsweise dient die antioxidative Wirkung von Vitamin C zur Stabilisierung von Säften. Der Zusatz von Vitamin E in Cremes schützt die Haut vor schädlichen Umwelteinflüssen und damit vor vorzeitiger Alterung. Verschiedene Carotinoide, die dem Körper als Vorstufe für Vitamin A dienen und daher als „Provitamin A" bezeichnet werden, verwendet man zur Anfärbung von Margarine, Butter und Käse.

Die Entdeckung der Vitamine und die weitgehende Aufklärung ihrer Funktionen gehören zu den bedeutendsten wissenschaftlichen Erkenntnissen dieses Jahrhunderts. Das Bewusstsein für eine ausreichende Versorgung mit Vitaminen ist in den wohl-

---

* Das Kapitel von Hansgeorg Ernst entstand auf der Grundlage eines Beitrags von Sylvia Feil.

habenden Industriestaaten hoch entwickelt. Mangelkrankheiten gehören hier der Vergangenheit an. Anders ist es in manchen Entwicklungsländern. Besonders der Vitamin-A-Mangel tritt in Indien, Indonesien und der Sahel-Zone noch häufig auf. Ein frühes Vitamin-A-Mangelsymptom ist Nachtblindheit. Ein schwerer Mangel führt zur Zerstörung der Hornhaut des Auges und kann gar zur Erblindung führen. Davon sind vor allem Kinder betroffen.

Die lebenswichtigen Substanzen: Vital-Amine

Bereits im alten Ägypten wurde um 1500 vor Christus die Nachtblindheit als Mangelkrankheit erwähnt. Der griechische Arzt Hippokrates erkannte um 500 vor Christus, dass Leber, versüßt mit Honig, dieses Leiden heilen konnte. Später wurde entdeckt, dass die Wirksamkeit dieser Medizin auf einer Substanz aus der Leber beruhte. Die gleiche Wirkung wurde mit Fischöl erzielt und auf eine im Öl gelöste Substanz „A" zurückgeführt.

Andere ernährungsbedingte Mangelkrankheiten waren unter anderem der Skorbut mit den Symptomen Zahnausfall und Aufrauungen an der Haut, häufig begleitet von inneren Blutungen, weiterhin die Rachitis, die zu Knochendeformationen führte, sowie eine Muskelkrankheit mit der singalesischen Bezeichnung Beriberi, was „große Schwäche" bedeutet. Die Bekämpfung dieser Mangelkrankheiten war über Jahrhunderte wenig erfolgreich, führte dann aber zur Entdeckung, welch enorme Bedeutung die Vitamine für unsere Gesundheit haben.

Der Durchbruch gelang Anfang des 20. Jahrhunderts dem Biochemiker Casimir Funk. Er erkannte, dass die ungenügende Zufuhr wichtiger Ernährungsbestandteile die eigentliche Ursache vieler Erkrankungen ist. Die Beriberi-Krankheit wurde nach seinen Erkenntnissen beispielsweise durch einen Mangel an der Substanz „B" ausgelöst. Diese lebensnotwendigen Substanzen enthielten seiner Meinung nach Stickstoff, waren also Amine. Er bezeichnet sie deshalb um 1912 als „Vital-Amine" (von lat. Vita = Leben). Heute weiß man, dass es sich bei den Vitaminen nur zum Teil um stickstoffhaltige Verbindungen handelt. Dennoch behielt man die historisch entstandene Bezeichnung „Vitamine" bei.

13 Substanzen und Substanzgruppen werden zu den Vitaminen gezählt (siehe Tabelle Vitamine). Man unterteilt sie in wasserlösliche Vitamine (dazu gehören die acht B-Vitamine, die als einzige Stickstoff enthalten, sowie Vitamin C) und fettlösliche Vitamine. Diese Gruppe besteht aus den vier Vertretern A, D, E und K.

Vitamine sind für alle Funktionen des Körpers unentbehrlich. Sie werden für den Aufbau von Enzymen und Coenzymen sowie zur Regulierung des Stoffwechsels be-

Tabelle 1. Vitamine.

Vitamin		Funktion	Mangelerscheinung	Vorkommen
wasserlösliche Vitamine				
Vitamine der B-Gruppe:				
	Biotin	Koenzym für CO_2-Übertragungen	Hautveränderungen, Haarausfall, Nervosität	Hefe, Erdnüsse, Schokolade, Eigelb, Banane
B1	Thiamin	Reguliert Kohlenhydratstoffwechsel	Beri-Beri, Störung von Herzmuskel und Zentralnervensystem	Hefe, Bohnen, Hafer, Schweinefleisch, Reis, Nüsse
B2	Riboflavin	Reguliert Atmungsvorgänge, überträgt Wasserstoff	Hauterkrankungen, Sehschwäche, Wachstumsstörung	Hefe, Leber, Fleischextrakt, Nieren, Hering
	Folsäure	Überträgt Einkohlenstoffgruppen im Stoffwechsel	Blutarmut, Mundfäule	Leber, Niere, Hefe
(B3)	Nikotinsäure (Niacin PP-Faktor)	Baustein der Koenzyme NAD und NADP, reguliert Atmungsvorgänge	Hautveränderung (Pellagra), Störung des zentralen Nervensystems	Pilze, Hefe, Leber, Reiskleie
	Pantothensäure	Überträgt Säurereste im Stoffwechsel	Störung der Nebennierenfunktion	Hefe, Nüsse, Bohnen, Leber, Eigelb
B6	Pyridoxol-Gruppe	Coenzym im Aminosäurestoffwechsel	Hautveränderungen, Störung des Proteinaufbaus	Getreidekeimlinge, Kartoffeln, Salat, Paprika, Hefe
B12	Cobalamine	Reifungsfaktor der roten Blutkörperchen	Anämie, Wachstums- und Konzentrationsschwächen	Leber, Rindfleisch, Niere, Austern, Milch, Eigelb
C	Ascorbinsäure	Redoxsubstanz, unterstützt die Aufnahme von Eisen	Skorbut, Schwächung des Immunsystems	Zitrusfrüchte, Johannisbeeren, Kartoffeln, Kohlarten
fettlösliche Vitamine				
A	Retinol	wichtig für Sehen, Schleimhäute, Proteinsynthese und Gewebebildung	Nachtblindheit, häufige Infektionen, Hautverhornung	Lebertran, Kalbsleber, Eigelb, Milch, Butter, Käse
D	Calciferole	Knochenaufbau, reguliert Calcium-, Phosphatstoffwechsel	Rachitis, Knochenerweichung	Sardine, Lebertran, Eigelb, Milch, Butter
E	Tocopherole	antioxidativer Effekt	Altersflecken	Weizenkeimöl, Palmkernöl, Eigelb, Sojabohnen
K	Phyllochinon, Menachinon	Bildung von Blutgerinnungsfaktoren	Blutungen, Blutgerinnungsstörungen	Blumenkohl, Brokkoli, Spinat

nötigt. Da der menschliche Organismus diese Nahrungsbestandteile und ihre Vorstufen nicht selbst produzieren kann, ist er auf ihre Zufuhr von außen angewiesen.

Nicht alle für den Menschen essentiellen Vitamine sind es auch für Tiere. Die meisten Tiere synthetisieren Ascorbinsäure (Vitamin C) selbst; damit ist diese Substanz also für sie kein Vitamin. Eine Besonderheit gilt für Vitamin D (Calciferol). Es regelt im Körper den Calciumhaushalt und ist daher für den Knochenaufbau wichtig. Hier werden Vitamin-D-Vorläufer mit der Nahrung aufgenommen und in der Haut deponiert, wo sie unter dem Einfluss von Sonnenlicht in Vitamin D umgewandelt werden. Da Vitamin-D-Mangel zu Rachitis führt, was bei kleinen Kindern, vor allem in den Entwicklungsländern, noch häufig der Fall ist, wird es zu den Vitaminen gezählt.

Vom Lebertran zur Karotte: Vitamin A und seine Provitamine

In früheren Zeiten bekamen Kinder täglich einen Löffel Lebertran. Damit sollte Vitamin-A-Mangelerscheinungen wie Sehschwäche und Wachstumsstörungen vorgebeugt werden. Das im Fischöl ebenfalls enthaltene Vitamin D sollte das Auftreten rachitischer Symptome verhindern.

1831 isolierte Heinrich Wackenroder den orangenen Farbstoff ß-Carotin (Abb. 1) aus Karotten, ohne zu wissen, dass er die pflanzliche Vorstufe von Vitamin A gefunden hatte. Der amerikanische Biochemiker Steenbock formulierte 1918 die Idee, dass Vitamine im Körper aus strukturverwandten Vorläufersubstanzen gebildet werden. Mit der Strukturaufklärung von ß-Carotin durch den Schweizer Chemiker Paul Karrer im Jahre 1931 wurde verstanden, warum dieser Stoff im Körper zu Vitamin A umgewandelt werden kann und somit als „Provitamin A“ fungiert. Zahlreiche weitere Verbindungen, deren chemische Struktur dem ß-Carotin ähnlich ist, wurden zur Substanzklasse der Carotinoide zusammengefasst. Man hat bis heute mehr als 600 Carotinoide aus unterschiedlichsten natürlichen Quellen isoliert und ihre Strukturformel aufgeklärt. Etwa 15 von ihnen haben Provitamin-A-Charakter. Voraussetzung hierfür ist ein Strukturelement des ß-Carotins – der Sechsring (Abb. 1).

Alle fettlöslichen Vitamine lassen sich von Isopren, einem Baustein aus fünf Kohlenstoffatomen, ableiten. Vitamin A ist aus vier Isopreneinheiten aufgebaut und enthält insgesamt 20 Kohlenstoffatome. ß-Carotin besteht aus zwei Vitamin-A-Einheiten und somit aus 40 Kohlenstoffatomen. Diese C_5-Einheiten sind im Vitamin A und den Carotinoiden über konjugierte Kohlenstoff-Kohlenstoff-Doppelbindungen miteinander verknüpft, d. h. Doppel- und Einfachbindungen wechseln sich regelmäßig ab.

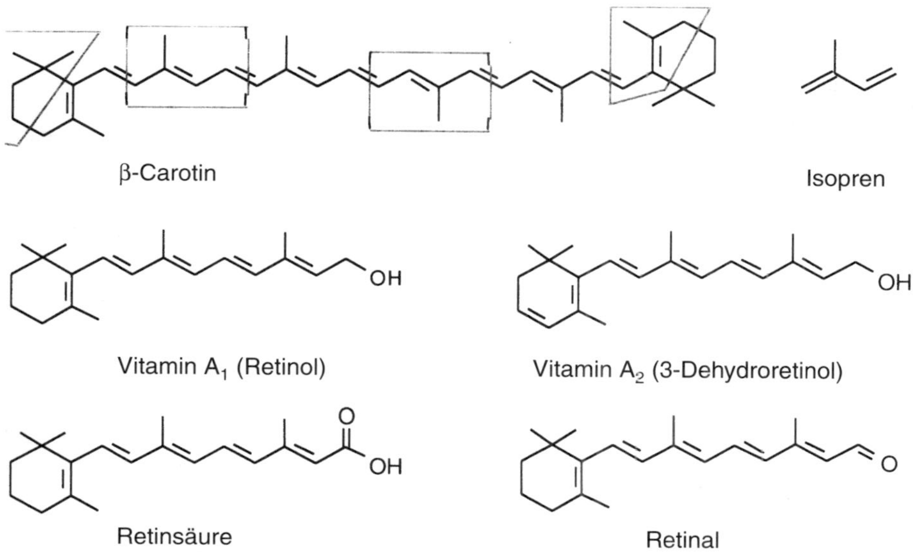

Abb. 1. Vitamin A in seinen biologisch aktiven Formen und sein Provitamin ß-Carotin. Rechts oben ist zum Vergleich ein Isopren dargestellt. Die wiederkehrende Struktureinheit in allen Molekülen ist im ß-Carotin markiert.

Die erste industrielle Synthese von Vitamin A gelang der Basler Firma Hoffmann-LaRoche in den vierziger Jahren. Die BASF nutzte eine Entdeckung des späteren Nobelpreisträgers Georg Wittig. Er hatte eine Olefinierungsreaktion entdeckt, die eine gezielte Verknüpfung zweier Moleküle unter Bildung einer Kohlenstoff-Kohlenstoff-Doppelbindung ermöglichte; diese Reaktion erwies sich als optimale Methode zum Aufbau von Vitamin A aus kleineren Bausteinen sowie zur Synthese von ß-Carotin durch Kombination zweier Vitamin-A-Moleküle. Mit der Synthese von Vitamin A wurde in der BASF aus der Wittig-Reaktion ein Verfahren entwickelt, das im großtechnischen Maßstab eingesetzt werden konnte. Ausgehend von Vitamin A wurde anschließend die technische Synthese von ß-Carotin realisiert. Bei der intensiven Suche nach optimalen Verfahren für Vitamin A und ß-Carotin kam man auch vielen interessanten Zwischenprodukten auf die Spur, die wiederum zu Produktionsverfahren für andere Vitamine und Riechstoffe führten. Zu ihnen zählt zum Beispiel ß-Ionon, das ein Vorprodukt für Vitamin A, aber zugleich auch das Geruchsprinzip von Veilchen ist.

Totalsynthesen und Wittig

Die organische Chemie umfasst einerseits die Entwicklung von neuen Reaktionen und Synthesemethoden, die Aufklärung von Reaktionsmechanismen sowie die Suche nach neuen Wirkstoffen, beispielsweise für Arzneimittel oder den Pflanzenschutz. Die Feuerprobe einer jeden neuen Reaktion ist aber die Naturstoffsynthese, d. h. der komplette Nachbau einer aus Mikroorganismen, pflanzlichen oder tierischen Quellen isolierten Substanz hochkomplexer Struktur im Labor des Chemikers.

Vor der Entwicklung der modernen chromatographischen und spektroskopischen Methoden bestand eine der Hauptaufgaben der Naturstoffsynthese darin, die Strukturformel einer aus natürlichen Quellen isolierten Substanz dadurch zu beweisen, dass bestimmte physikalische Daten wie der Schmelzpunkt mit einem durch definierte chemische Umsetzungen hergestellten Material übereinstimmten.

Diese ursprüngliche, beweisführende Aufgabe der Naturstoffsynthese ist mittlerweile völlig in den Hintergrund getreten. Komplizierteste Strukturen und Substanzgemische werden heute durch Kombination chromatographischer und spektroskopischer Methoden in kürzester Zeit aufgeklärt. Neben der zunächst eher akademischen Frage des „proof of concept" neuer Synthesemethoden besteht heute die Hauptaufgabe der Naturstoffsynthese darin, einer rasch wachsenden Menschheit für Gesundheit und Ernährung essentielle Substanzen aus wohlfeilen Quellen wie Erdöl in ausreichendem Maß zur Verfügung zu stellen.

Hier schließt sich der Kreis zu Georg Wittigs Entdeckung und ihrer Bedeutung für die Synthese von Vitamin A und Carotinoiden. Eines der Arbeitsgebiete Wittigs war ein Grenzgebiet zwischen der organischen und der anorganischen Chemie, die „metallorganische Chemie". Die klassische organische Chemie geht mit Stoffen um, die im wesentlichen aus Kohlenstoff- und Wasserstoffatomen sowie einigen Heteroatomen, vor allem Sauerstoff, Stickstoff, Schwefel und Phosphor, bestehen. Die einzelnen Atome sind in der Regel durch homöopolare Bindungen mit annähernd gleichmäßiger Ladungsverteilung miteinander verbunden. Dagegen beschäftigt sich die anorganische Chemie auch mit vielen anderen Elementen des Periodensystems. Hier spielen Verbindungen mit salzartigem Charakter eine Hauptrolle, d. h. Stoffe, die positiv und negativ geladene Teilchen enthalten.

Die metallorganische Chemie kombiniert die Eigenschaften anorganischer Salze mit denen organischer Moleküle. Wittig (Abb. 2) interessierte sich seit den vierziger Jahren besonders für die Eigenschaften von Phenyllithium, das aus einem positiv geladenen Lithium-Ion und einem negativ geladenen Phenylrest, einem „Carbanion", besteht. Phenyllithium war so allgegenwärtig in Wittigs Labor, dass er es seine „Wünschelrute" auf der Suche nach Entdeckungen nannte. Mit dieser chemischen Wünschelrute untersuchte er, wie viele Bindungen Stickstoff eingeht, und erhielt ein Zwitterion: in einem organischen Molekül waren ein positiv geladenes Stickstoffatom und

Abb. 2. Georg Wittig.

ein negativ geladenes Kohlenstoffatom aneinander gebunden. Diese Struktur nannte Wittig „Ylid". Die Bildung dieser Ylide wurde durch eine Abfangreaktion mit einem Keton, Benzophenon, nachgewiesen. Dabei addiert sich der negativ geladene Kohlenstoff des Ylids an die Carbonylgruppe unter Bildung einer sogenannten Betain-Struktur mit einem negativ geladenen Sauerstoff und einem positiv geladenen Stickstoffatom.

In der Folge studierte er die gleiche Reaktion mit einem chemischen Verwandten des Stickstoffs, dem Phosphor (Abb. 3). Zu seiner Überraschung erhielt er dabei nicht das erwartete Addukt des Phospor-Ylids an Benzophenon, sondern ein Kondensationsprodukt des Ylids mit Benzophenon unter Bildung einer C-C-Doppelbindung und ein Phosphinoxid. Wittig publizierte diese neuartige Reaktion im Jahre 1953. Seine Interpretation des Reaktionsmechanismus ist auch heute noch – nach annähernd 50 Jahren intensiver Erforschung der Wittig-Reaktion – prinzipiell gültig: Im ersten Schritt addiert sich der negativ geladene Kohlenstoff an die Carbonylgruppe – wie bei den Stickstoff-Yliden – zu einem Betain. Aufgrund der größeren Elektronenhülle des Phosphors kann dieses Betain unter Ausbildung einer Bindung zwischen negativ geladenem Sauerstoff und positiv geladenem Phosphor zu einem Übergangszustand abreagieren, der aus einem Vierring mit einem Sauerstoff- und einem Phosphoratom, einem Oxaphosphetan, besteht. Im letzen Schritt zerfällt das Oxaphosphetan unter Bildung von

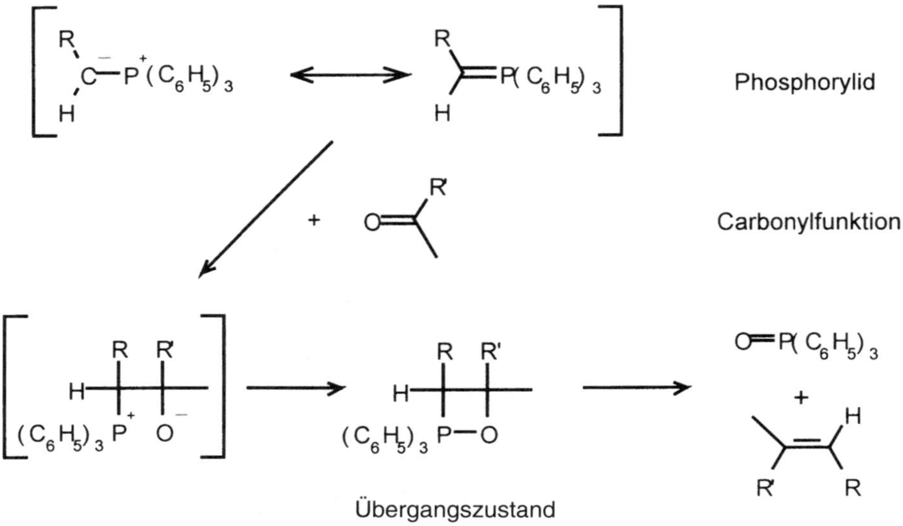

Abb. 3. Reaktionsschema einer Wittig-Reaktion mit einem Phosphor-Ylid.

Olefin und Phosphinoxid. Die chemische Triebkraft dieses Reaktionsablaufs besteht in der Bildung der äußerst stabilen Phosphor-Sauerstoff-Doppelbindung im Phosphinoxid. Die Kohlenstoff-Kohlenstoff-Doppelbindung wird ausschließlich an der Stelle der ursprünglichen Kohlenstoff-Sauerstoff-Doppelbindung der Carbonylkomponente gebildet. In dieser vollständigen Regioselektivität, wie der organische Chemiker es nennt, liegt der außerordentliche präparative Nutzen der Wittig-Reaktion.

Infolge des traditionell engen Kontakts zwischen Hochschule und industrieller chemischer Forschung wurde Wittigs Entdeckung zu einem frühen Stadium der Forschung der BASF bekannt, wo man gerade intensiv an der Entwicklung eines Herstellverfahrens für Vitamin A arbeitete. Der zuständige Forschungsleiter Horst Pommer erkannte sofort die Bedeutung der neuen Reaktion für die Synthese von Verbindungen des Vitamin-A-Typs. Innerhalb weniger Jahre wurde auf Basis der Wittig-Reaktion ein technisches Herstellverfahren für Vitamin A entwickelt, wobei sich die Verknüpfung eines C_{15}-Phosporylids mit einer C_5-Carbonylverbindung zum C_{20}-Kohlenstoffgerüst als besonders ergiebige Synthesestrategie erwies. Durch Verknüpfung zweier C_{20}-Vitamin A-Einheiten mittels einer weiteren Wittig-Reaktion gelangte man sofort zum ß-Carotin.

Die Wittig-Reaktion gehört heute sowohl in der Hochschulforschung als auch in der industriellen Anwendung zu den wichtigsten Reaktionen der organischen Chemie. Ihre Entdeckung hat zahlreiche Innovationen ausgelöst. Für dieses Verdienst wurde Wittig 1979 mit dem Nobelpreis für Chemie ausgezeichnet.

Aufnahme von Vitamin A

Ergiebige Vitamin-A-Quellen sind Leber und Lebererzeugnisse (Pastete, Leberwurst), Butter und Margarine. Vor allem die Leber von Fischen enthält sehr viel Vitamin A, da Fische von carotinoidreicher Meeresnahrung, z. B. Plankton, leben. In der Leber von Polarbären, die sich von Fischen ernähren, ist sogar so viel Vitamin A gespeichert, dass ihr Verzehr zu Vergiftungserscheinungen führen kann.

Pflanzen biosynthetisieren zwar kein Vitamin A, aber große Mengen an Carotinoiden. Carotinoide üben in Pflanzen vielfältige biologische Funktionen aus: in der Photosynthese, als Schutz vor übermäßiger Sonneneinstrahlung sowie als Antioxidantien beim Abfangen reaktiver Radikale. Gute Quellen für Carotinoide sind tiefgelbe bis orangefarbene Früchte und dunkelgrünes Blattgemüse, vor allem Karotten, Paprika, Spinat, Grünkohl und Broccoli.

Vitamin A wird vom Körper entweder als solches aufgenommen oder in der Darmwand aus einer Provitamin-A-Verbindung durch enzymatische Spaltung gebildet. Die zentrale Doppelbindung von ß-Carotin wird oxydativ gespalten, was zu zwei Molekülen Retinal (Abb. 1; Vitamin A-Aldehyd) führt. Ein weiteres Enzym reduziert den Aldehyd zum Alkohol Retinol (Vitamin A), der mit höheren Fettsäuren verestert, durch Lymphe und Blut zur Leber transportiert und dort gespeichert wird. Die Leber gibt freien Vitamin-A-Alkohol je nach Bedarf an das Blut ab, so dass eine konstante Vitamin-A-Konzentration aufrechterhalten wird. Im Blut ist Vitamin A an ein Protein gebunden, das Vitamin A an ein Rezeptorprotein weitergibt.

Der Tagesbedarf an Vitamin A beträgt für einen Erwachsenen etwa 1,5 Milligramm. Da die Aufnahme von ß-Carotin und seine Umwandlung in Vitamin A mit steigender Dosierung abnimmt, wird mehr als die theoretische Menge benötigt. Die benötigte Mindestmenge an ß-Carotin wird auf 10 bis 20 Milligramm pro Tag geschätzt.

Überhöhte Dosen von Vitamin A können zu einer Hypervitaminose führen, die sich in unerwünschten Nebenwirkungen bishin zu Vergiftungserscheinungen in Form von Kopfschmerzen, Hautveränderungen, Leberschädigungen, Skelettveränderungen und Fruchtschädigungen äußert. Eine Überdosierung von Carotinoiden führt dagegen nie zu einer Hypervitaminose, da Carotinoide nur begrenzt resorbiert und in Vitamin A umgewandelt werden.

Vitamin A: biologische Wirkung und Mangelerscheinungen

Vitamin A ist für den Sehprozess unerlässlich. Auf der Retina, d. h. der Netzhaut des Auges, befinden sich Lichtrezeptoren, die für das Hell-Dunkel-Sehen verantwortlich sind. Diese enthalten Rhodopsin, ein Sehpigment für das Empfinden von Licht, auch Sehpurpur genannt.

In der Retina wird Retinol (Vitamin A-Alkohol) enzymatisch zunächst zum Aldehyd, dem Retinal, oxidiert. Ein weiteres Enzym isomerisiert das gestreckte all-*trans*-Retinal zu einem *cis*-Isomer mit gewinkelter Struktur. Nach Kondensation der Aldehydfunktion dieses *cis*-Retinals mit Aminogruppen des Proteins Opsin entsteht daraus der Sehpurpur als Photorezeptorsystem des Auges. Durch Auftreffen von Lichtquanten wird die räumlich ungünstige gewinkelte *cis*-Konfiguration des Retinylrestes im Rhodopsin wieder in die gestreckte *trans*-Konfiguration überführt. Nach einer Veränderung der Konformation, d. h. der räumlichen Anordnung des Rhodopsin, wird *trans*-Retinal durch Hydrolyse vom Protein abgespalten. Dabei werden Ionentransportvorgänge und Veränderungen im Membranpotential ausgelöst, die zu Nervensignalen an das Gehirn führen.

Wieso ist die Nacht schwarz-weiß und der Tag bunt? Das Protein Opsin existiert in zwei Varianten, die das Licht nach Farbe und Intensität unterscheiden. Das Sehpigment in den Stäbchen (Rhodopsin) unterscheidet zwischen schwarz und weiß und reagiert auf geringste Lichtintensitäten. Bei einem Vitamin-A-Mangel ist es zuerst betroffen. In den Zapfen signalisiert Jodopsin bei ausreichender Lichtintensität die Farben rot, grün und blau.

Leichter Vitamin-A-Mangel führt zu einer ungenügenden Anpassung der Sehkraft beim Übergang von einer hellen zu einer dunklen Umgebung. Die dadurch entstehende Nachtblindheit ist allerdings reversibel, d. h. sie verschwindet bei ausreichender Versorgung mit Vitamin A wieder. Schwerer Vitamin-A-Mangel äußert sich in reversiblen Schädigungen der Hornhaut (Xerophthalmie) bis hin zu irreversiblen Schädigungen, die fast immer zu Blindheit führen (Keratomalacie).

Weitere Anzeichen von Vitamin-A-Mangel sind Stoffwechselstörungen, Durchfallerkrankungen und eine verminderte Fruchtbarkeit. Auch Missbildungen an Embryonen können auftreten. Der Geruchssinn nimmt ab, und infolge der Austrocknung der Schleimhäute kann es zu Infektionen der Atemwege kommen.

Wichtige biologische Funktionen von Vitamin A auf molekularer Ebene bestehen in seinem Einfluss auf Wachstum, Entwicklung und Differenzierung von Zellen. Hier fungiert Retinol als Vorläufer von Retinsäure (Vitamin-A-Säure). Bei der Synthese von Proteinen im Organismus wird zunächst die in der DNA festgelegte Erbinformation in Form einer RNA kopiert. Nach dieser Anleitung werden anschließend die einzelnen Proteinbausteine zusammengefügt. Man weiß, dass Vitamin A die Zelle anregt, bestimmte Proteine zu bilden, die dann Prozesse wie Zellteilung und Zelldifferenzierung steuern. Diese hochkomplexen Abläufe sind allerdings bislang nur teilweise verstanden. Die Vitamin-A-Story ist noch lange nicht zu Ende. Es wird noch viele spannende Kapitel geben.

Vom Gift zum Wirkstoff: Pflanzenschutzmittel auf dem Weg in moderne Zeiten

Sylvia Feil

Ein Zufallsfund aus dem Jahre 1928 revolutionierte Pharmazie und Medizin: Alexander Fleming entdeckte das Antibiotikum Penicillin in Schimmelpilzen. Aus einem anderen Pilz, dem Kiefernzapfenrübling, isolierte Timm Anke von der Universität in Kaiserslautern 1976 einen Stoff, der Pflanzen vor Schadpilzen schützt und sie von ihnen befreit: Strobilurin. In der Natur hält sich der Pilz mit diesem Stoff seine Konkurrenten fern. Obwohl das erste Antibiotikum – Penicillin – in seiner Bedeutung nicht mit einem Fungizid gleichzusetzen ist, bewirkten die Strobilurine im Pflanzenschutz ein Umdenken: Von der Natur lernen, sie dann zu imitieren und anschließend zu optimieren.

In krassem Gegensatz dazu stehen die Anfänge des Pflanzenschutzes, als aus „Not" und fehlender Alternative giftige Substanzen wie Schwermetallverbindungen gegen Schädlinge auf die Felder ausgebracht wurden. Mit den ersten synthetischen Pflanzenschutzmitteln begann um 1942 die Phase gezielterer Bekämpfung von Gräsern und Unkräutern (Herbizide), Insekten (Insektizide) und Pilzen (Fungizide). Jedoch gab es unter den Herbiziden und Insektiziden Probleme mit schwer abbaubaren Substanzen und krebserregenden Stoffen. Bei den Fungiziden wurden die Landwirte und die Industrie von einem Nachlassen der Wirkung überrascht. Die mit den entstehenden Resistenzen verbundenen Probleme wurden lange Zeit unterschätzt. Strobilurin war daher auch besonders wegen seiner bis dahin unbekannten Wirkungsweise hochwillkommen. Es gelangt spezifisch in die Mitochondrien der Schadpilze, also in das sogenannte Kraftwerk der Zelle, und hemmt dort die Energiegewinnung.

Schadpilze sorgen vor allem im Getreide- und Reisanbau für Ertragsausfälle. Dabei bietet das europäische Klima günstige Lebensbedingungen für die Pilze an, da es selten zu heiß oder zu trocken wird. Die im Jahr 1998 weltweit für den Pflanzenschutz ausgegebenen 28,5 Milliarden Dollar verteilen sich zu etwa je einem Sechstel auf Fungizide und Insektizide. Herbizide stellen mit den verbleibenden zwei Dritteln den größten Anteil. Europa verbrauchte mehr als die Hälfte der weltweit eingesetzten Fungizide, gefolgt von Asien mit einem weiteren Viertel. Dabei ist wiederum Japan der Spitzenreiter Asiens.

Ein weitverbreiteter und gefürchteter Vertreter der Schadpilze für Getreide ist der echte Mehltau. Seine Sporen fliegen kilometerweit mit dem Wind und sorgen so für eine schnelle sowie weiträumige Verbreitung des Pilzes. Das Pilzgeflecht breitet sich nur auf der Blattoberfläche aus, wie in Abbildung 1 gezeigt. Weitere bekannte

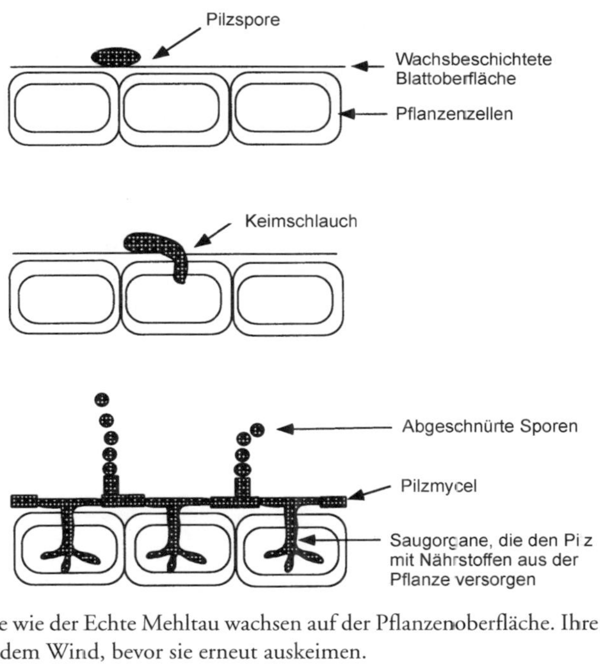

Abb. 1. Schadpilze wie der Echte Mehltau wachsen auf der Pflanzenoberfläche. Ihre Sporen fliegen kilometerweit mit dem Wind, bevor sie erneut auskeimen.

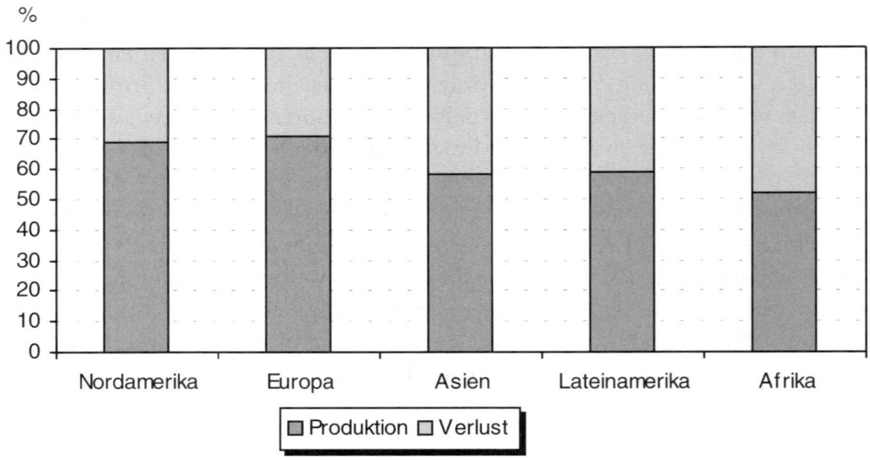

Abb. 2. Geschätzte Verluste pro Jahr beim Anbau von Reis, Weizen, Hafer, Mais, Kartoffeln, Soja, Baumwolle und Kaffee. Die Produktion berechnete E.-C. Oerke basierend auf den Welthandelspreisen (1988–1990) in „Crop Production and Crop Protection", Elvsier 1994, S. 749.

Schadpilze sind Apfelschorf und Birnengitterrost. Äpfel mit Schorfstellen sind durchaus genießbar und ungefährlich, doch der Kunde greift meist nicht zu – das Auge isst mit … Darüber hinaus sind solche Äpfel nicht so lagerungsfähig, weil sie durch die verletzte Haut schneller von anderen Pilzen befallen werden und faulen.

Es gibt viele Schädlinge und gute Gründe Pflanzenschutzmittel zu verwenden. Aufgabe des Pflanzenschutzes ist es, möglichst gezielt wirkende und umweltschonende Wirkstoffe auszuwählen und weiterzuentwickeln. Wie dringend ist diese Aufgabe? Ertragsverluste – ohne Lagerungsverluste von etwa 10 Prozent – liegen heute noch zwischen 20 und 50 Prozent wie für einige Regionen in Abbildung 2 graphisch dargestellt ist. Ist es rentabel, bei ersten Krankheitszeichen zu spritzen? In der Regel wägt der Landwirt zwischen dem Ertragsausfall und den Kosten für den Pflanzenschutz ab. Für jede der drei Schadensursachen – Unkraut, Insekten und Mikroorganismen – gelten je vier Prozent Schaden als unvermeidbar: In der Summe also zwölf Prozent Ernteverluste.

Pflanzenschutz

Für den Anbau auf offenen Ackerflächen, und entsprechend den Wettereinflüssen ausgesetzt, ist der chemische Pflanzenschutz heute noch das wichtigste Mittel, um den Schädlingsbefall gering zu halten. Felder werden mit Pflanzenschutzmitteln von Fahrzeugen oder aus der Luft besprüht. Das Saatgut von Getreide wird meist noch vor der Aussaat gegen Pilze behandelt, damit nur gesunde und nicht gleich befallene Pflanzen keimen.

„Alte“ Fungizide wie auf Kupfer basierende Verbindungen und Schwefel werden noch verbreitet genutzt und sind sehr wirksam. Ihr Vorteil ist, dass sie den Schadpilz an zu vielen Stellen im Stoffwechsel (z. B. generelle Enzyminhibitoren) und in der Zellteilung zugleich angreifen – und ihm so weder Energie noch Zeit zum Mutieren lassen. Resistenzen werden so im Vorfeld verhindert und sind bis heute nicht bekannt. Nachteilig sind die hohen Aufwendungsmengen und die Umweltbelastung.

Als erste systemische Fungizide, bei denen der Wirkstoff über die Wurzeln oder die Blätter aufgenommen und in der ganzen Pflanze gleichmäßig verteilt wird, kamen 1976 Triazol-Verbindungen auf den Markt. Sie waren zunächst sehr vielversprechend, da sie ein neues Wirkprofil aufwiesen. Durch die Aufnahme des Wirkstoffes „verteidigt“ sich die Pflanze von innen heraus, und Schadpilze können sie nicht mehr besiedeln. Der Nachteil war, dass die Triazole nach kurzer Zeit – manchmal schon nach zwei bis drei Jahren – nicht mehr so effektiv gegen Schadpilze, beispielsweise gegen den Weizenmehltau, wirkten. Es waren resistente Pilzstämme entstanden. Auf dieses Problem reagierte die Branche in den achtziger Jahren mit dem Zusammenschluss FRAC (Fungicide Resistance Action Committee), der sich mit Resistenzen befasst und Leitlinien für die Anwender der Fungizide herausgibt.

Einige Mittel greifen nur an einem Punkt im Stoffwechsel des Pilzes ein. Weicht dieser dann auf einen alternativen Weg aus, ist er resistent. Wenn diese Alternative nicht optimal ist, kann sie den Pilz schwächen – er ist nicht mehr so ansteckend oder wächst langsamer. In diesem Fall kann sich eine Fungizid-Behandlung noch lohnen. Schwächt die neue Strategie den Pilz dagegen nicht, ist das Fungizid unwirksam. Greift das Fungizid an mehreren Stellen an oder werden Mischungen von Fungiziden mit verschiedenen Wirkungsmechanismen eingesetzt, dann muss der Pilz mehrere Ausweichwege finden, und das gelingt meist nicht so schnell.

Kreuzweise Resistenzen treten auf, wenn zwei Fungizide denselben Zielort im Stoffwechsel des Pilzes haben und dieser schon gegen Fungizid A einen Ausweg gefunden hat. Er ist dann auch gegen das Mittel B unempfindlich. Wechselt man jährlich die verwendeten Fungizide und setzt man Fungizide mit unterschiedlichen Wirkungsmechanismen ein, so kann man Resistenzen verzögern oder gar vermeiden. Für die wirtschaftlich bedeutendsten Schädlinge stehen nur drei bis vier Fungizide zur Auswahl, weshalb das Management von Resistenzen zunehmend wichtiger wird.

Hohe Anforderungen gelten nicht nur für die Wirkungsstärke der Fungizide, sondern auch für deren Umweltverträglichkeit: Die Wirkstoffe sollen im Boden und in Organismen möglichst schnell und vollständig abgebaut werden sowie Nützlinge und Bodentiere schonen. Ein weiteres Ziel ist, die Zahl der Behandlungen und die versprühte Menge an Fungizid gering zu halten.

Abb. 3. Beispiele für Krankheiten, die durch Pilze verursacht werden: Falscher Mehltau auf einem Weinblatt, Netzflecken und Braunrost an Gerste. Aufnahmen des Instituts für Pflanzenkrankheiten und Pflanzenschutz an der Universität Hannover.

Auf dem Weg zur Mensa: Strobilurine

Seit den sechziger Jahren wurden Basidiomyceten – Hutpilze wie der Fliegen- und Steinpilz – genauer untersucht. Man suchte bislang unbekannte Inhaltsstoffe, zunächst Antibiotika, aber auch andere Substanzen wie Farben. Viele Stoffe waren biologisch aktiv, hemmten zum Beispiel das Wachstum von Bakterien (antibakteriell), von Pilzen (antifungisch) oder töteten Fadenwürmer (nematizid). Alle diese Aktivitäten sind antibiotisch. Für die Tests wurden aus dem Pilzhut Sporen herausgeschüttelt und in einer Nährlösung herangezogen. Die im Labor reichlich angebotenen Nährstoffe fördern den sekundären Stoffwechsel des Pilzes, aus dem Stoffe hervorgehen, die ihm einen „Wettbewerbsvorteil" sichern. Für den Kiefernzapfenrübling (*Strobilurus tenacellus*, Abb. 4) heißt das, Konkurrenten fern zu halten. Er enthält antifungische Substanzen in seinem Pilzkörper, die er auch in das von ihm besiedelte Holz abgibt. Für Menschen und Tiere ist dieses Gift unbedenklich. Der gekochte Pilz ist sogar essbar und schmeckt mild bis leicht bitter.

Der Ursprung des neuen Wirkstoffs lag auf dem Weg zur Mensa: Während seiner Habilitation in Tübingen suchte Timm Anke nach antibiotisch wirksamen Substanzen und fand in einem Vortest vielversprechende Aktivität beim Kiefernzapfenrübling. Die erste Pilzkultur legte er mit einem Exemplar an, das vor der Mensa wuchs. Hieraus isolierte Anke Strobilurin A und B.

Abb. 4. Kiefernzapfenrübling.

Die daraus entwickelten Strobilurin-Fungizide entpuppten sich für den Landwirt als wahrer Segen. Sie haben einen bis dahin unbekannten, also neuen Wirkungsmechanismus und bekämpfen somit auch Pilzstämme, die gegen andere Wirkstoffklassen resistent sind. Der Mechanismus basiert darauf, dass sie den Elektronentransfer in der Atmungskette des Pilzes unterbinden. Zu prüfen war, ob Strobilurin nur im Schadpilz selbst oder auch in der angebauten Pflanze die Atmung hemmt. Auch hier überraschten die neuen Mittel: So wird beispielsweise Kresoxim-methyl (Abb. 5) sowohl in der Pflanze als auch im Boden und Wasser schnell zu einer unwirksamen Substanz abgebaut. Das Getreide zeigt keine negativen Effekte, sondern bringt sogar mehr Ertrag. Strobilurine greifen nämlich auch in den Stoffwechsel der Pflanze ein: Nachgewiesen wurde ein verlangsamtes Absterben der Blätter und ein späterer Abbau des Blattchlorophylls. Durch die verlängerte Phase der Photosynthese produziert die Pflanze mehr Kohlenhydrate, d. h. der Ertrag pro Pflanze steigt an.

Als im Februar 1996 die ersten zwei Produkte auf den Markt kamen, unterschieden sie sich nicht nur im Firmennamen. Den Chemikern war es gelungen, zwei neue Wirkstoffe mit verschiedenen Verteilungseigenschaften aufzubauen: Das Produkt

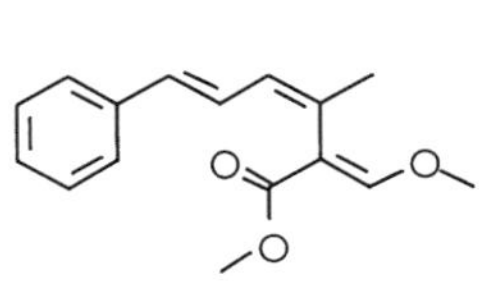

Strobilurin A

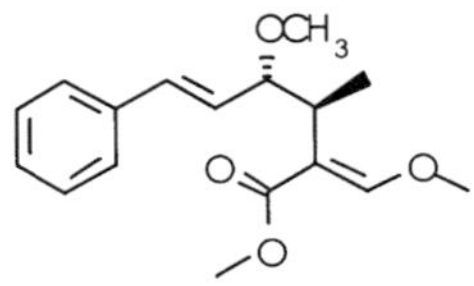

Oudemansin A

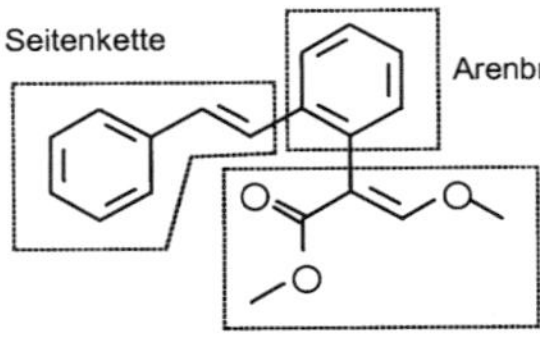

Enoletherstilben,
erstes lichtstabiles Strobilurin

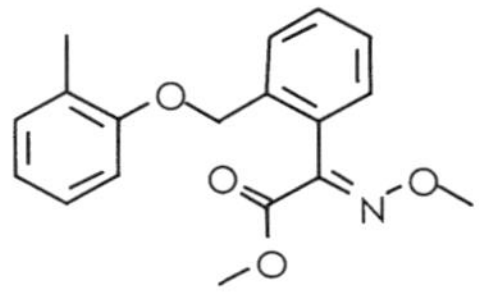

Kresoxim-methyl (BASF)

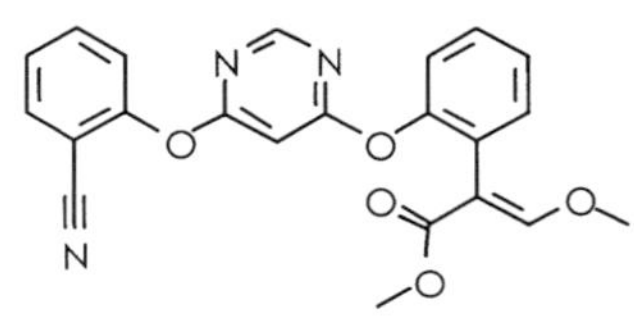

Azoxystrobin (Zeneca)

Abb. 5. Die Strukturen der ersten Strobilurine und industriellen Wirkstoffe.

Azostrobin der englischen AstraZeneca (künftig mit Teilen von Novartis zur Syngenta AG fusioniert) verteilt sich in der Pflanze und bekämpft Pilze wie den Weizenbraunrost, die ihr Mycel in der Pflanze ausbilden (Abb. 5). Der Wirkstoff der BASF AG, Kresoxim-methyl, haftet auf der Blattoberfläche und bekämpft solche Pilze besonders effektiv, die – wie der Mehltau an Weizen und Gerste – äußerlich auf der Blattoberfläche sitzen.

In der Forschung und bei den Patentanmeldungen lieferten sich die beiden Firmen ein Kopf-an-Kopf-Rennen. Da die Patentanmeldungen erst nach 18 Monaten vom Patentamt veröffentlicht werden, überschnitten sich einige Anmeldungen, und es lagen nur wenige Wochen oder gar Tage dazwischen.

Die Geschichte der Strobilurine: Entdeckung und Entwicklung

Anfang der siebziger Jahre arbeitete Timm Anke (jetzt Professor in Kaiserslautern) als wissenschaftlicher Mitarbeiter am Institut von Franz Oberwinkler, an der Tübinger Universität. Als der Mikrobiologe antibiotische Substanzen im Kiefernzapfenrübling fand, suchte er die Kooperation mit dem Naturstoff-Chemiker Wolfgang Steglich in Bonn (jetzt LMU München). In ihm fand er einen erfahrenen Chemiker, der bereits seit den sechziger Jahren Pigmente und andere Inhaltsstoffe von Pilzen synthetisiert und ihre Struktur aufgeklärt hatte. Die nach dem Pilz benannten Strobilurine A und B töteten andere Pilze ab, waren darüber hinaus aber gegen andere Organismen unwirksam. 1977 veröffentlichten Anke und Steglich einen ersten Beitrag über den Wirkstoff, dessen relativ einfacher molekularer Aufbau verlockend war.

Tests mit krebskranken Mäusen lieferten eine schlechte Nachricht: Strobilurin richtet nichts gegen Krebszellen aus. Dies enthielt aber auch die gute Botschaft: Strobilurin hat keine Nebenwirkungen im gesunden Gewebe. Der Weg war damit frei für ein Fungizid, das auf Nutztiere und Menschen keine toxischen Wirkungen haben sollte. Nun musste das Chemiker-Mikrobiologe-Duo nur noch einen Industriepartner finden.

Als erste forderte Zeneca 1982, zu der Zeit noch ICI, eine Probe der Substanz an. Anke schickte das eng verwandte, stabilere Oudemansin zu, aber es kam zu keiner weiteren Zusammenarbeit. Tatsächlich überzeugte Oudemansin bei Zeneca auf Anhieb, und die Forschung wurde im Stillen weiterverfolgt. Im Jahr 1983 begann die Zusammenarbeit des Universitäts-Duos mit der BASF. Dort leitete Hubert Sauter seit 1982 das Fachgebiet Fungizide und Bioregulatoren. Der Zeitpunkt für eine solche Kooperation war günstig, weil das Bundesministerium für Forschung und Bildung (damals Forschung und Technologie) eine Initiative gestartet hatte, die eine Zusammenarbeit zwischen Industrie und Hochschulen fördern sollte. Es ging um Inhaltsstoffe aus Mikroorganismen und Pflanzen, die als neue Wirkstoffe im Pflanzenschutz einsetzbar sein sollten.

In der damaligen Tschechoslowakei war zu dieser Zeit bereits eine antifungische Salbe (Mucidermin „Spofa") mit dem Wirkstoff Mucidin auf dem Markt. Isoliert wurde Mucidin 1969 aus dem Buchenschleimrübling (*Oudemansiella*). Eine der physikalischen Eigenschaften des Wirkstoffs war ursprünglich mit einem falschen Wert veröffentlicht worden, weshalb man zunächst Mucidin und Strobilurin für zwei unterschiedliche Verbindungen hielt. Erst 1986 wurde der Nachweis erbracht, dass es sich um ein und denselben Wirkstoff handelt. Dies war nur eine Episode in der spannenden Entwicklung der Strobilurine und den daraus hervorgehenden Patentansprüchen. Das Team Anke/Sauter/Steglich hatte noch einige herbe Enttäuschungen vor sich.

Das im Labor so erfolgreiche Strobilurin war ein Fehlschlag beim ersten Gewächshaustest. Zum ersten Mal erblickte die Substanz das Licht der Welt, statt im Pilzgewebe oder in Kühlschränken zu vegetieren – und dieses Licht zerstörte seine Molekülstruktur, oder genauer gesagt, seine Seitenkette, die mit drei Doppelbindungen besonders empfindlich ist.

Auf der Suche nach einer stabilisierten Seitenkette, wurde der Einfluss der Molekülstruktur auf die biologische Wirkung geklärt. Die Strobilurine gliedern sich in eine Seitenkette und eine bindende, biologisch aktive Region. Die Seitenkette bildet das Gerüst des Moleküls und beeinflusst beispielsweise dessen Transporteigenschaften. Die biologisch aktive Gruppe enthält eine abgewandelte Acrylsäure, die dem biologisch aktiven Zentrum den Namen Methoxyacrylat gab. In den synthetisch hergestellten Strobilurinen wurde die Doppelbindung zwischen dem Methoxyacrylat und der Seitenkette durch einen aromatischen Kohlenstoffring ersetzt. Diese Arenbrücke bewirkt ein Versteifen des Moleküls bei stabilisierten elektronischen Verhältnissen, d. h. der Wirkstoff ist weniger lichtempfindlich. Das so entwickelte Enoletherstilben war zehnfach wirksamer als Strobilurin A. Diese Ergebnisse meldete das Team 1985 zum Patent an. In der folgenden Saison begannen Freilandversuche, die sehr erfolgreich waren. Auch in freier Natur war diese neue Substanz lichtstabil und sehr wirksam. Strobilurin A war zu einer vielversprechenden Leitstruktur avanciert.

Das Patent ging jedoch an die Konkurrenz. Zeneca hatte bereits im Herbst 1984 die gleiche Verbindung entwickelt und angemeldet. Diese Nachricht traf bei der Veröffentlichung nach 18 Monaten Arbeit im Frühjahr 1986 ein. Nun schloss sich die Phase des Optimierens mit veränderten Seitenketten und Variationen des Methoxyacrylats an, mit dem Ziel, neue und patentfähige Wirkstoffe mit optimalen Eigenschaften aufzufinden. In der biologisch aktiven Gruppe wurde ein Kohlenstoffatom durch ein Stickstoffatom ersetzt, wobei ein sogenannter Oximether entstand. Solche Strobilurine mit Oximethergruppe wirken gegen eine Vielzahl von Schadpilzen beispielsweise echten Weizenmehltau, Weizenbraunrost, Reisbrand, Gerstennetzflecken, Rebenperonospora und Krautfäule, Apfelschorf und Spelzenbräune. Auch hierfür schrieb das Trio Anke/Sauter/Steglich einen Patentantrag. Dieses Mal war Fortuna auf ihrer Seite – sie waren zwei Tage (16.07.86) schneller als die Konkurrenz von Zeneca (18.07.86) und erhielten das Patent.

Wirkungsweise

Der Frage, wie Strobilurin im Schadpilz die Atmung hemmt und wo es angreift, klärte das Team um Gebhard von Jagow an der Universität von Frankfurt auf. Strobilurine wirken in der Atmungskette am sogenannten Cytochrom-bc1-Komplex, kurz bc1-Komplex, und verhindern das Entstehen von ATP (Adenosintriphosphat). ATP ist der universelle Energieträger in der Zelle, der bei allen energieverbrauchenden Prozessen benötigt wird. Fehlt ATP, „verhungert“ die Zelle, und der Organismus stirbt ab.

Strobilurine wirken am bc1-Komplex, indem sie dort den Elektronenfluss behindern. Die Elektronen werden normalerweise durch das kleine Transportprotein Ubichinon weitergereicht. Die Strobilurine blockieren die wichtigen Bindungsstellen für das Ubichinon. Folglich wird damit auch die Erzeugung von ATP unterbunden, und die Zellen sind nicht mehr lebensfähig.

In der Arbeitsgruppe von Jagow wurde auch die Frage geklärt, warum der Kiefernzapfenrübling nicht die eigene ATP-Erzeugung behindert. Das ist auf den Austausch von Aminosäuren im aktiven Zentrum des bc1-Komplexes zurückzuführen. Das Strobilurin findet keinen Platz mehr an der Ubichinon-Bindungsstelle und kann so seine Wirkung im Pilz selbst nicht entfalten. Bis auf wenige Ausnahmen, wie beim Kiefernzapfenrübling, ist diese Stelle im bc1-Komplex bei vielen Organismen sehr beständig, da sie ein absolut lebenswichtiger Abschnitt in der Atmungskette ist.

Mit diesem Wissen gelang es Mitarbeitern der BASF 1987 einen Zellatmungstest zu entwickeln. Neue Strobilurin-Verbindungen werden zunächst auf ihre biologische Wirkung an Mitochondrien von Hefezellen getestet, bevor sie im Gewächshaus geprüft werden. Mit Hilfe dieses Tests gelang es, Zeit und Kosten für die Optimierung dieser Wirkstoffklasse drastisch zu senken.

Der Endspurt um Marktanteile

Zeneca arbeitete mit Oudemansin seit 1982 weiter. Die Seitenkette ist anders aufgebaut als im Strobilurin, wodurch sich Oudemansin besser in Wasser löst. Diffundiert es durch die äußeren Wachsschichten der Blätter in die Pflanze hinein, löst es sich im Wasserstrom der Pflanze. So wird der Wirkstoff durch die ganze Pflanze transportiert und erreicht jede Blattspitze. Dieses Verteilungsverhalten zeigt auch der von Zeneca entwickelte Wirkstoff Azoxystrobin.

Der bei der BASF optimierte Oximether, Kresoxim-methyl, haftet sehr gut auf den äußeren Wachsschichten der Blätter. Kresoxim-methyl verteilt sich zwischen der wachsbeschichteten Blattoberfläche von Pflanzen und der unmittelbar darüber liegenden Luftschicht. Das Blattwerk schirmt sich gegenseitig soweit ab, dass direkt oberhalb der Blätter eine windstille Zone entsteht. In dieser verteilt sich die Substanz, indem sie sich in alle Richtungen ziellos bewegt und so die ganze Pflanze überzieht (quasisystemisch). Über Spaltöffnungen und durch die Wachsschicht hindurch gelangt etwas Strobilurin in die oberen Zellschichten der Blätter. Dort sammelt sich das Fungizid in Form von kleinen Wirkstoffdepots, die eine lang anhaltende Aktivität begünstigen. Durch die gute Haftung an der Wachsschicht, wäscht Regen das Strobilurin nicht ab.

Im Februar 1996 führten die Firmen die ersten Wirkstoffe auf dem Markt ein: Kresoxim-methyl (BASF) und Azoxystrobin (Zeneca). Schon früh mischte die BASF ihr Produkt mit anderen Fungiziden. Der Handelsname für das reine Produkt ist Discus; der von Azoxystrobin ist Amistar.

Aus Japan kam eine weitere Überraschung. 1998 führte die Firma Shionogi das Fungizid Oribright gegen Reiskrankheiten auf dem japanischen Markt ein. Auf einem bereits erfolgreichen Präparat des Hauses basierend hatte man eine Synthese- und Optimierungsstrategie aufgebaut. Den Forschern der Firma fielen in den Patenten der BASF und der Zeneca Gemeinsamkeiten mit ihren eigenen Verbindungen auf. Das entstandene Metominostrobin löst sich zwanzigfach leichter in Wasser als Azoxystrobin (systemische Wirkung). Der Wirkstoff wird auf die Wasseroberfläche von Reisfeldern gegeben. In einer weiteren Anwendungsform wird in Setzlingskästen die Erde behandelt, aus der die Wurzeln der Reisstecklinge ihn aufnehmen. Er verteilt sich systemisch in der Pflanze und bekämpft aus dem Inneren heraus Schadpilze, insbesondere Reisbrand.

Andere Firmen wie Novartis entdeckten das Potential der Strobilurine erst später und arbeiten jetzt an eigenen Produkten. Novartis entwickelte Trifloxystrobin, das hinsichtlich Transport und Verteilung Kresoxim-methyl entspricht. Derzeit sind Wirkstoffe mit den Handelsnamen Flint und Stratego im Zulassungsverfahren.

Aus der ursprünglichen Leitstruktur wurden also schon viele Wirkstoffvarianten auf den Markt gebracht. Das ruft die Arbeit des Aktionsausschuss Fungizid-Resistenzen (FRAC) auf den Plan, der zusammen mit den produzierenden Firmen Richtlinien empfiehlt, die Resistenzen verzögern oder ganz vermeiden sollen. Dazu zählt, Strobilurine in Mischung mit anderen Fungiziden zu verwenden. Außerdem wird die maximale Anzahl der Anwendungen von Strobilurin-Fungiziden pro Saison begrenzt und ein jährlicher Wechsel mit Fungiziden anderer Wirkungsweise vorgeschlagen.

Ausblick

An den Pflanzenschutz werden heute wesentlich umfassendere Anforderungen gestellt als vor einigen Jahrzehnten. Die Felder werden dichter bestellt bei hohem Düngemitteleinsatz und verkürzten Brachzeiten. Diese Faktoren und auch weitflächige Monokulturen begünstigen den Befall durch Schädlinge. Mit den systemischen Fungiziden kamen spezifische Wirkstoffe auf den Markt, die umweltschonender als ältere Substanzen sind. Das Beispiel „Strobilurine" zeigt, wie erfolgreich die interdisziplinäre Zusammenarbeit zwischen Hochschulen und Industrie sein kann. Darüber hinaus wurde das Tempo durch den harten Konkurrenzkampf der Firmen Zeneca und BASF bestimmt, und hier gilt die Faustregel: Nur wer das Patent hat, entwickelt das Produkt auch weiter.

Was Innovationen auf dem Pflanzenschutzmarkt nur für industrialisierte Länder erschwinglich macht, sind die hohen Entwicklungskosten von etwa 290 Millionen Mark für einen Wirkstoff. Der Industrieverband Agrar veranschlagt elf Jahre für die Forschung und Entwicklung eines neuen Wirkstoffs. Von 15 000 potentiellen Substanzen schafft nur eine den Durchbruch zum Marktprodukt. Auch werden sehr hohe Anforderungen werden an die Sicherheit für Mensch, Tier und Umwelt gestellt. Entsprechende Tests schlagen mit 80 Millionen Mark zu Buche.

Während die chemische Industrie die Initiative für neue, sparsam dosierte und umweltschonendere Pflanzenschutzmittel trägt, helfen Serviceleistungen den Landwirten, den Einsatz von Pestiziden gering zu halten. Spezielle Computerprogramme simulieren, wie sich eine Befallssituation weiterentwickeln könnte. Auf die Landwirtschaft abgestimmte Wettervorhersagen geben Prognosen für den Schädlingsbefall. Über den Einsatz von Pflanzenschutzmitteln entscheidet letztlich der Landwirt: Wie hoch schätzt er die zu erwartenden Verluste ein.

Der Blick in die Zukunft orientiert sich an der steigenden Weltbevölkerung. Im Jahr 1999 wurde ein Baby offiziell als der sechsmilliardenste Weltbürger begrüßt. Die Weltgesundheits-Organisation (WHO) prognostiziert für das Jahr 2050 eine Weltbevölkerung von knapp neun Milliarden Menschen, wonach der Nahrungsbedarf in den nächsten 50 Jahren um die Hälfte ansteigen müsste. Ertragreichere Sorten anzubauen, mag diesem Ziel näher kommen. Aber gerade ertragreichere Sorten zeigten sich in der Vergangenheit anfälliger für Schädlinge – Pflanzenschutzmittel bleiben eine vielversprechende Lösung.